U0687468

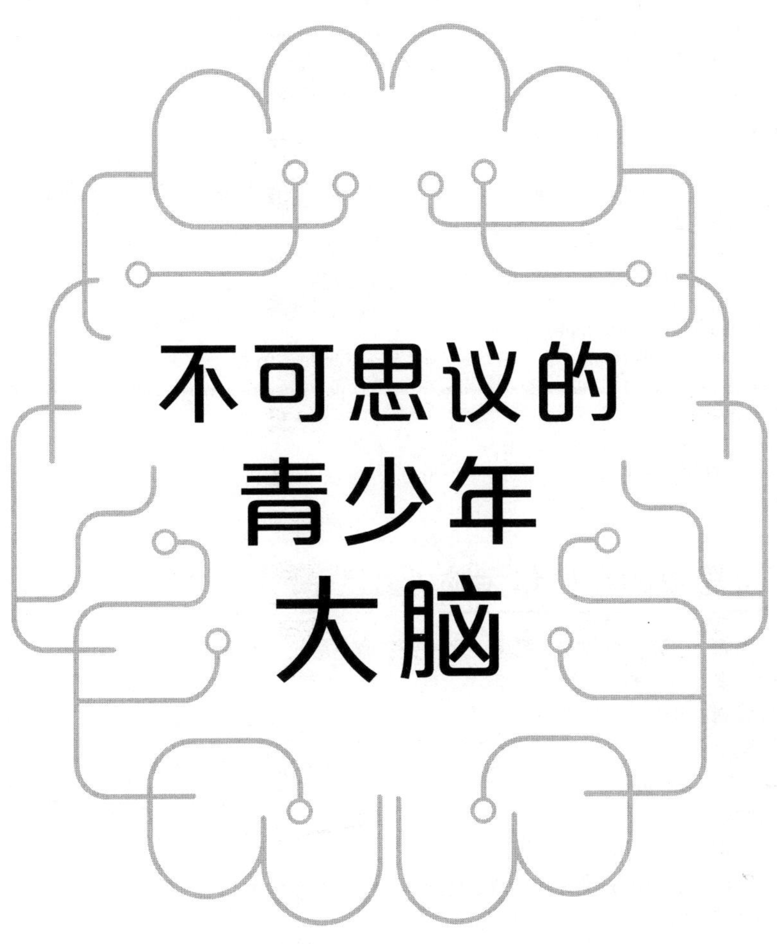

不可思议的青少年大脑

贝蒂娜·霍恩（Bettina Hohnen）
[英] 简·吉尔摩（Jane Gilmour） 著
塔拉·墨菲（Tara Murphy）
任静 译

中国青年出版社
CHINA YOUTH PRESS

图书在版编目(CIP)数据

不可思议的青少年大脑 /(英)贝蒂娜·霍恩,(英)简·吉尔摩,(英)塔拉·墨菲著;任静译. —北京:中国青年出版社,2020. 11
书名原文:The Incredible Teenage Brain: Everything You Need to Know to Unlock Your Teen's Potential
ISBN 978-7-5153-6177-2

Ⅰ.①不… Ⅱ.①贝… ②简… ③塔… ④任… Ⅲ.①青少年心理学—通俗读物
Ⅳ.①B844.2-49

中国版本图书馆 CIP 数据核字(2020)第172729号

不可思议的青少年大脑

作　　者:[英]贝蒂娜·霍恩　简·吉尔摩　塔拉·墨菲
译　　者:任　静
策划编辑:于　宇
责任编辑:于　宇
文字编辑:张祎琳
美术编辑:张　艳
出　　版:中国青年出版社
发　　行:北京中青文文化传媒有限公司
电　　话:010-65511272 / 65516873
公司网址:www.cyb.com.cn
购书网址:zqwts.tmall.com
印　　刷:大厂回族自治县益利印刷有限公司
版　　次:2020年11月第1版
印　　次:2024年1月第5次印刷
开　　本:880mm × 1230mm　　1 / 32
字　　数:277千字
印　　张:12
京权图字:01-2020-1300
书　　号:ISBN 978-7-5153-6177-2
定　　价:59.00元

谨以此书献给

出现在我们职业生涯和个人生活中

不可思议的年轻人，

尤其是艾拉、比利、奥斯卡、乔吉和贝拉。

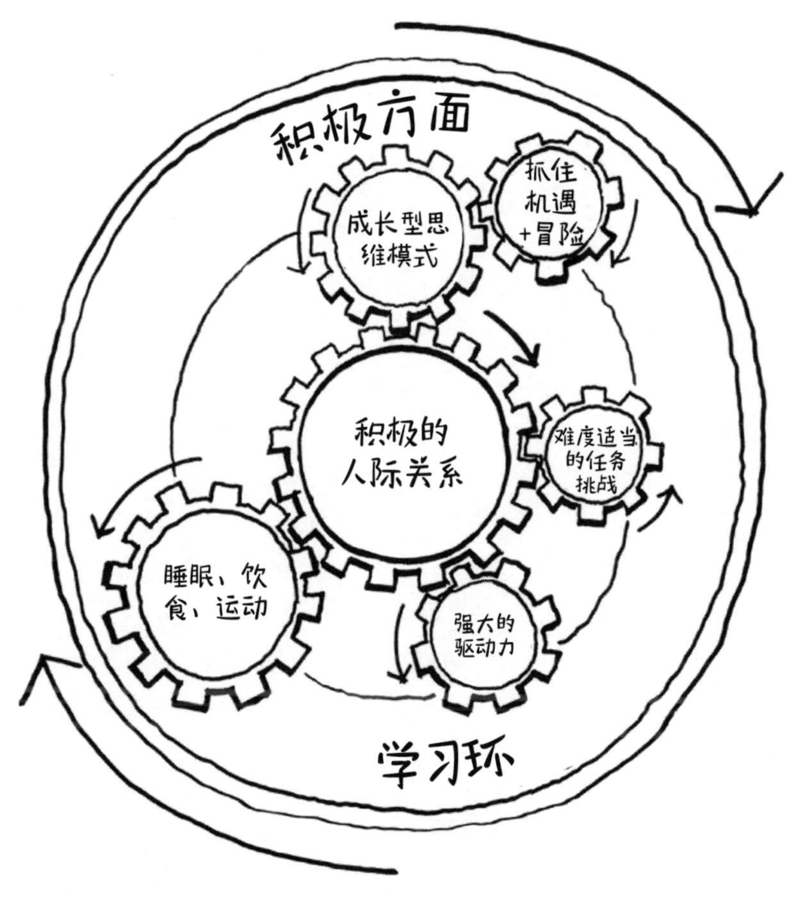

目录

序言

青春期（Adolescence）来源于拉丁语adolescere一词，意思是“成长”。青春期以身体和激素在性成熟过程中的变化为开端，以成年独立而告终。这是一个变化的时期：激素和身体的变化、社会环境的变化、大脑和思想的变化。

寻求冒险行为的增加、寻求新奇事物以及易受同伴影响，是青春期尤为常见的行为变化。这些典型的青春期行为是一个自然的、适应性的过程，可以帮助我们成长为完全独立的成年人。我们不仅可以在其他种类的动物身上看到这些行为，而且纵观历史，在许多不同的文化里也都能够观察到这些行为。两千多年前，苏格拉底写道：“他们举止恶劣，藐视权威。他们不敬长辈，不爱锻炼身体，尽喜欢谈天说地。”一百多年之后，亚里士多德将“青春”描述为“在性方面缺乏自我约束，欲望善变，既有激情，又很冲动……青春期是人们最重朋友的时期”。他突出了这样一个概念，即青春期是一个情绪极其强烈和起伏不定的时期，而在这一生命时期，社会关系也正在不断发生变化。

有很长一段时间里，人类大脑被认为在儿童期就停止了发育。然而，在过去20年中，脑科学研究表明，整个儿童期和青春期乃至成年早期，人类大脑在结构和功能方面都在持续发育（Tamnes et al., 2017；Fuhrmann, Knoll and Blakemore，2015）。参与感知与运动的感觉皮层和运动皮层相比其他区域成熟更早，而参与更高级别认知过程的前额叶、顶叶和颞叶皮层，会持续发育到20多岁或30多岁。

在我们的大脑、身体和社会环境经历巨大变化的同时，我们的思想也在发生着变化。在青春期，诸如规划、抑制不当行为和某些形式的记忆之类的认知技能也在继续提高。这些认知进步为青少年提供了一种认知机制，让他们得以反思自己，反思他人对自己的看法，也思考自己的未来。这是成为独立的成年人所不可或缺的一部分，但同时也给发展中的个体带来了新的压力。有些青少年还可能易受难以控制的情绪体验的影响，继而出现焦虑、抑郁和进食障碍等心理健康问题。但是，大脑在青春期的发育又会使其极易改变，从而使人生的这一阶段成为学习和创造以及干预和康复的机会。

17年来，我一直在研究青春期的大脑和行为，我也经常被问到这些研究对于养育或教育青少年意义何在。作为一名认知神经学家，我觉得我没有资格给出这一类的建议，我也一直在寻找一本从养育和教育意义上对最新的科学作出诠释的书。本书所做的正是这样一件事。作者以一种令人信服的方式对科学进行明确的描述，并将科学置于有关青少年的行为和发育的生活实例的语境中。如果你家的青少年更愿意和朋友在一起，喜欢冒险，热衷熬夜，你会怎么办？你是否有必要担心他们在社交媒体上花费的时间？他们为什么不在合理的时间上床睡觉，又为什么总是很难按时起床去上学？在什么情况下焦虑开始需要寻求专业帮助？还有其他心理健康问题，比如抑郁和自我伤害，又怎么办呢？青少年的日常问题与每一个和青少年一起生活或工作的人的生活息息相关，本书对此提供了深刻的见解，并为如何处理这些问题提出了建议。

本书作者是儿童和青少年心理学家，他们有大量与青少年和家庭一起工作的经验。在这本极具开创性的书中，作者用自己的综合专业知识来帮助家长和老师采取正确的方法。无论是对于青少年自己，还是对于照顾他们的人来说，青春期都可能是一个动荡而充满挑战的时期。这是一本可供父母、老师和所有为青少年提供支持的人使用的手册。不仅如此，书中讨论的每一个问题都深深扎根于科学的严谨之中。作者十分慎重，不仅没有过分夸大数据，而且对于科学尚未达到的部分，也保持着相当的谨慎。但是，在证据确凿之处，本书向读者解释了科学所能揭示的东西，解释了青春期大脑和思想的变化，以及如何以积极的方式利用这些知识来帮助青少年茁壮成长。

莎拉-杰恩 · 布莱克莫尔（Sarah-Jayne Blakemore）博士

英国皇家生物学会院士

英国国家学术院院士

英国剑桥大学认知神经学教授

引言

本书将改变你与出现在你生命中的青少年的互动方式。它将会打开你的眼界，让你以一种全新的方式理解青少年，了解令人不可思议的青少年大脑。

我们感到不得不写这本书，因为我们受到年轻人如此多的启发，不论他们是出现在我们的职业生涯里，还是出现在我们的个人生活中。这本书反映了科学界对年轻人的认知和理解的剧变，因为青春期将被视为一个充满机遇、具有极高敏感性和巨大变化潜力的时期。在过去十年左右，关于青少年大脑及其独特性和积极属性的研究剧增。有许多研究、书籍、新闻文章以及广播和电视节目介绍了这些令人惊奇的发现——因此，这本书无疑是站在巨人的肩膀之上。

我们在这本书里所做的，是首次把前沿知识进一步置于日常场景中来思考。作为一个抚育青少年的成年人，你可以做些什么来创造一个能够充分发挥他们潜能的环境呢？与此同时，你如何才能在需要的地方保护和支持他们，并弥补他们的弱点？

最新研究最重要的信息之一是，青少年正处于学习潜能的巅峰。在这里，我们将学习视为一个广义的概念，包括但不局限于学校课程。比如，从正规教育中获得最大收益，学会新技能，如演奏一种乐器，培养应对社交环境的能力，学会持续接受挑战，掌握情绪自我调节能力，养成良好的生活习惯，这些都是同样有效的学习经历。青少年拥有从环境中学习的非凡能力。

实际上，青少年时期被称为“新0至3岁”，因为青少年的探索和学习速度与婴幼儿一样惊人，但是有时间限制。当然，在大脑完全成熟（大约25岁）之后，我们仍然可以学习，但是学习的灵活性和能力将大打折扣——无论是学习知识，还是学习人生经验教训，抑或是转变态度或者是情感体验——连同如此惊人的学习速度。

这意味着在最重要的这几年时间里，你需要支持你的青少年通过那扇即将关闭的门，并引领他们以不断丰富和获得回报的方式参与生活。充分利用好青春期这一敏感期是一项终生投资，并将在整个成年期继续带来红利。

科学的证据越来越有说服力，但是社会和各种社会群体对待青少年的普遍方式仍然存在差距和误解。我们需要把青少年时代作为一个充满各种可能性的时期来进行重新评价，而不是采用传统上对青少年的消极看法，这是一个普遍现象。

在互联网上搜索“青春期”一词，在点击量最高的前20个搜索结果中，是关于电子烟、社交媒体和互联网色情滥用的报道，仅次于全科医生（GP）预约。想想“少年凯文”（Kevin the Teenager），无理取闹、忘恩负义、愚蠢的他已经成了人们的笑料。看看当地书店里的书架，你会发现与青少年大脑有关的书基本上都会冠以“责备”“攻击”之类的字眼，好像青春期是需要被忍受而不是值得庆祝的。类似的情况可能还可以列举很多，但是“对青少年的抨击”（teen-bashing）到此为止。

科学事实还没有融入主流看法，对于青少年喜怒无常、脾气暴躁的刻板印象仍在继续，这不仅限制了成年人对青少年的期望，也限制了青少年对自己的期望。在这本书中，我们认为青春期的发育期是乐观且充满机遇的，因为这正是数据所告诉我们的。

本书的核心是对青少年及其不可思议的大脑的“品牌重塑”。我们的信息——用科学作为后盾——是：认为青少年的大脑“破碎”或“有缺陷”既不准确，也于事无补。在这一阶段，一些技能仍在获取中，但是鉴于青少年的学习潜力，他们拥有规划一条积极发展和幸福健康的终生道路的能力。在这本书中，我们在心理学的最新研究与怎么做对年轻人最好之间架起了一座桥梁。作为心理学家和父母，我们就父母、老师（和其他成年人）在陪伴青少年时可能想、说和做的事情给出建议，以创造一个可以让年轻人茁壮成长的环境。

与此同时，在青春期当然还有潜在的脆弱之处需要讨论。从身份认同的敏感过程，到复杂的同伴动力学，再到以新的强度体验情感，青春期的很多方面都需要谨慎处理。因此，作为成年人，我们需要知道这些信息，以便我们能够在适当的时机出现和介入。

对学习体验的开放性完全相同，这意味着在这段时间内青少年也可能形成产出比较低效的学习模式。不过，青少年与生俱来的灵活性意味着，如果我们在适当的时机这样做，就可以“逮住”正在做出消极生活选择的青少年，然后支持他们走上更好的道路。

父母们普遍担心的另一个问题是这个年龄段出现心理健康问题。我们知道，如果即将出现心理健康问题，那么很可能会出现在青少年时期。英国最新数据显示，青少年有心理健康问题的可能性是年龄较小的儿童的3倍。对于有心理健康问题的青少年来说，相比于其他一些因素，他们在家庭沟通、社会支持和自我认同相关问题方面遇到的困难更大。在这本书中，我们还略述了一些沟通技巧，你可以使用这些技巧来巩固与青少年的关系，并在这些技巧的保护下与青少年进行开放和安全的讨论。我们会通过一些理论来指导你，这些理论可以增加人们的幸福感，并在某些情况下可以防止出现更严重的心理健康问题。

本书将让你更深刻地理解青少年为什么作出某种行为，并提出实用、有效的建议，这意味着你可以为青少年提供最适宜的环境，让他们越过障碍，充分发挥生活技能学习和学术学习的潜能。本书具有很强的科学背景，但是使用简明英语撰写，所以通俗易懂，因为我们知道大多数人并没有时间去弄清楚那些出自神经科学领域的新词汇是什么意思。

我们将本书分为五个部分，引导你了解青少年大脑发育的基本方面，并为你和你的青少年提纲挈领地指出关键学习机会。

第一部分介绍了青春期大脑，我们描述了这种令人不可思议的青少年学习机器的工作原理。简而言之，青少年已经做好准备从环境中高效地学习，以便他们在接近独立时有更好的生存能力。我们有充分的理由强调这一观点，即青少年时代是一个很好的学习机会。这是有证据支持的，它意味着你可以帮助塑造青少年周围的环境，以便他们能够积极且富有成效地进行生活和学业学习。我们对大脑作出高度简化的描述，将其分为三个功能：让我们处于生存模式的本能大脑，我们情感和动机所在的情感大脑，让我们做出理性判断的思维大脑。总共只有那么多脑能量可供使用——这是一种稀缺资源——因此，如果所有的大脑活动都在情感大脑中，那么用于理性决策或学习任务的脑能量就不会那么多。这是简单的物理学问题。一旦牢牢掌握了这一原则，你就会了解，成年人抚育青少年的关键作用之一就是确保青少年感到安全和积极主动，从而将所有的脑能量都传送至思维大脑以进行更高层次的思维活动。

在以下各章中，我们将考虑大脑思考、学习和感觉的方式，以及青少年如何时时刻刻、日复一日地学习。我们回顾一下大脑的各个细节。例如，当我们铺设新的神经回路时，神经元如何连接。我们讨论了不同的学习方式，比如建立连接或者通过观察杰出的他人来学习——当然，这里的“他人”指的就是你。你在青少年面前的所作所为就是他们极好的学习素材。我们所考虑的是尽可能在最广泛的意义上进行学习（从学校学习到学习各种生活技能），并举例说明良性学习循环的益处。这包括鼓励青少年形成通过集中努力来期望进步的思维模式，着手进行具有挑战性的任务，这些任务的挑战性足以使我们成长，但又没有大到击垮我们，让我们灰心丧气。最后，对青少年来说最重要的是，我们强调大脑的社会属性。尽管我们都是社会性动物，但青少年尤其如此，他们极其渴望与他人建立联系。鉴于有证据表明，青少年的大脑在本质上是社交性的，因此我们在本书第一部分的最后讨论了这对青少年教育的影响。

在这里，我们还讨论了青少年大脑生物学如何与环境相互作用。人类大脑在发育的不同阶段以固定的顺序“寻求”特定的体验，以充分发挥其潜能。举例来说，你将在婴儿的语言发展或者学习爬行和走路时认识到这一原则。比如，学习语言细微差别的机会之窗会在婴儿大约两岁时关闭，因此，婴儿必须在大脑向下一个目标迈进前先吸收语言。进化使用巧妙的方法让婴儿和照料者保持亲近，所以，婴儿的大脑可以听到照料者们讲话。

大脑使用这种分阶段的技术以不同的方式从我们的环境中学习，

直到青春期结束。实质上，我们的大脑目标在于让我们在正确的时间到达正确的地方，以便学习与我们所处人生阶段最密切相关、最重要的主题。大脑把我们带入使用奖励性情感的情景，比如塑造学习。这意味着我们时常会面对世界的不同方面。

对于青少年来说，似乎有些事情（比如新体验或新朋友）会变得五彩缤纷，而其他事情（比如儿时的各种消遣）则会逐渐褪色成黑白。青少年可能会选择参加聚会，即使他们在学校即将有一门重要考试要参加，这不是因为他们不在乎自己在学校的表现，而是因为他们的大脑让他们被社交体验和同伴所吸引。再举一个父母们可能非常熟悉也非常痛苦的例子。星期六晚上第一选择总是和父母一起依偎在沙发上看电影的孩子，现在可能更愿意待在自己卧室和朋友们通过社交工具聊天。他们仍然像以前那样爱着父母，但是他们的注意力已经转移了。青少年的大脑将他们吸引到那些新的场景中以便他们体验、探索和学习。

第二部分我们讨论了有额外需求的青少年，比如患有心理健康疾病的青少年，或者学习能力不均衡的神经多样性患者。

如果你是那些必须综合运用两种技能的父母或者老师中的一员——支持一个青少年和一个可能有复杂需求的人——那么，这可能正是你所需要的。不管青少年是否直接受影响，读者都会发现这一部分必不可少，因为我们描述的问题可能会影响大多数家庭和学校。我们共同生活在群体之中，教会青少年接受和包容他人的与众不同之处非常重要。我们讨论了青少年时期最常见的心理健康问题，帮助父母区分典型的情绪高低起伏和更严重的、需要求助于心理健康服务机构的问题。你将学会寻求什么和何时采取行动。举止或者行为上的突然变化可能是一个警告信号，表明青少年正在挣扎之中，而日常生活和牢固的人际关系会为他们带来保护和韧性。我们不能（也不应该想）消除情绪，但是我们可以帮助青少年理解正在发生什么以及如何度过困难时期。

青少年的大脑时刻准备着学习各种技能，包括情绪调节，这是幸福相当重要的一部分。此外，我们回顾了一些最常见的终身疾病，比如注意缺陷与多动障碍（ADHD）、阅读障碍（Dyslexia）和自闭症谱系障碍（Autism Spectrum Disorder）。我们仔细考虑这些疾病如何对青少年造成影响。举个例子，青春期是自我概念的形成时期，那么，对这些疾病的管理可能对青少年有什么样的影响呢？他们患上这样的疾病能够自己管理控制吗？会让他们感觉自己与同伴格格不入吗？你可以让他们的看法有所不同。

第三部分我们认真思考了心理学家们所说的青春期发育“任务”。这里的“任务”指的只是大脑在青少年时期的优先事项，例如，

弄清楚他们所属的社会群体：

我想融入其中，但我同时还必须置身其外

个人价值观：

我认为审查制度是错误的，但是具有影响力的社交媒体也可能会腐败，因此政府需要采取行动

自我形象：

我以为自己在法语方面很出色，但是后来我在模拟考试中失败了，所以也许我很“菜”

我们仔细思考了所有这些主题，并强调了它们在促使青少年成长为成熟成年人方面的重要性。我们注意到，与任何进行中的工作一样，

在标准设定之前始终存在着游移不定和极端时刻——这其中就有对作为支持青少年的成年人的我们的挑战。青少年的大脑有时是一种不可忽视的力量。我们考虑你作为一个成年人可以驾驭青少年大脑强大驱动力的各种方法，从而使青少年成功步入智力刺激、良性关系和健康幸福的发展轨迹。

社会包容性和同伴认可的中心地位是贯穿整个青春期的内在驱动因素。同伴的意见是青少年的重要参考点，而这种交互社交性可以成为一个富有成果的论坛。当然，同伴的观点也会产生更多的负面影响。因此，我们讨论同伴群体对青少年的影响。我们花费大量时间重新思考冒险本身就是不好的这一概念。实际上，冒险是个人发展的重要组成部分（与冒险之后可能产生的积极结果完全不同）。我们讨论在冒险与发展适应力之间找到平衡，而又不会陷入严重的逆境。如果你的青少年通过试镜去参加学校演出，那是有风险的，因为他们可能会被拒绝，或者被录取——这是一场赌博。参与结果未知的体验非常重要。我们需要能够在某种程度上忍受未知，否则我们就不会长大成人。与此同时，一个青少年正在为角色试镜却一次又一次被拒绝，而且还把每次被拒绝都当作是自己有所不足的信号，那么就可能出现自卑。我们描述了经历“适度压力”的保护作用。就像疫苗一样，最佳的压力体验使我们免于遭受重大损失等生活事件的影响，这是因为我们掌握了应对方法，也学习了康复过程。没有这些经验，当我们面对重大挑战时，我们可能就会像多米诺骨牌一样坍塌。我们探索着突破界限，使我们在社会和学校的学习达到新的高度而不至于压力过大。

第四部分探讨了对青春期发育中的青少年大脑的保健（其中包括支持青少年发展自我保健）。我们仔细考虑了健康睡眠模式、积极压力体验以及技术的使用和滥用等基本问题。在这些领域中，青少年大脑以一种特别深刻的方式与文化互动。这些领域也是青少年与抚育他们的成年人之间最常见的冲突来源。我们讨论了一些方法，可以让你帮助你的青少年在社会和学业需求与优先事项之间找到平衡点，同时学会自己照顾自己，从坚持锻炼到健康饮食。找到这种平衡可能会获得许多短期和长期回报，但是如果失败了可能就会有一些影响，因此我们认为这是一个值得重点关注的领域。

最后一部分（第五部分）修正了本书的主要主题，并仔细考虑了你作为一个以青少年为中心的成年人的作用。在这里，我们谈到了最重要的问题，即如何与青少年建立并保持联系，这包括支持情绪调节、确定何时采取行动以及同样重要的——什么时候只是聆听，别的什么都不做的实用建议。我们提取了科学和大脑数据，并列成清单供你使用。当青少年的情感剧烈波动时，这个清单将成为你的行动纲领。当你的青少年的大脑在构建新的回路时，请陪伴左右并持之以恒。无论是现在，还是在今后的很多年里，这些步骤都将让你们受益无穷。它们是解锁青少年大脑并释放其潜能的关键。

在本书的学习过程中，我们邀请你参与学习，学习人生的良策，同时保护、支持和提供重要边界。青少年大脑的成长或萎缩取决于青少年生命中成人关系的品质。解码青少年的行为，可以让你充分利用他们大脑的力量。就像学习任何一门新语言一样，起步很难。请把本书看作是一本翻译指南。理解社会联结、社会敏感性和社会地位之于青少年的生活是如此重要，无异于发现罗塞塔石碑（之于破译埃及古代象形文字）。

如何使用这本书

我们以用户友好的格式提供高质量的科学信息。我们用简洁的语句总结了每一段落所讨论的问题，以便你高效地获取要点。你将在每一章中看到以下功能模块，并分别用不同的图标清晰地标示出来，这样你就可以轻松地找到对自己最有用的信息。

长话短说

这一图标简述了本章中五到六个关键主题。它出现在每一章的开头，因此，当你进一步阅读时，你已经对核心内容了然于胸。

科学点：大脑与行为

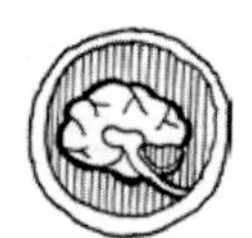

大脑图标阐述了科学研究数据。这些数据显示青少年大脑的特定部位正在发生什么，并说明了对行为的影响。我们介绍了最新的神经科学见解，尽管我们认为它非常引人入胜，但是却可能并不适合所有人。如果你的时间有限或者不感兴趣，可以跳过每章的这一部分，但是仍会得到经过研究充分证实的信息和建议。

解读你的青少年

解读部分的目的在于用科学知识来解读青少年的行为，旨在解释为什么你的青少年可能会做出那样的行为。

日复一日意味着什么？

本节将这些研究发现置于熟悉的家庭场景中：家庭时间、早晨时间表、日常家庭作业等。

这对学习意味着什么？

在这里，我们仔细思考可能发生在学校或者大学里的情景以及其他生活学习体验。

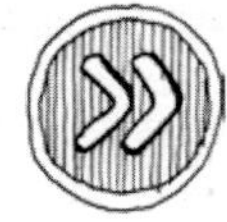

所以，现在怎么办？

鉴于到目前为止，我们已经掌握了有关青少年大脑和行为的所有知识，那么，我们将更进一步考虑应该做些什么。

案例分析

每一章中都有一个或多个案例分析，描述现实中的案例，阐明本章的要点。

行动要点

在每一章的结尾处，都有一些具体的你可以采用的行动示例，比如活动、回应或者思维模式，它们可能会改善青少年的幸福感以及你与他们的关系。我们与家庭和教育工作者合作的经验表明，为了真正有所改善，行动要点必须日复一日地执行以至成为习惯。可以融入日常生活的简单的小的变化最有可能成为新习惯。

这个故事的寓意

简而言之，这里总结了本章教你的有关青少年的知识及其含义。

下载

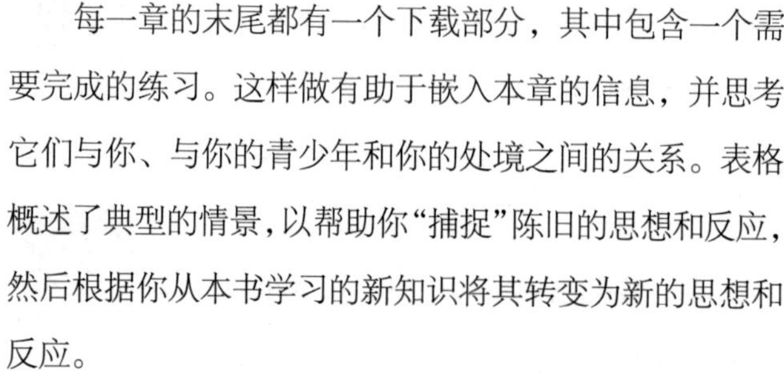

每一章的末尾都有一个下载部分，其中包含一个需要完成的练习。这样做有助于嵌入本章的信息，并思考它们与你、与你的青少年和你的处境之间的关系。表格概述了典型的情景，以帮助你“捕捉”陈旧的思想和反应，然后根据你从本书学习的新知识将其转变为新的思想和反应。

所有带有下载图标的页面都可以使用代码TOUWEBE从www.jkp.com/voucher下载。

《不可思议的青少年大脑》的目标

你是否曾经注意到新晋父母为他们珍贵的新生儿研究最佳睡眠习惯或者最具刺激性的色彩所付出的努力，给他们的宝宝一个最好的起点？你自己可能已经这样做了。无论你为人父母还是老师，青春期给了你另一个机会，可以仔细考虑并重新调整青少年的生活环境，提高你对他们的养育品质，使他们获得应有的一切机会，度过另一个与婴儿期相似的重要发育飞跃期。这也意味着你就是环境。你与青少年的关系可以增强他们学习体验的许多方面。你可以在生活学习和学术任务中为他们提供更多机会，从而将他们带入充实而健康的成年期。本书为你提供了实现这一目标的工具。

第一部分

不可思议的青少年大脑

第一章
升级在即的大脑

长话短说

- 青少年是不可思议的。在这里，我们把青春期“重新定义”，指一个令人兴奋和充满憧憬并且蕴含着巨大潜能的时期。
- 青少年大脑正在经历重要的、动态的神经升级。这个时期大脑对外界环境极其敏感。
- 青少年大脑的这些变化是一把双刃剑——会有好的事情发生，也会在发生潜在持续伤害性的变化时脆弱得不堪一击，包括心理健康问题。
- 大脑的不同区域按照特定的“步伐”逐步发育成熟，为人生不同阶段的独特学习体验做好准备。
- 青少年大脑以五大优先事项为导向：同伴、自我认同、独立自主、情感驱动型学习和新体验。
- 在合适的时间为青少年提供合适的外界环境是关键。

引言

青少年在各个方面都不可思议

青少年是不可思议的，但我们几乎每天都能听到有关他们的坏话，他们也总是以这样或者那样的方式被描述成不被社会其他群体容忍的一群人。有人做出不可理喻的事情，他/她就可能会被说成是“青春莽撞”；当一个十几岁的孩子调皮捣蛋、行为不端时，你也许就会听到这样的话：“今天早上他/她真是个十几岁的孩子”，似乎这些负面行为正是大家意料之中，也是他们需要改正克服的一样。

当我们撰写这本书的时候，一则新出的广告把青少年刻画成了一种性情乖戾、郁郁寡欢的生物，他们经常摔门而去，对兄弟姐妹恶语相向——而广告中的冒险之旅将“治愈”他们的这些“青少年综合征”。

这种概念化需要改变。在本书中，我们将向你展示科学界正在兴起的对青少年大脑更加积极的看法，并进一步展示面对出现在你生命中的青少年，你将如何彻底改变对其的认识和与之互动的方式。

快速提问：你认为“青少年”指的是什么？

“青少年”一词，从严格意义上来说，指的是13至19岁年龄段的少年和青年，但从通常意义上来讲，也可以指代一个人从青春期开始到个体独立的整个发展时期。

随着我们获取的科学信息越来越多，有一点毋庸置疑，那便是：在生命的这一时期，身体和大脑都会发生特定变化。我们使用可互换的两个术语“青少年”和“青春期”来指代这一漫长的发展时期（Ron Dahl，2004）。

考虑到人类需要历经精细转换的复杂大脑系统和掌握繁杂生活技能，进化将如此漫长的时间用于青春期是有意义的。自21世纪初以来，研究不断表明，青春期是一个脑神经发生巨大变化且快速发展的时期，至此我们对青少年大脑的了解呈指数方式增长。此前人们认为，大脑在蹒跚学步的孩童时期之前就已经完成了大部分的发育，但是现在我们知道，大脑一直在发育，直到生命的第三个十年，而这彻底改变了我们理解典型青少年行为的方式。

大脑按照时间表周期性发育

根据我们在生命不同阶段学习和生存的需要，大脑在人体整个发育过程中按照特定的顺序进行升级。大脑区域和回路在一定的层次结构内，按照发育时间表在不同的时间发育。换句话说，大脑在周期性地进行发育，并且“期望”在特定的发育阶段接受特定的体验。人体通过向大脑的不同区域发出信号，敏锐感知外界环境，基因在这过程中发挥着重要作用。青少年大脑的首要任务是学习。青春期是大脑具有超强适应性，并时刻为变化做好准备的时期。

生物与环境相互作用驱动大脑发育，激励青少年获取特定学习经验

大脑适应性的一个固有组成部分是生物（当大脑的某一部分已经充分成熟并为学习做好准备时）与环境（学习体验）的相互作用（见图1.1）。这是一种互惠关系，因为合适的环境可以促进大脑的发育，而大脑的发育阶段又可以使学习体验最大化。大脑驱使我们在发育的不同时期寻找特定的环境体验，并且对这些“目标”高度敏感。这些时期通常被称为大脑发育的“敏感时期”。知道青少年时期大脑的哪些区域正在经历最终升级，就可以让我们深入了解青少年的行为，从而发掘出他们不可思议的巨大潜力。

最近的研究表明，青少年倾向于五个方面的学习体验。这五个方

面分别是：

1. 融入同伴（请参阅“第八章：破解社交密码”）；

2. 承担风险并获取新体验（请参阅“第九章：冒险与应变”）；

3. 学习使用情绪，即所谓的“衷心”目标（请参阅“第十章：强烈的情感和强大的驱动力”）；

4. 实现自我认同（请参阅“第十一章：自我反省”）；

5. 获得自主独立（请参阅“第十二章：准备起飞”）。

大脑希望青少年了解这些方面，因为就进化而言，在他们所在的人生阶段这些都是最重要的事情，是大脑的优先事项。青少年很可能最有动力在这些方面学习，因为“是什么”“什么感受”这样的问题对他们来说很重要。

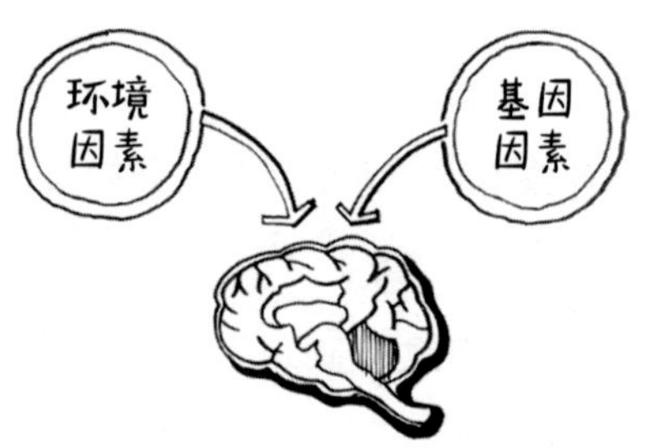

图1.1　生物和环境在推动大脑发育上都发挥着重要作用

大脑需要在合适的时间获得恰当的体验以充分发育

如果大脑没有在合适的时间获得恰当的体验，将无法获得充分发育。例如，举一个有点极端但很清晰的例子，如果一个孩子一生下来就患有先天性白内障，那么他/她的视力将永久受损。如果孩子的白内障在童年中期得到治疗，视力恢复，那么大脑中仍将保留一定的学习观察的能力，但是诸如深度知觉之类的复杂视觉技能，将永远无法获得充分发育。我们无法确切说出，如果青少年的大脑没有获得他们的目标体验会有什么样的后果，但是，可以肯定地说，在青少年时期通过设定边界和成人支持来对这些方面进行安全的学习，是青少年大脑发育的关键环节，而且对其长期的身心健康至关重要。

青春期可能是心理健康的一个转折点

正如露西·福克斯（Lucy Foulkes）和莎拉-杰恩·布莱克莫尔所说："通过对参与（研究）者进行平均，我们未能对以下事实作出解释，即青少年及其大脑以颇具意义的不同方式发展。"

个体差异是由遗传因素（我们从父母那里继承来的特质）和环境因素（生活事件或经验）之间的相互作用引起的。这些差异和相互作用可以通过多种方式显现出来，但是就心理健康而言，它们在青春期就会初露端倪。青春期是一个人一生中生理上最健康的时期，但同时也是一个人最有可能出现心理健康问题的时期。正如我们在第六章"不知所措"中所讨论的那样，大约有75%的心理健康问题，比如抑郁、焦虑、进食障碍和精神分裂等，都出现在青春期，这很可能与发生在青少年大脑中的强烈变化有关。我们讨论如何为青少年营造适合成长的环境，从而降低他们出现心理健康问题的概率，至少在某种程度上。

科学点：大脑与行为

青春期的神经升级

毋庸置疑，青少年的大脑是不可思议的，也是独一无二的。最近的研究发现表明，大脑的有些特征是青少年特有的，在幼儿和成年人的大脑中不存在——构造、信息处理方式和对环境的响应方式。神经升级将创建更加有效、更加专业的系统，从而使个体终身受益。

神经可塑性

21世纪之初，人们对于青少年大脑发育的知识知之甚少。但从那时起，日新月异的新技术让我们对青少年大脑的理解不断加深，这些新技术使我们能够在大脑思考或做某事的时候观察它们。

核磁共振成像（MRI）等技术已经改变了神经科学的面貌。令人惊奇的发现之一便是，当我们学习某些东西时，大脑会发生变化——物理上的变化。实际上，大脑在一个人的整个生命历程中一直保持着极高的适应性，不断地调整和改变，以确保它是适应我们当下生活环境的最好的大脑。用于描述大脑这种适应能力的专用术语便是“**神经可塑性**”，它的意思简单来说就是，大脑可以随着体验的变化而改变。适应能力是人类大脑最重要的功能——我们“努力生存”。

发育的最终阶段：根据环境中发生的事情对青少年大脑进行微调

青少年大脑升级的另一个方面涉及专业化。想象一下，一家原本计划覆盖所有领域、提供多种不同服务的初创公司，逐渐发展成熟，它将只保留当前市场所需的部门。归根结底，为了提高运营效益，公司专门化了——精简掉未能充分利用的部门，尽可能简化工作流程，高效提供服务。与此类似，大脑在孩童时期产生了比其需要多得多的联结，然后到了青春期的成熟阶段，要对这些多余的联结进行“修剪”。体验决定了哪些联结是有用的。如果一项活动不断重复，那么指挥这项活动的大脑联结就会保留。反之，那些未曾使用的冗余联结将很快枯萎消失。你可能在高中时会说一口流利的法语，但是如果从那之后就再也不曾说过，很可能你说法语就会变得磕磕巴巴，甚至只能记起当年学得比较好的一些短语。你的大脑已经修剪掉你的“法语联结”，这样就不会为已经废弃的活动浪费宝贵的资源。这使得大脑具备高度适应环境的能力。大脑根据所处的环境，在青少年时期进行修剪微调，为尽可能灵敏地适应成年之后的生活做好准备。因此，青少年如何度过他们的青春期至关重要——如果你希望你家孩子的大脑可以自如应对一个丰富多彩且积极向上的环境，那么，现在是营造一个合适环境的时候了。

解读你的青少年

期望青少年的行为有所不同

青少年与青春期之前的儿童在很多方面都大不相同。青少年的行为、动机和关注点会随着他们的大脑寻求发育所需的目标任务和体验的改变而改变，以便为成年之后独立生活做好准备。青春期一到，青少年便开始追求生活中的不同体验。家长和老师可能会对青少年行为改变的速度感到惊讶，有些青少年甚至可能会在一夜之间判若两人。对于成年人而言，这令人困惑；对于青少年来说，同样如此。成年人可能觉得这似乎是一种损失，但是与青少年共度时光、看着小小的他们一点一点展示出自己非比寻常的潜能，也会让成年人在惊讶、惊喜之余收获多多。青少年尽管看起来像是成年人，但是他们和他们的大脑仍在发育完善之中。因此，如果想要解读青少年的行为，第一步就是用青少年的视角审视事件。作为家长，如果可以的话，请在采取行动之前，花一点时间观察、思考和反省，即所谓“三思而后行”。如此，你的应对将更加周到体贴，这也意味着你的孩子每天将在丰富多彩而又积极向上的环境中得到滋养（请参阅“第十七章”）。青少年正在学习，正在尝试新的体验，这就难免会犯错。这些新的尝试和错误行为不会决定其终生的特征，因为他们只是在学习。

日复一日意味着什么？

青少年的大脑引领他们进入新的学习领域，并做出不同的行为

因为青少年大脑有着特定的优先学习事项，因此，我们可以非常准确地预测青少年每天可能感兴趣的内容。美国儿科医生罗纳德·达尔称这些优先事项是“天然吸引子”（Dahl et al.，2018）。想一想幼儿们蹒跚学步的决心，他们尽管平均每天摔倒100次，却一次又一次地爬起来继续练习，没有什么可以阻挡他们，因为他们正听从大脑的指挥，大脑告诉他们要“走路”。走路就是幼儿的天然吸引子。青少年在大脑的驱使下，以不同的方式满怀热情地探索世界。一般来说，青少年会把注意力转向朋友而不是家人。他们花更多的时间与同伴在一起，关心自己是否被同伴接纳，重视朋友的话语。这是因为新的一代已经做好准备随时建立一个新的共同体，而在这个新的组织中找到自己的一席之地至关重要。通常，青少年会变得更具自我意识，并对自己的长相外表和言行举止产生兴趣。青春期之前的孩童可能认为照镜子毫无意义，但进入青春期之后，他们就会在镜子前花费许多时间观察和调整自己的外貌。这是因为他们的大脑正在发出信号——在外人眼中你是什么样子的呢？对这个问题的思考非常重要。青少年开始质疑权威，因为从进化的角度来讲，对现状发问是有好处的——可能带来更好的结果，而且与此同时，他们也在测试自己的独立能力。年轻人容易被能够产生强烈情感和高唤醒力的新体验所吸引。他们可能会深深地爱上某人或者某物。在这些强烈情感体验的基础上，他们的大脑如饥似渴地学习和吸收养分。生活随着孩子进入青春期而改变。请系好安全带，这可能是一段非常颠簸的旅程，不过可以与你的孩子一起踏上这段旅程，也是一种殊荣。请拭目以待！

在生命的这个时间点适合的环境真的至关重要

尽管大脑的可塑性终生存在，但是成人的大脑回路却更倾向于抵制改变，因为成人大脑的自然状态是保持稳定。相反，青少年大脑的结构具有高度可延展性，随时可以根据经验进行修改。学习行为很容易发生，经验塑造着青少年的大脑，这就是为什么年轻人比成年人可以更迅速、更容易地通过观察他人来学习。这也意味着，环境对青少年大脑的影响要比对成人或者幼儿的影响更大。青春期是一个绝佳的机会，因为青少年所拥有的任何经验都将对大脑产生深刻的影响。在青春期学习生活技能并养成好的健康习惯，可能会终生受益。但俗话说“移物易损”，变化也是一把双刃剑，大脑可能会变得更好，但也可能会走上歧途，对之后产生深远影响。

如果年轻人错过时机，或者遭遇穷困潦倒，甚至心生厌恶，那么以后将很难“浪子回头”——做出改变。当然，这并不是说完全不可能，因为我们知道大脑的神经可塑性终生存在，但是由于成年之后大脑回路变得顽固不化，因此，“重回正道”的难度将大大增加。

青春期也许是一个人一生中打破发展方向可能性的平衡，防止陷入恶性循环的最佳时机。正如罗纳德·达尔所指出的那样，就像营养不良在快速成长阶段的影响是毁灭性的一样，青春期不幸遭遇糟糕社会、情感和心理环境，对青少年也会产生类似的长期后果。这是一个发人深省的看法，鉴于青春期是青少年可能推开父母或者老师，挑战权威，以寻求独立的特殊时期。此时，也是青少年追求自主，并由此产生逆反对抗的巅峰时期。他们需要的是一个稳定、可预测且充满滋养的环境。作为支持他们的成年人，我们需要考虑这对日常生活意味着什么。我们需要给他们空间，与此同时也要紧紧抓住他们，个中艰辛无人不知。

这对学习意味着什么？

学习潜能巨大——青少年时期是个十字路口

青春期是学习进度的跳板。好的大脑可以变成伟大的大脑。确保青少年主动学习是关键，这对父母和老师为激发青少年主动认识世界的巨大热情所使用的策略提出了挑战。这是一个机会，是一个可以教授各种学术主题、学习一种乐器、对一种抽象的概念化理论进行辩论或者掌握几门外语的机会。教学可以通过非正式的探索技术——比如，利用他们对独立自主的积极性——或者正式的指导来进行。

我们需要考虑利用青少年大脑动机和驱动力的方法

在大多数西方国家，青少年在16至19岁都承受着入学考试的巨大压力。课程通常是严格限制好的，青少年在学习的过程中，也几乎没有选择或者表达个性的空间，这与他们在青春期的天然优先事项背道而驰。也许，我们需要想想利用青少年大脑的驱动力和积极性的方法，而不是与之对抗。正如美国加利福尼亚大学研究社会情感与自我意识的神经科学家玛丽·海伦·依莫狄诺·杨（Mary Helen Immordino-Yang）、斯坦福大学教育学教授琳达·达林-哈蒙德（Linda Darling-Hammond）和克里斯蒂娜·克朗（Christina Krone）所说："传授和向他人学习的结构性的机会，探索、发现和发明，检验其推理和计算的预测能力，可以帮助孩子树立学术和个体自理感。"克里斯托弗·布莱恩（Christopher Bryan）及其同事在2018年进行的一项研究，证明了利用青少年的积极性教授其生活技能的力量：通过一定的程序，让他们专注于获取复杂"背景故事"信息、做出决策并了解行为后果，这样比传统教学方法更为有效。重要的是，这些程序强调错误是学习过程的一部分，是成长型思维的一部分（请参阅"第三章"）。如果可能的话，可以灵活设定主题，并跟随学生的热情为他们"定制"机会。我们关于如何利用青少年的动机来制定相应教学策略的更详细的讨论，将贯穿本书始末。教育面临的挑战在于如何对不可思议的青少年大脑的能量、动力和活力进行利用。

所以，现在怎么办？

在本书中，我们综合了青少年青春期发展特点的各个方面，同时我们也时刻牢记青少年的成熟速度有快有慢，而且每个人的前进道路也各不相同。我们还必须考虑个性和方法上的个体差异。

支持青少年所需的方法与帮助年幼孩子的方法不同。因此，你可能需要重新思考并制定新的针对青少年的策略。看你认识的青少年都有哪些动机。他们的大脑正在向他们发送强烈的信号，以在他们生命中最敏感的时期推动他们学习，所以他们的行为很可能就是对这些信号的反馈。

父母、老师或任何一个支持青少年的重要成年人，都可以帮助他们营造更好的环境，这意味着你可以影响他们大脑的发育方式。这是一个令人生畏的艰巨使命，但也是一个宝贵的机会。以下各章将通过案例分析，汇集关于如何在日常情景中运用这些知识、充分利用这一宝贵机会的方法。

案例分析：莫莉

莫莉（Molly）是戴维（David）和德瓦基（Devaki）的第一个孩子，是一个备受宠爱也超级可爱的女孩。她充满魅力、机智，在学校表现出色。她疼爱并保护着自己的弟弟，最享受与爸爸妈妈一起度过的每一个“果酱日”，或者全家人一起坐在沙发上，有说有笑。在小学的最后一年，当被问及“你成年之后想在哪里生活”时，莫莉写道：“我想一直和我的父母住在一起。他们是世界上最好的父母。”

然而，就在她12岁生日之前，似乎是一夜之间，她开始改变。对她来说，待在家里突然变得“无聊”，每个星期六她都想和朋友一起度过。紧闭着卧室门与朋友电话不断，似乎成了她最感兴趣的事情。她剪掉了自己美丽的金色长发，尝试了一种她觉得很酷但父母却认为看上去已经不像“他们的莫莉”的新发型。

她开始几乎只穿黑色衣服，开始化妆，听父母之前从未听说过的乐队的音乐。父母感觉正在失去她。

莫莉和她的父亲曾经一直很亲近，但如今，父亲讲笑话时她不再发笑，父亲对她讲话时她也不再回应；她选择去参加也邀请了男孩的朋友聚会，而不是和父亲一起出海航行。戴维感到很伤心，他已经把自己能给的一切都给了莫莉，全心全意。是他们宠坏了她吗？他们应该答应她的要求给她买一台新的苹果手机吗？她怎么会变得如此冷漠，拒人于千里之外？她怎么会变成这样？戴维感到很沮丧，他感到自己被拒绝了。突然之间，他觉得自己不认识莫莉，也不知道如何做一个好父亲。

一个好的解决办法

随着对青少年的大脑有了越来越多的了解，莫莉的父母开始意识到，这是女儿成长过程中典型且必要的部分。戴维和德瓦基开始一起讨论被疏离的感觉，当然，他们各自也进行了独自思考。他们与有着相仿年龄孩子的朋友交谈，勇敢地分享相似的感受。虽然莫莉的父母时不时仍然会感到心痛，但是他们能够把莫莉的行为视为她大脑发育过程中的一个阶段。他们需要在莫莉的妆容、衣着和言谈举止上划出一些不可触碰的界限。他们知道她与朋友相处的愿望是符合大脑发育需求的。他们与莫莉讨论她可能想和家人一起做的事情，并根据她的新动机和新兴趣做了调整。他们邀请莫莉的朋友来家里聚会，还把他们的家变成了小伙伴们的乐园。问题慢慢解决了，莫莉也逐渐有所改变，但丝毫未曾走入迷途。实际上，新阶段的家庭生活开始另具情趣。

可能会遇到什么障碍？

与年轻人进行有关着装和妆容的对话并不总是那么顺利。在设置界限之前，聆听年轻人的心声是关键。然后，你可以试着顺应一部分，比如是他们按照自己喜好化妆的时间（在家里），并给出可以接受的化妆程度的建议，要么就寻找一种新的表达自己的方式。

对于父母来说，被疏离、被抛弃的感觉也是切切实实存在的。当拽着自己裙子或者裤腿已经十年的孩子突然更愿意由别人来陪伴，要接受这样的现实不容易。与伴侣、朋友甚至心理咨询师交谈，可以帮助你更加客观地看待问题。请记住，你始终是孩子一生中最重要的人，即使你的感觉并非总是如此。这是我们从多年的研究中得出的一个结论。

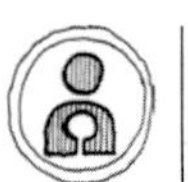

案例分析：阿努斯卡

阿努斯卡（Anuska）一向喜欢骑马，这让她的母亲感到担心，因为阿努斯卡是在她怀孕31周的时候早产生下的。阿努斯卡刚生下来时，体重只有一公斤多一点，是个相当纤弱的孩子。她比三个姐姐发育慢，还经常生病，也更多愁善感。不过，她现在15岁了，身体上和学习上都变得更加强大，更加出色。她的梦想是参加奥林匹克运动会马术比赛。但是，阿努斯卡的进步却是无法预料或者反复无常的。尽管她训练很努力，然而却资质平平。阿努斯卡的马术老师就此事与她的母亲进行了交谈。令他们感到担忧的是，阿努斯卡经常会放弃生活的其他方面，比如朋友和外语。阿努斯卡在学校也尝试过，却发现数学和外语对她来说学起来特别难。他们担心她会轻易放弃这两门功课。阿努斯卡的母亲担心，艰苦且竞争激烈的马术世界对她来说可能是一条艰难之路。与学校学业相比，阿努斯卡把多得多的精力和努力放在马术上，这一点也让她的母亲感到沮丧，并担心阿努斯卡把所有鸡蛋都放在马术这个“篮子”里是一个冒险的选择。

一个好的解决办法

阿努斯卡的父母使出浑身解数增强她对马术的信心，支持她参加各种马术比赛，享受照顾动物的乐趣，与在养马场结识的朋友交往。

有趣的是，当阿努斯卡18岁时，她自己改变了主意，不再继续从事马术事业，而是决定申请大学课程。这让她的父母松了一口气。他们不是不相信她，而是想要保护她。但是，随着时间的推移，阿努斯卡看到了一条对她来说更好的路。阿努斯卡把在马术训练中锻炼出来的决心和毅力用到了对学术的追求中，取得了不错的成绩。她的父母对她这种成熟的转变始终保持耐心。最终，他们共同努力让阿努斯卡度过了一个“空档年”。在休学的这一年中，阿努斯卡穿越拉丁美洲，在途经的各个养马场工作过，这满足了她对马的热爱。慢慢地，她找到了一条既能享受自己对马的热情，又能追求更现实职业的道路。是父母对她的支持帮助她走过了人生的这一阶段。

可能会遇到什么障碍?

父母总希望把最好的留给孩子，这一点毋庸置疑。为了确保自己的孩子拥有最好的未来（或者希望孩子走自己走过的路……），当青少年爱上他们认为不合适的事物时，他们总会感到恐慌。要想孩子不至于完全失去机会，父母需要在旁观、等待、干预之间找到一个平衡点，很艰难。这需要父母经过深思熟虑，并在事情发生时保持坚定。在这个年龄段，父母对子女采取自上而下的专制教养方式是有副作用的，正如我们接下来将要看到的（请参阅“第十二章”）。它可能会产生短期效果，但很可能会为长期问题埋下隐患。作为父母，请保持坚强，对青少年大脑发育过程充满信心。

行动要点 I ：引导、支持并保持好奇心，以促进青少年学习

青少年需要一套不同的规则和一种别样的期望。即使你拥有自己的经验智慧，并且可以预想长期的发展轨迹，但是你可能仍然需要采用一套新的技能，而且还要比对待年幼的孩子少发出一些指令。对青少年的支持引导，远比“坐在驾驶座上”重要。当然，“坐在后座上”也太落后了。你的目标有点像是一位出色的驾驶教练或副驾驶，与年轻学习者并肩而坐，鼓励他们，使他们保持冷静。知道车辆偶尔也会熄火，有时需要提前告诉他们前方的路况，但是只有在真正紧急的情况下才接管方向盘。

行动要点Ⅱ：青少年需要得到照顾，也需要发展独立性

支持最困难的方面通常是平衡两个相互对立的需求。它不是“非此即彼”，而是“两者兼有”。比如，青少年需要发展独立性，但不要以为他们会像成年人那样思考，或者把他们视为朋友，他们仍然需要被照顾，而且在某些方面比以往任何时候都更加需要你。

行动要点Ⅲ：理解青少年动机的强大力量并借力打力

把青少年的动机和渴望转化成学习的动力，看结果如何。举例来说，如果他们突然爱上在乐队演奏吉他，请尽你所能支持他们，尊重并理解他们对新体验的需求的力量，与他们一起以积极的方式利用这种力量。与此同时，设立边界以确保他们的安全。

行动要点Ⅳ：努力为青少年营造合适的环境

现在是时候为你生命中的年轻人提供合适的环境了。他们的大脑已经准备就绪，可以学习新的体验，尤其是在社交环境中。在青春期养成良好的终生习惯是摘“挂在低处的水果”，唾手可得。如果环境适合，就会形成一条积极的前进道路。

行动要点Ⅴ：告诉青少年他们大脑正在发生的事情

理解自己的行为，青少年将获益匪浅。他们需要你理解他们的行为，这样你就能了解他们正在经历什么，就会支持他们。作为一个青少年，有时也很艰难。郑重地告诉他们其大脑正在发生的事情，可能会极大地激励他们，而且也可以让家长和孩子在应对青春期的某些挑战时拥有共同的理解和语言。

这个故事的寓意

在青少年时期，行为、动机、优先事项和内在驱动力都会发生变化。他们的学术和生活学习潜能巨大，但是由于大脑中正在发生变化，青少年很容易受到伤害。你可以支持和帮助他们成功走完青春期的旅程。

下载：不可思议的青少年大脑——升级在即

青少年的大脑正在经历重要升级，拥有进行高强度学习的巨大潜能。他们的大脑对体验高度敏感，因此，为他们提供合适的环境非常重要。青少年的行为、动机、优先事项和内在驱动力在青春期都会发生变化，因此，一旦进入青春期，他们的行为可能就会判若两人。这些变化是不可思议的青少年大脑发育完善过程的重要组成部分，是青少年朝着全面发展的成年人迈出的重要步伐。

练习

如果下次在你照料下的青少年做出挑衅你、让你感到困惑或者担忧的行为，请停下脚步花一点时间一探究竟。这一事件可以通过青少年大脑正在发生的变化来解释吗？首先，从青少年的角度出发。理解这是由于青春期动机和优先事项的变化而引起的事件，可以消除青少年行为的挑衅性色彩，也可以给让你感到困惑的行为赋予意义，并帮助你找到解决问题的最有效方法。不要把理解行为与宽恕行为混为一谈。尝试并理解的行为始终是一个不错的策略，但是我们不建议你允许他人无理取闹或者做出自我毁灭的行为。

自从你的孩子进入人生的这一重要阶段——青春期以来，他/她在行为、优先事项或动机方面有哪些变化？哪些让你感到不安？请写出其中三个。

变化 I

……………………………………………………………………………………

……………………………………………………………………………………

变化 II

……………………………………………………………………………………

……………………………………………………………………………………

变化 III

……………………………………………………………………………………

……………………………………………………………………………………

当这件事情发生时	与其这样	不如尝试
如果你的青少年不分昼夜地练习唱歌，想要成为一位歌手……	如果她成为歌手，不可能赚到一分钱，这简直就是浪费时间……	我很开心她能找到自己如此喜爱的一件事情。这可以增强她的自信心，而且也并不意味着放弃学业。
		从青少年的视角出发，并且欣赏他们的热情。
如果你的青少年放学一回到家，就迫不及待地查看手机……	我希望她回到家就开始复习，而不是和朋友们聊天，她要做的事情太多了。	她好像对朋友比对在学校学好功课感兴趣多了，不过那是意料之中的事情，因为此刻她的大脑正驱使着她更在乎友情。这并不意味着她不再关注学习。在她坐下来开始学习之前，和朋友们先联络好感情很重要。
		从青少年的视角出发，注意青少年的天然吸引子（比如朋友）。
如果你的青少年在家庭午餐时全程板着脸，表现得不高兴……	哦，对了，这里有个正在生气的青少年。我不会容忍这种行为，简直毫无礼貌。如果他不尽快调整，我绝对不会再搭理他。	我想知道是什么原因让他如此生气。帮助他理解自己很重要，所以我必须在他稍微冷静下来之后，找到一种温和的方式和他谈论这件事情。
		从青少年的视角出发，对这种不够完美的行为深表同情。青少年正在经历的变化很不容易。

第二章
思考和感觉

长话短说

- 人有三个不同的“大脑”（结构组），各司其职：
  - 本能大脑，在危机中发挥主导作用；
  - 情感大脑，感觉并激励；
  - 思维大脑，思考并推理。
- 大脑按照以下重要顺序考虑问题：安全，情感，然后思考。
- 情感大脑存储记忆，可以迅速作出响应。
- 了解大脑功能，你就可以理解青少年的行为。
- 当情感大脑平静且满足时，青少年大脑学习效果最佳。
- 让年轻人进入正确的“学习区”，可以为思维大脑提供帮助，你可以通过与他们进行有效的沟通来促成这种状态。

引言

“你为什么这么做？你当时到底在想什么？”

如果大人这样对青少年说话，那么世界末日恐怕就要降临了。我们当中有多少人因为出离愤怒而莽撞行事，最后又追悔莫及？所有人，无一例外。这是因为所有人都有一个不总是理性思考的大脑。事实上，我们的大脑认为思考是一种奢侈消遣，所以感觉优先。

科学点：大脑与行为

“三合一脑”帮助我们理解行为

行为是大脑功能的窗口。通过了解大脑，我们可以更好地理解行为。

“三合一脑”是一个框架，它描述了大脑的三个不同区域（每个区域又称为一个亚大脑），每个区域各司其职，发挥着不同作用。“三合一脑”模型是由美国神经学家保罗·麦克里恩（Paul MacLean）在20世纪60年代提出。三个“大脑”——本能、情感和思维——遵循着进化的轨迹，这意味着它们是随着人类的进化而逐渐发展形成的。

注意：“三合一脑”是大脑组织和活动的一个高度简化模型，但对行为理解非常有帮助，尤其对于非神经学专家而言。

本能大脑——在危机中占据主导地位

生存所必需的大脑功能，比如呼吸、心率和体温调节等，都发生在本能大脑中。这组大脑结构位于大脑下部，偏后，即脑干。脑干监视着我们，并在危险发生时接管工作，以确保我们的安全。当我们受到威胁时（在当今社会中，这可能也包括当人们感到非常焦虑或压力非常大时），大脑这一区域的功能将优先于其他任何区域发挥作用，我们进入“战斗、逃跑或者原地不动”（fight, flight or freeze）的应激反应状态。当大脑的这一区域最活跃（处于焦虑状态）时，行为反应就会迅速、即时且具有保护性。在这些时候，没有沉思，也没有深思熟虑。大脑信号直接发送给身体，并迅速采取行动，以确保我们能够生存。本能反应——比如猛烈击打某人以应对威胁（战斗），迅速跑开（逃跑）或者静静站着（原地不动）——是由这部分大脑驱使的吗？这些是简单而冲动的行为，通常出现在防御、不确定和恐惧的时刻。对于你，对于你所照料的年轻人，都是如此。

情感大脑——感受并激励

位于脑干上方、大脑皮层之下的科学家称之为“边缘系统”的区域，我们将其称为情感大脑。情感大脑负责安全、情绪和动机。这是与他人建立关系的重要区域——对人类体验至关重要。当我们有强烈的情绪比如愤怒、焦虑、悲伤、愧疚和幸福时，情感大脑的某些区域（杏仁核）就会被点亮；其他区域（下丘脑）存储着对事件的情感（情绪主导）记忆，这些记忆可以帮助我们保持安全并加快学习速度。当我们有动力去做某事并被驱动做出实际行为时，情感大脑的另一种结构（腹侧纹状体）就会被点亮。情感大脑结构是无意识的，但是却能帮助我们从环境中获取想要的东西。

美国神经学家朱迪·威利斯（Judy Willis，2009）将情感大脑称为“交换站”，因为它决定了大脑活动的去向。一个人对任何体验的反应都要经过情感大脑的过滤。例如，如果一个人非常害怕，情感大脑本质上就会对这些信号进行评估。当它认为“恐惧”是一种危机时，会向本能大脑发送一条消息，以开启生存机制。请注意，此时的大脑活动完全脱离了思维大脑。情感就像紧急警报，很难被忽略，它们告诉大脑需要注意了。但是，如果情感大脑和本能大脑判断当前的状况平静且安全，那么，大脑的较高区域就可以自由工作——进行谨慎思考。

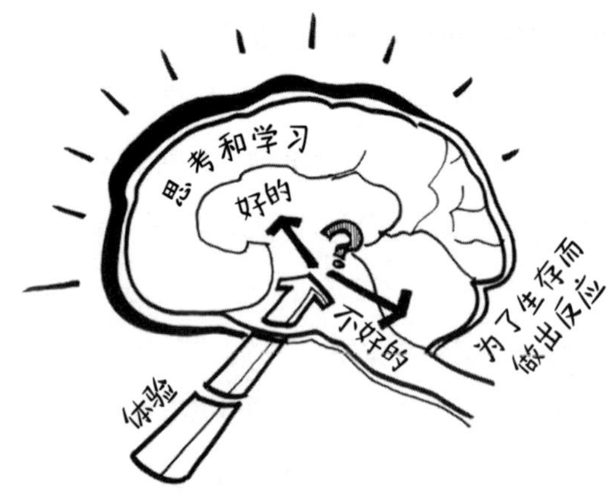

图2.1 大脑如何响应体验

思维大脑——思考并推理

思考和推理是在“三合一脑”的最高部分，即思维大脑（大脑皮层）进行的。思维大脑由褶皱的大脑物质组成，在大脑顶部形成一个从前到后覆盖的外层。思维大脑让我们能够讲话、推理、计算和决策。思维大脑是我们进行智力思考的地方——智慧之所在，尽管是在下面复杂“电路”的辅助下完成的。思维大脑在人类大脑中的发达程度远胜于其他任何生物。

思维大脑在我们出生时尚未成熟，经过不断发育和完善，直到25岁左右完全成熟。思维大脑中一个特别重要的区域位于眼睛上方，被称为前额叶皮层（PFC），通常被称为脑部的命令和控制中心。决策和自控等较高层次的思考就是在这里进行的。因为其重要性，我们将在本书中对这一区域进行着重讨论。

解读你的青少年

情感大脑是思维大脑和本能大脑之间的桥梁

情感大脑对大脑功能至关重要，它引导我们朝着对自认重要的事物（动机）前进，远离有害的事物（威胁）。情感大脑和思维大脑之间，有许多关键的回路将两者联系在一起，并与前额叶皮层紧密相连。动物没有像我们人类这样的前额叶皮层，所以它们只受到本能大脑和情感大脑的驱动。你的宠物狗只是遵循对食物、娱乐、爱和关怀的渴望。我们拥有思维大脑，因此可以调节自己的反应——等到每个人都就座之后才开始用餐；在拥抱一个人之前先看一看他/她的心情如何；做完家务再进行娱乐活动；在呵斥青少年之前，先想明白是什么原因促使他们做出眼前的行为。青少年正在学习如何同时使用他们的思维大脑和情感大脑，但是这对大脑来说是一个非常复杂的过程。在青春期，情感大脑的信号有时候是如此明显（并且有充分的理由——请参阅“第十章”），以至于完全淹没了思维大脑的理性行为信息。

思维大脑只能在合适的环境中发挥作用

英国德比大学（University of Derby）临床心理学教授保罗·吉尔伯特（Paul Gilbert，2010）描述了环境对思维大脑至关重要的三个重要方面：首先是安全，当年轻人感到自己很安全时，他们更善于动脑筋。其次是驱动力，当青少年主动想做好某事的时候，他们的任务表现可以显著提高。最后是感觉/情感，自我保护的重要来源；感觉/情感可以让我们快速了解环境，并采取行动作出反应以便确保安全。如同动机一样，感觉/情感既可以成为学习的朋友，也可能成为学习的敌人。如果一个孩子（因为面临考试而）感到焦虑或（对自己被对待的方式感到）愤怒，那么，他们的情感大脑就把能量从思维和学习大脑中抽走。如果他觉得周围人都在支持自己，心理感觉满足并且能够承担任务，那么他的思维和学习大脑就可以火力全开了。

情感大脑有很强的记忆能力

情感大脑中有一种被称为海马体的小结构（我们的大脑中存在两个海马体，每个大脑半球各有一个），存储着过去事件的记忆。这样可以确保我们记住并吸取过去的经验教训，这通常非常有用（如果你上次因为不小心触摸火炉而被烧伤，那么你就会记着不要再那样做了），不过也可能对学习没有帮助。如果上周的一堂数学课让一个年轻人感到压力很大，甚至在他/她开始工作之前，他/她的情感大脑也会记着：数学=压力。如果家庭作业总是让你的孩子感到压力，他歇斯底里地喊叫和痛哭，那么，在听到“现在该做家庭作业了”这句话时，他可能会瞬间崩溃。这时的崩溃可以这样解释：大脑活动冲向情感大脑（交换站），情感大脑判断这是一场危机，应该进入战备状态，就把脑能量传递给本能大脑，“这是个坏消息。快跑（逃跑）！要不就终止这种状态（战斗）”。脑能量不会直接到达思维大脑，即完成作业所需要的区域。如果你认为他们的崩溃“不可理喻”，请再多想一想。崩溃永远不会无中生有，压力巨大的一段记忆很可能会在瞬间让情感反应一触即发。

日复一日意味着什么？

“三合一脑”可以帮助我们理解行为

作为成年人，我们需要牢记：青少年的负面或冲动行为可能是由强烈的大脑信号所驱动的。年轻人仍在学习如何管理自己的冲动和内在动机。提供安全的环境对他们很重要，这样他们就可以通过思维大脑来调节、规范自己的行为和反应。动机在促进学习方面尤其有帮助，而具有威胁性的情况则会阻碍学习。

内在驱动力（他们自己想做）是迄今为止推动大脑运转的最有效方法，然而内在驱动力却并不常有，因此，我们时常需要通过奖励来使青少年的动机系统保持在线。如果他们有动力去获得奖励，那么他们的情感大脑会轻松上线，从而使大脑运转和行为表现都更有效率。

情感记忆被存储以帮助我们预测未来

大脑时刻存储情感记忆。举例来说，如果家庭作业经常让青少年感觉压力很大，那么在开始做作业之前，他们的大脑就会自动抗拒。对于反复出现的压力情景，请花一些时间找出问题症结所在，然后使用“三合一脑”模型来找到最佳解决方案。

脆弱的年轻人有过艰难经历，他们的本能大脑和情感大脑可能占据主导地位

有些年轻人特别脆弱。那些经历了极度不安全和恐怖时刻的年轻人，他们的大脑可能极易被触发本能应激反应。这种反应曾在过去保护了他们，但是如果大脑的第一反应是生存，那么就非常不利于学习。

还有些人可能经历了某次艰难事件（比如校园霸凌），或者担心失去一位重要家人对他们的爱护（比如父母离婚）。这些年轻人可能会做出一些极端且难以预测的行为，因为他们的情感大脑和本能大脑已经习惯性地占据主导地位。成年人需要帮助这些年轻人接受自己的经历，并营造一种让他们感到安全和稳定的环境，这样情感大脑就会认为足够安全，可以激活思维大脑进行学习了。

这对学习意味着什么？

运用有关大脑的知识为青少年创造合适的环境，让他们的思维大脑发挥作用

学习可能会很艰难。如果我们正在学习，从定义上来说我们并不知道结果，我们处在一个脆弱的境地。年轻人可能会担心学习任务失败，尤其是在一种以学习成绩高低为标准的文化中，青少年的情感大脑和本能大脑很容易就会占据主导地位。成年人需要知道的是，如何促进青少年思维大脑的有效运转，以帮助他们学习。对于所有人而言，思维大脑无时无刻不在与情感大脑和本能大脑竞争，以支配行为。大脑不可能一边指挥我们的身体逃跑，一边还在计算代数习题，一个或者另一个，必须分出胜负先后。安全是最重要的——如果我们的生命正受到威胁，那么做代数习题就毫无意义——请记住它们的优先等级：本能大脑，情感大脑，最后才是思维大脑。避免在青少年沮丧、羞愧或者生气时发表关于如何才能考上大学的长篇大论，无论你觉得自己的话是多么重要、睿智和有用。因为在那个时候，他们的大脑能量不会停留在思维大脑，因此聆听能力和学习能力将大大降低。

设置合适的任务级别对促进最佳学习很重要

大多数老师都很熟悉“最近发展区”（Zone of Proximal Development）这一概念。这个概念是在19世纪初由俄罗斯心理学家列夫·维果斯基（Lev Vygotsky，1978）提出来的，指的是个体在独立活动时，所能达到的水平与在别人的指导下可能达到的发展水平之间的差距，因此青少年需要有人在合适的“区域”拉他们一把，以促进他们的学习（Lev Vygotsky，1978）；当感觉任务比较困难、但与他人齐心协力或者在别人可能的支持下也可以完成时，这种情况就会发生。

德国心理学家汤姆·森宁纳（Tom Senninger）运用维果斯基提出的这个概念，描述了三个不同的区域（Senninger，2015）：

- “舒适”区——学习者感到安全，但因为他们没有受到挑战，所以没有在学习；
- “学习”区——学习者不断学习和成长；
- “恐慌”区——学习者压力很大，学习受到阻碍。

森宁纳对不同学习行为的描述，正好与我们所知的大脑工作原理相呼应。如果一项任务难度系数太低（舒适区），那么年轻人将失去兴趣，缺乏动力，情感大脑将占据主导地位。他们的大脑将不会成长，也不会继续从事更具挑战性的任务。如果一项任务难度系数太高（恐慌区），他们可能会变得恐慌，情感大脑也将占据主导地位。随着思维大脑退居幕后，他们的大脑也不太可能成长。但是，如果一项任务难度级别合适（学习区），青少年可以“大展拳脚”，积极开动思维大脑进行学习，那么不仅大脑会得到锻炼成长，自信心也会随之增强。

正如我们将在第十章中看到的那样，青少年具有学习优先级，利用这些优先级是成功帮助青少年学习的关键。

所以，现在怎么办?

“三合一脑”模型帮助我们理解青少年的行为。了解大脑如何运转，您将拥有解锁青少年大脑潜能的关键钥匙。

下文的两个案例分析，从不同的角度展示了年轻人在学校的经历，以及他们周围的人如何努力支持他们。

案例分析：梅西娅

中学校长梅西娅（Mercia）反映了她学校里学生的情况。当有学生在课堂上调皮捣蛋时，班主任会把这个学生送到梅西娅的办公室，这既是一种惩罚，也是给学生一个对自己的所作所为进行反思的机会。梅西娅感到困惑，因为班主任向她报告的行为，常常与她在办公室看到的行为似乎不相匹配。当学生们与她在一起时，他们时常表现出反思和悔改，但是却无法说出之前为什么会做出那样的行为。奇怪的是，一周之后，同一个学生又因为相同的原因被送至梅西娅的办公室，而且还屡见不鲜。发生了什么事?

梅西娅决定自己亲自坐在教室里听课观察。结果，她看到的大大出乎她的意料。事情往往是这样的：刚上课时，学生们都在很认真地听课，然后就会出现一件类似于导火索的事情，让课堂秩序急转直下。举个例子，可能突然有人在一个学习活动中故意绊倒某个小伙伴，或者扯着谁的帽衫直到对方恼羞成怒。学生们就像变了一个人，或者被自己调皮莽撞的一面给支配了。如果在事情发生之后梅西娅立即尝试与这个学生谈话沟通，他们似乎无法对自己刚才的行为有所思考和反省，这与梅西娅在办公室见到的冷静了一段时间后的他们大不相同。在阅读了有关“三合一脑”模型的文章之后，梅西娅终于知道这是怎么回事——学生们之所以无法控制自己的行为并做出正确的选择，是因为在那一刻，他们的本能大脑和情感大脑正占据上风。

一个好的解决方法

梅西娅召开了一次全体教师会议，向老师们传授了有关大脑如何运作的知识，并举办了一个互动式研讨会，让所有老师都有机会尝试当自己似乎“失去了理智”、本能大脑和情感大脑占据上风时的体验。梅西娅告诉老师们，当学生们的行为出现偏差时，他们需要一点时间冷静下来。在这之后，老师们慢慢开始注意到学生们确实有“战斗、逃跑或者原地不动”的应激反应，比如在考试考砸了、与朋友打架斗殴或者被老师批评之后，他们便不再急于向学生要求一个交代。老师们也帮助学生了解和认识到，如果他们能够对自己大脑的发育和运作方式有更好的理解，即使不一定能够改变自己的感受，也可以改变自己的行为。随着时间的推移，不仅学生们的行为有了改善，而且师生关系也得到了改善。

可能会遇到什么障碍？

老师总是希望所有学生都能有所成就，这一点毋庸置疑。教学可能是目前最艰难的工作之一，需要老师们倾尽心力投入。然而，由于课程表安排过满，他们就把学生行为视为对课程的干扰。我们必须记住，大脑的成熟发育在这里至关重要。尽管青少年的学业很重要，但是对情绪/情感和行为的理解能力是一项长期服务于他们，并且最终支持他们进行全方位学习的技能。如果学生长期挣扎于情绪/情感和行为，那么，就非常值得我们花时间让他们了解个中缘由，并赋予他们管理自己情绪/情感和行为的技能。

案例分析：斯凯

每学期伊始，一想到期末考试和期间要做的堆成山一样的作业，14岁的斯凯（Skye）就会变得不知所措。这些忧虑困扰着她，让她很难应对。她的父亲再三宽慰她，一切都会好起来的，然而并不奏效。斯凯变得很焦虑——事实上，她是如此焦虑，以至于经常消化不良、头痛，有时甚至会痛哭，感到万念俱灰。学习成绩对她很重要，她真的很想做好。她给自己施加了很大的压力，这让家里人越来越担心。她的两个兄弟就没有类似烦恼，因为她太情绪化，他们觉得她很难相处。她的焦虑开始影响到她生活的方方面面。她用心选择自己在教室里的座位，却发现很难融入到同学之中，尽管她很想和他们一起。

一个好的解决方法

斯凯的父母决定做些什么来帮助她。他们召集斯凯的所有老师一起开会。首先是要承认做这件事很困难，然后他们需要弄清楚斯凯焦虑的确切内容。斯凯很快说出了她消极焦虑的想法。比如，如果我的学习成绩不好，就考不上大学，然后大家都会对我感到失望。她很痛苦，迈出这一步也很艰难，但是说出自己心底的焦虑之后，斯凯觉得轻松了许多。斯凯和她的老师们根据上一学年的情况，制定了一个学习时间表，并在需要完成各种任务时给她一些帮助。他们在“工作”时间上设置了明确的界限，以确保她每天都有“休息时间”放松心神，就算学习任务没有完全完成也没关系。除此之外，学校还给斯凯配了一位年龄稍长的学生导师，每周与她见两次面。学生导师就高中可能遇到的陷阱提出了一些建议，告诉她哪些老师平易近人，哪些科目和俱乐部最有意思。在家里，斯凯的父亲每天早晨和傍晚都会抽时间和她谈心，看她学习是否顺利，是否遇到了什么棘手的问题，打消她的消极念头。他们谈到了她的感受，这对他们俩来说都是新的领域，但随着实践的发展，谈话变得更加容易。这样，斯凯和父亲之间的关系也越来越亲密。她告诉父亲，常常觉得自己无法完成学校的学习任务并怀疑自己。斯凯的担忧仍然存在，但是已经易于掌控，身体的症状也已经明显减轻。

可能会遇到什么障碍?

一旦你意识到有个年轻人正在情感/情绪的泥淖中挣扎，对话并随之制订一个可行的情感/情绪管理计划是关键。随着时间的推移，长期保持积极向上的状态可能很难，因为生活压力长期存在。那么，父母和老师定期与他/她会面谈话，不过早撤除对他们的支持，就显得非常重要。尽早干预比等到危机爆发才处理更有益处。而且我们知道，对焦虑的支持更有可能产生积极的结果。

行动要点 Ⅰ：注意青少年的行为以解读他们的大脑

你可以通过观察青少年的行为来判断哪个大脑坐在驾驶座上。面对家庭作业，如果一个年轻人开始无理取闹，或者无所事事地在页面上涂鸦，那么很可能是他们的情感大脑占据着上风，而思维大脑则正在挣扎着想要努力跟上。注意这一点并改变你现有的处理方式，以便让他们的思维大脑发挥作用。

行动要点 Ⅱ：如果情感大脑占据主导地位，青少年就无法思考

“不分青红皂白”地下指令（“不要胡闹！”）或者暴跳如雷地指责（“你到底怎么回事，为什么还不开始做功课？”）都不是促使青少年开动思维大脑的有效方法。我们需要弄清楚为什么是情感大脑在支配着他们，而且还要让他们平静下来。在第十七章中，我们提出了一些有关此时应该如何去做的建议，这些建议将帮助青少年重新打开思维大脑的开关。我们所有人时不时地都会用本能大脑做出回应，但是我们一直在进步。让青少年有机会理解自己的行为，意味着他们更有可能做出符合逻辑且具有反思性的行为，而且这将使他们长久受益。

行动要点Ⅲ：激励，不要威胁

青少年被激励的那个大脑才是最活跃的大脑。动机是追求目标和成就的天然驱动力。尽管基于威胁的学习可能有时能够带来短期回报，但它很可能对心理健康造成长期损害。正如我们接下来将要学习的——青少年做事需要强大的动机，尽管并非总是如此，但是，利用内部驱动力始终是启动学习型大脑的最有效方式。

行动要点Ⅳ：考虑任务难度级别是否合适

给出学习任务时，难度级别是否合适至关重要。难度级别合适的任务可以使青少年处于“最近发展区”。如果年轻人提不起兴趣或者没能取得进步，请首先考虑任务级别是否适合他们，并在他们感到沮丧时为他们提供支持；或者，如果他们失去兴趣未能投入其中，那么就请把他们的任务提高一个难度级别。

这个故事的寓意

了解信息如何进入大脑并且如何在大脑中工作。从根本上来说，我们需要注意情感大脑的信号，以便把脑能量传递到思维大脑中用于学习。这里的顺序很重要。在这个以生存为根本的世界中，学习是一种奢侈，因此，情感大脑功能在脑能量的分配中具有优先权。我们需要时间来消化学习带来的挫败感。作为照料青少年的成年人，你的工作是提供一个可以激发青少年开启思维大脑的环境。这本书将向你展示如何才能做到这一点。

下载：青少年的大脑：思考和感觉

了解大脑的工作原理，你将理解青少年以及你自己的行为

所有大脑，包括青少年的在内，在思考之前都把安全放在首位。在对大脑的所有可能的影响中，保持安全的驱动力将给所有的大脑活动发号施令。如果青少年在身体或情感上感到不安全，那么他们的大脑将专注于应对威胁，并将脑能量推向情感大脑。一个有安全感的、镇定而又充分被激励的大脑最适合学习和做出明智的选择，因为大脑允许资源进入思考和推理的区域，即思维大脑。

使青少年的大脑处于正确的“学习区”是充分利用他们学习潜能的关键所在。

练习

有的时候，恐惧或者焦虑可能“看起来像”愤怒。请牢记这一点，并写出三种情况。在这些情况下，你的孩子看上去焦虑不安或者生气愤怒，当他们似乎“无处不在”时，极有可能已经处于失控状态。此时，他们的大脑已经被情感大脑支配。写下这三种情况，并请问自己：

他们在做什么？

还有谁在那里？

刚才发生了什么？

那一天/一周/一个月，还发生过哪些反常的事情？

你说了什么？

你对此有何反应？

焦虑或者愤怒——情况 I

……………………………………………………………………………………

……………………………………………………………………………………

焦虑或者愤怒——情况 II

……………………………………………………………………………………

……………………………………………………………………………………

焦虑或者愤怒——情况 III

……………………………………………………………………………………

……………………………………………………………………………………

现在写出三种情况。在这些情况下，你的孩子最有能力调节自己的情绪，并且能够积极开动他们的思维大脑。然后回答相同的问题。

最能调节情绪并激发思维大脑——情况 I

……………………………………………………………………………………

……………………………………………………………………………………

最能调节情绪并激发思维大脑——情况 II

……………………………………………………………………………………

……………………………………………………………………………………

最能调节情绪并激发思维大脑——情况 III

……………………………………………………………………………………

……………………………………………………………………………………

你自己也做同样的练习。

焦虑或者愤怒——情况 I

……………………………………………………………………………………………………

……………………………………………………………………………………………………

焦虑或者愤怒——情况 II

……………………………………………………………………………………………………

……………………………………………………………………………………………………

焦虑或者愤怒——情况 III

……………………………………………………………………………………………………

……………………………………………………………………………………………………

最能调节情绪并激发思维大脑——情况 I

……………………………………………………………………………………………………

……………………………………………………………………………………………………

最能调节情绪并激发思维大脑——情况 II

……………………………………………………………………………………………………

……………………………………………………………………………………………………

最能调节情绪并激发思维大脑——情况 III

……………………………………………………………………………………………………

……………………………………………………………………………………………………

当这件事情发生时	与其这样	不如尝试
下周就要考试了，你的青少年还是不愿意好好做准备。	如果下周考试考得不好，你可能就要和下周末的派对说再见了。现在我需要看到你在努力学习。	下周的考试很重要，我知道你能考得很好。这一周集中精力是关键。我们可以做点什么来确保你一切进展顺利，这样你就可以尽情享受下周末的派对了！
		激励，而不是威胁。
你的青少年拿出课本准备学习，突然大喊："我不学化学了，我真是受够了化学。"然后一把将课本扔在地板上。	莫名其妙突然一阵爆发。他怎么回事呀！	上次我们坐下来一起做化学作业的时候，我说过他做得不好。可能是这件事情激怒了他。我们来看看怎么一起改变这种情况。
		识别被触发的行为——情绪、情感从来不会莫名其妙地爆发。
你的青少年有一门考试考砸了，尽管她在家里和学校为这门考试努力学习了很长时间。	她好像复习了好长时间，但还是没有考好。她肯定不怎么擅长这门学科。	我想知道她是否把所有的复习时间都花在了"舒适区"。如果是这样，学习对她来说就没有挑战，也不会让她有所提高。我想从细节上了解她的学习方法。
		成功的最佳预测因素并非在任务上所花的时间，而是年轻人在这段时间里所做的事情。

第三章
学习和相信

长话短说

- 我们的大脑在出生时并不成熟，而是随着神经元相互联结形成回路，慢慢生长发育。
- 重复是形成更强大学习回路的关键——这会改变大脑。
- 我们对自己的信念，改变大脑的工作方式。
- 青少年需要处于学习的良性循环中，这可以促进大脑的生长发育。
- 成长型思维模式使年轻人勇于接受新的挑战，犯错会使他们的大脑变得更加强大。
- 成人通过使用关于自己和青少年的成长型思维语言为他们营造积极的学习环境。

引言

当我们重复做事时大脑就会成长

我们一直在学习。它是人类状态的自然组成部分，因为我们具有神经可塑性（请参阅“第一章”）。学习并不总是那么容易。的确，如果我们打算真正擅长某事，那么在学习过程中就难免会有一些不适，并且需要付出努力来填补现有水平和学习目标之间的差距，米歇尔·奥巴马（Michelle Obama）很好地描述了这一点：

当你认真思考某件事情或者努力解决问题时，无论是数学、科学还是生活中的问题，你的大脑实际上都在成长。

知道大脑发育和学习可以引起大脑变化，对了解青少年会有很大好处，因为——举个例子，当青少年学习新任务或者做出了一个让我们感到困惑的决定时，我们可以直观地“看到”，他们的大脑中正在发生的事情。

我们所坚守的信念影响大脑和行为

人类坚守着一系列信念，这些信念对我们如何与世界互动有着强大的影响力。我们思考的方式影响着我们的行为和感受——这就是思维模式（mindsets）。美国心理学家卡罗尔·德威克（Carol Dweck，2012）首次把“思维模式”这个概念带入大众的视野。她首先主张的是这样一个观点，即一个人对于智力是固定的（固定型思维模式，a fixed mindset）还是可以成长的（成长型思维模式，a growth mindset），可能是他/她能否成功的一个重要决定因素。

十多年来的研究证明，思维模式可以塑造一个人对生活各个方面的感觉、想法和行为。正如数学教育教授乔·博勒（Jo Boaler）所说：“当人们改变他们的思维模式，并开始相信自己可以通过学习达到更高水平的时候，他们就会改变学习方法并达到更高水平。”（2016，第ix页）。当你阅读本书时，你将看到我们的信念对于我们如何应对压力、学习上的挫折、艰难的社会经历以及我们如何解读他人的能力，包括与我们一起工作的年轻人的能力所具有的力量。

科学点：大脑与行为

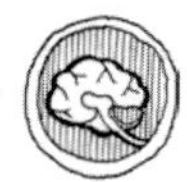

当我们学习时，我们会建立新的大脑回路

一个人的大脑包含大约860亿个神经元，这些神经元构成学习的建筑模块。神经元的数量在我们出生时和死亡时大致相同，但是一个不成熟的大脑和成熟的大脑之间的区别在于神经元之间的联结数量。新生婴儿的大脑神经元之间几乎没有联系。你可能已经意识到，从出生到3岁之间人类大脑发育的飞快速度，特别是如果你已经目睹婴儿和幼儿快速掌握一系列复杂的任务技能时。这种高效率的增长得益于大脑构建的回路，这些回路把大脑各个区域、各个部分联结在一起，以发展不同的技能。

尽管基因的作用在于决定大脑的哪个部位已经做好发育的准备，但是正如我们之前所看到的，日常经验是学习背后的驱动力，这一过程称为"大脑布线"（brain wiring）。当我们第一次做某事的时候，电信号从一个神经元通过一种化学物质联结到另一个神经元，然后继续向下一个神经元传递，从而将数十亿个神经元联结在一起，形成回路。正如加拿大心理学家、认知心理生理学开创者唐纳德·赫布（Donald Olding Hebb）在1949年所提出的那样，"一起激发的神经元联结在一起"（Cells that re together wire together），这被称为赫布定律（Hebb's rule）、赫布假说（Hebb's postulate）、细胞结集理论（cell assembly theory）或者通俗称为单身派对定律（Carla J. Shatz，1992，第64页）。

青少年在手机上第一次使用一个新的应用程序，或者学习一种新的电脑游戏的操控装置，他们就正在建立新的大脑回路。每当他们重复如上行为时，大脑回路就会变得更强大，行动也会变得更快，而且行动所需的努力也会逐渐减少。在学习过程中，大脑把脂肪层包裹在回路周围，这样信号就可以更快、更有效地传递——这一过程称为髓鞘形成（myelination）。只要看一眼青少年手指如飞地在手机上发短信的速度，就知道他们大脑回路的髓鞘已经完全形成。综上所述，任何重复的活动或者思维方式都会对大脑回路产生持久的影响。

一个人的思维模式极大地影响着他们的感受、思考和行为方式

说到学业表现，智商（IQ）并非最重要的因素，许多因素都不容忽视，其中包括思维模式—— 一个可以很好复制的发现。对智商拥有固定型思维的学生认为，能力如同石刻一般，是一成不变的，出生时便已尘埃落定。他们在面对挑战时往往会气馁和退缩，害怕失败并固守自己所知。拥有成长型思维模式的年轻人则认为，技能和成就可以通过努力、坚持和重复而增长。他们相信，自己可以学会任何东西，在困难时坚持不懈，有目的地寻求挑战，并且会受到障碍的激励。当研究人员发现，他们可以巧妙地改变青少年的思维模式从而影响他们的成就和行为时，这成为一个启示。

解读你的青少年

成为专家至少需要10,000小时

从细胞层面上了解大脑如何学习与“一万小时定律”异曲同工。加拿大记者、畅销书作家马尔科姆·格拉德威尔（Malcolm Gladwell）在他的著作《异类：不一样的成功启示录》（*Outliers: The Story of Success*，2008）中推广了这一定律，但是实际上这项研究是由瑞典三位心理学家安德斯·爱立信（Anders Ericsson）、拉尔夫·克拉姆普（Ralf Krampe）和克莱门斯·特施·罗默（Clemens Tesch-Romer）（1993）进行的。他们想知道究竟是什么造就了那些干一行精一行的专业人才，于是就研究了各行各业的技术人员。他们发现，无论各自擅长的技能是什么，专家们都有一个共同点——他们在各自选定的领域都进行了至少10,000小时的练习。这正是安德斯·爱立信所谓的“刻意练习”（deliberate practice），即人们可以识别弱点，寻求关键反馈，从而改进技能。爱立信不是神经学家，但是他提出来的“刻意练习理论”得到了神经心理学研究的佐证和支持。技能来自重复——大脑回路被激活的次数越多，它就越高效。如果没有日复一日的努力，没有人能够随随便便就成为专家。

我们的目标是让青少年进入良性学习循环

当你做一件事情，感觉小有成就时；当你经历一种“心流”的状态，感觉能量充沛而且新的大脑回路正在形成时，你就进入了一种良性学习循环。你感觉良好，然后一次又一次地重复这件事情，从而变得越来越专业，重复构建大脑回路。当这些大脑回路的髓鞘形成，它们就会变得越来越高效，具备越来越高的技能。当我们擅长一件自己热衷且重复去做的事情时，技能就会进一步精进。

当青少年学习的时候，告诉他们，他们的大脑正在发生改变，让他们理解当自己第一次做一件事情的时候，即使做得不好，也是因为大脑还没有形成支持这项技能所需要的回路（在他们经历失败的时候，让他们知道这一点非常有用）。如果他们想擅长于某事，重复是一切的关键。这是一种简单的思想，但是对神经科学和学习却至关重要。

如果你说“她只是在某方面有天赋，所以才会做得这么好”，那么你就在不经意间向青少年传达出这样一个信息：要么他们有天赋做好这件事，要么他们压根没天赋来做这件事。如果没有天赋，尝试又有何意义呢？这种想法会成为学习的拦路虎。正确的环境可以让青少年进入一个良性学习循环。我们之所以一次又一次提到环境，是因为它如此重要、不可忽视。即使大脑正在积极地为学习做准备，可是如果遭遇不良环境，良性学习循环被打破也是轻而易举之事。

图3.1　良性学习循环

具有成长型思维模式的人会迎接挑战并且会更加努力

许多事情，包括固定型思维模式，都容易让一个人脱离良性学习循环。一位年轻人可能正在愉快地完成一项任务，并在构建大脑回路，然而此时，他们可能面临挑战或者经历失败。接下来发生的事情是关键。具有成长型思维模式的人会把挑战和失败理解为学习的一部分。他们受到挑战，同时相信，如果坚持不懈，一而再、再而三地重复，终会成功。那些具有固定型思维模式的人则认为，挑战或失败是一种信号，告诉他们这个任务并不适合自己。改变年轻人的思维模式可以带来令人欣喜的结果。它让青少年知道大脑如何发育，以及如何发挥自己的潜能。

具有成长型思维模式，错误会激活并促进大脑成长

心理学家杰森·摩斯讷（Jason Mosner）及其同事（2011）研究了当我们犯错时大脑中会发生什么。他们发现，（当错误发生时）我们的神经元更具活力，因为大脑大多数的成长都发生在挣扎时。这也证明，相比具有固定型思维模式的人，具有成长型思维模式的人在犯错时会表现更多的大脑活动，从而具有更强的成长能力。他们从错误中学到了很多东西。成长型思维模式预示着更多的学习，而这可能也正是人们在进行10,000个小时的刻意练习时正在悄悄变化的事情。

日复一日意味着什么？

所有的学习都需要练习——学习煮鸡蛋需要时间

当我们思考学习时，必须牢记，我们所说的是广泛意义上的“学习”。这个“学习”不仅指在学校或者学术上的学习，也包括学习如何洗碗，如何处理优先事项，如何整理床铺，如何制定时间表，如何管理情绪，如何帮助需要帮助的人。老师可能需要考虑教授学习技巧或者调整时间表，或者如何应对考试焦虑。对于父母来说，青少年不会神奇地知道如何做家务，或者如何控制自己的情绪和行为，除非他们与一个愿意支持、教导自己的成年人一起练习。如果你发现自己说道，“我不敢相信我那17岁的孩子还不会煮鸡蛋”，那么请诚实地问自

己，你是否教过孩子煮鸡蛋？实际上，对于新手来说，煮鸡蛋是一项非常高难度的技能，所以请给他们一个构建大脑回路的机会。

注意你的（思维模式）语言

青少年不仅会通过被告知来学习思维，也能够通过我们的行为和语言识别出这方面信息。我们总是喜欢给年轻人贴上擅长或者不擅长做某事的标签，然而事实证明，这两种做法都毫无益处。当一个年轻人在某方面表现出色时，你轻轻地在他/她背上拍了拍，然后说道："天哪！你真是一个极有天赋的音乐家"，或者"你如此聪明，甚至都不用去尝试"，那么，你就是在给青少年强化他们的固定型思维模式。同样地，当一个年轻人考试考砸了之后，你这样说道："啊，别再担心啦！你只是不擅长数学而已。我年轻的时候数学也不好。我们天生如此。"那么，你也在做同样的事情——强化他们的固定型思维模式。两种情况传达出这样一个信息：他们对改变自己的命运进程无能为力，与科学所告诉我们的大脑如何发育和成长正背道而驰。

基因确实起着很小的作用。举例来说，我们可以继承对语言的偏好，但是如果你没有学习这门语言的机会，或者没有付出要擅长这门语言所需的努力，那么，你永远不会成为专家。成长型思维语言着重于努力："你在数学考试中表现这么出色，一定非常用功学习了"，或者"那不是你的最佳成绩，所以让我们集中精力，看看如何能让你在下一次考试中发挥出最好水平"。这些虽然很微小，但却是很有意义的改变——对青少年环境的改变将有助于激发出他们大脑的最大潜能。

这对学习意味着什么？

注意触发固定型思维模式的诱因

近些年来，成长型思维的概念已经植入教育之中，大多数老师对此都有了一定的了解。许多教育学家正在把成长型思维的概念带到课堂上，同时也在采用成长型思维模式的反馈，但是最新的研究对这一方法做了重要的更新。

这一领域的最新研究警告了思维模式触发因素带来的危险。某些事件可能会促使我们退回到固定型思维模式。比如，如果一个学生在某个学科上的成绩一直很差，那么作为老师，你可能会开始相信他/她不擅长这一学科。警惕这样的信念非常重要，因为学生需要的是能够相信他们的老师。老师的话语和对学生的信念是学生成功的有力预测指标。事实上，心理学家杰森·奥克诺夫（Jason Okonofua）、戴维·保内斯库（David Paunesku）和乔治·沃尔顿（Gregory Walton）（2016）描述了一种激发老师移情反应的单次干预，对小学生的参与度产生了显著影响，并极大地改善了师生关系。正如许多老师所知道的，只需要一个小小的变化或者一个人，就可以改变一个孩子的学习。

请注意触发自己固定型思维模式的诱因，这在高压力情况下尤其容易发生。比如，你没有按时完成任务，你会这样想：“我从来不擅长时间管理，下次我会把这个任务交给同事甲来完成。”不要陷入诸如此类想法的陷阱。如果你继续尝试，你大脑中的神经元回路就会被激活，你——可能很慢，但一定会做得越来越好，只需9,999个小时。

学生需要积极鼓励他们犯错的老师

犯错误的感觉很可怕，对于青少年及其不断发展的自我概念来说尤其痛苦（请参阅“第十一章”）。但是，把重视错误这一理念植入学习环境中至关重要。犯错了？太棒啦！现在你的大脑才正在真真正正地成长。

所以，现在怎么办？

青少年的大脑已经准备好神经元回路，只等待快速成长。如果我们告诉年轻人大脑如何工作，并强化他们的成长型思维，那么，我们就可以运用科学知识来帮助年轻人促进自己大脑的成长。

请注意自己表达反馈的措辞方式，不要动不动就说做不了，无论是你自己，还是你的学生。对于大脑来说，没有“做不了”的事情，只是暂时还没有学会怎么去做。

案例分析：里奥

里奥（Reo）是一个19岁的年轻人，他在一次拔毛发癖（trichotillomania）发作后，来看心理医生。拔毛发癖是一种与焦虑有关的疾病，症状是患者不停地拔自己的头发。里奥来自一个充满温情的小家庭。他在此前的整个学习生涯中一直是一个全面发展的尖子生。他在很小的时候就被夸赞学习能力出色，老师们也经常说：“你这么聪明，毫无疑问，一定会上一所顶尖大学。”

回首自己在学校的时光，里奥一直是一个品学兼优的学生，满足了父母和老师的双重期望。他的学习成绩一直在班里排名第一，而且他说自己并不需要为此付出多少努力。他一直热爱曲棍球，而且通常被分在学校的A队。他在青春期遇到了一些友谊问题，部分原因是他和那些努力争取曲棍球A队资格的朋友之间的竞争性嫉妒。他一直在冲突中挣扎，一边与同伴保持亲密朋友关系，一边也与他们进行竞争。这令他时常感到厌恶。在高中的最后一年，他被选为学生会主席。

当里奥的期末考试成绩不及预期，也没能考上自己选择的大学时，他感到非常震惊和沮丧。他的父母和老师也同样感到惊讶，尽管他们努力不让自己表现出来。里奥后来确实也上了一所不错的大学，找到了新的朋友，安定了下来。尽管他非常爱出现在自己生命中的成年人，但是与父母和老师的分离对他也大有益处，他正在以健康的方式发展自己的自主性和独立性。在大学里，他与同伴的关系变得更好了，他也一直在努力弄清楚自己是谁，自己这一生想做什么。但是，当他申请学习法律时，他变得焦虑不安。这也是他开始出现拔毛发癖症状的时候，他完全无法控制。

当里奥与心理医生交谈并分析了自己的想法之后，他意识到自己原来是对申请学习法律可能会遭到拒绝感到恐惧。这是一个激烈竞争的过程。他回忆起自己在高中最后一次考试中“失败”是多么痛苦，以及在公众面前感到多么羞耻。他不想再次冒险了。

一个好的解决办法

里奥便是这样一个范例，从孩提时代起，他的父母和老师就通过告诉他他的天赋如何之高来增强他的自信心。尽管这样做是出于父母和老师良好的意愿，以及他自己取悦他人的渴望，这也让他在整个学习生涯中都从未有过糟糕的成绩。他的思维模式是固定型的（“我很聪明”），当他的表现不及预期时，他认为父母和老师弄错了，自己并不如他们所说的那样聪明。回顾过去，他发现一些可能限制了他在学校的成长的行为。他只想尝试自己不会失败的事情，所以也许就没有让自己付出努力。如果他在某个课题上做得不好，他会很快继续前进，告诉自己这不是他的课题，总而言之，他很聪明，不需要努力去做任何事情。他记得自己在课堂上的挣扎，但是却害怕提出问题，因为他担心自己可能会失去聪明男孩的地位。

在治疗中，里奥了解到成长型思维模式，并考虑这种思维模式如何影响他接受新任务和困难任务的方法。他还了解到失败并不等于“不聪明”。他很害怕，但是有心理学家在身边，他鼓起了申请法律课程的勇气，冒着无法在竞争激烈的课程中获得一席之地的风险。他被拒绝了，就像许多候选人第一次申请时那样，但是有了全新的成长型思维，他得以振作起来，努力学习，并再次尝试。第二次他成功了，并且有了成长型思维和全新的生活方式。

可能会遇到什么障碍？

里奥非常勇敢，能够寻求心理医生的帮助与父母的支持和鼓励。首先，能够用一种批判的方式来重新思考他认为是完美的童年，这非常困难。但是他很快意识到这并不是在批评他的父母和老师。

这一领域的最新研究帮助我们理解了成人语言和善意鼓励如何使年轻人退缩。这不是责备，而是反省和理解。

行动要点Ⅰ：所有学习都来自重复，所以要支持和鼓励青少年继续前进

利用你新学的神经科学知识来支持你看顾照料的年轻人，以构建他们人生所需的大脑回路，这不仅是为了取得好的学习成绩，也是为了掌握必需的生活技能。如果他们还不能做好那些你认为是基本技能的事情，不要生气，教他们，然后给他们机会，让他们一次又一次重复去做。

行动要点Ⅱ：一个循环需要发生并再次发生

学习是一个循环，需要多次尝试才能变得有效——这没关系，但是关键要素必须存在。找到可以让青少年建立成功感和成就感的事情，并思考可以做些什么，从而让他们更多地享受这种感觉。继续读下去，找出什么可能影响青少年建立良性学习循环，以及如何才能使他们重回正轨。

行动要点Ⅲ：告诉年轻人大脑如何成长并培养成长型思维模式

熟悉固定型思维模式和成长型思维模式的种种迹象，并确保你的青少年也熟悉这些迹象。注意你的语言细节，以确保你不会在无意间

强化固定型思维模式。当心陷阱和触发因素以支持你的青少年。让自己的大脑成长。相信自己，也相信他们。

行动要点Ⅳ：帮助他们找到一种新的方式来练习学习

如果年轻人正在为一项任务苦苦挣扎，请支持他们，也请考虑下一次如何工作。“你必须加倍努力”可能会使人士气低落，而且也太过笼统，不是很有用处。支持他们对策略、在哪里学习、何时进行练习等进行审视。改变练习方法可能使其变得目标明确，并将学习提升到一个新的水平。

行动要点Ⅴ：与年轻人谈论自己所犯的错误

与他们谈谈你自己的挑战和成功。把错误正常化，谈论你曾经感到挫败和想要放弃的经历，然后陶醉于突破之时的快乐，并告诉他们那样的感觉有多棒。年轻人需要榜样——你可以向他们展示自己的成长，也可以向他们讲述自己的失败。重新开始和努力同样重要。当然，挣扎和犯错是艰难的经历，但是请大声、自豪并且经常地说出这些经历——这些经历可以增加价值，是丰富的学习机会。

这个故事的寓意

大脑通过重复建立回路，从而形成能力。应对挑战的强大信念和快速反应，可以为我们进入良性的学习循环铺路。反之，也可以将其打破。

下载：青少年的大脑：学习和相信

大脑通过做来学，我们通过重复和练习来发展技能。青少年的大脑尤其适合学习，但是为了充分利用这种潜能，他们需要进入良性的学习循环。通过衡量我们对学习的信念以及作为学习者的信念，可以预测我们在学习经历中会如何反应和可以学到多少。

注意你的语言以支持成长型思维模式，并告诉年轻人错误是学习过程中固有的一部分。你对自己的学习以及青少年学习能力的看法，会影响他们对学习的看法。

练习

当你的青少年进行得不太顺利时，请写下三种情况。考虑一下学习任务和生活技能。你是否会陷入固定型思维模式，比如“他们不擅长做这件事，也永远不会做得好；他们可能会停止尝试”？

进行得不太顺利——情况 I

……………………………………………………………………

……………………………………………………………………

进行得不太顺利——情况 II

……………………………………………………………………

……………………………………………………………………

进行得不太顺利——情况 III

……………………………………………………………………

……………………………………………………………………

你的青少年何时处于最佳学习循环？（请广泛考虑任何活动，可能是在对游戏机进行编程。）你的思维模式是否仍然是固定型的？与学习效果不佳相比有什么不同？

一切顺利——情况 I

……………………………………………………………………………………

……………………………………………………………………………………

一切顺利——情况 II

……………………………………………………………………………………

……………………………………………………………………………………

一切顺利——情况 III

……………………………………………………………………………………

……………………………………………………………………………………

当你的青少年第一次尝试某些事情时，如果不是立即获得成功，他们会感到沮丧吗？这可能表明他们对自己的学习用的是固定型思维模式。你对此有何反应？

……………………………………………………………………………………

……………………………………………………………………………………

……………………………………………………………………………………

现在，换你自己来做这个练习。

进行得不太顺利——情况 I

……………………………………………………………………………………

……………………………………………………………………………………………

进行得不太顺利——情况 II

……………………………………………………………………………………………

……………………………………………………………………………………………

进行得不太顺利——情况 III

……………………………………………………………………………………………

……………………………………………………………………………………………

一切顺利——情况 I

……………………………………………………………………………………………

……………………………………………………………………………………………

一切顺利——情况 II

……………………………………………………………………………………………

……………………………………………………………………………………………

一切顺利——情况 III

……………………………………………………………………………………………

……………………………………………………………………………………………

当这件事情发生时	与其这样	不如尝试
你的青少年第一次尝试洗衣服。他把新买的蓝衬衫和几件白衬衫一起放进洗衣机里，结果所有的衬衫都被染成蓝色。	他的生活永远不能自理。他已经18岁了，可是连衣服都不会洗。	新的技能不可能天生就会。他正在学习新东西，难免会犯一些错误。他会学会的——建立脑回路需要时间。
		请记住，犯错是学习的重要组成部分。
你的青少年高分通过英语考试。	哇，你的英语考试考得太棒了！你真的很擅长英语这门学科，就像我一样。	哇，你的英语考试考得太棒了！你一定非常努力才做到的。
		仔细斟酌你的语言，帮助青少年培养关于表现的成长型思维模式。
你的青少年不再按照时间计划表进行学习，并抱怨说学习计划表毫无用处。	怀着这种消极的态度，你永远也通过不了考试。	你的课业负担现在太重了，这肯定会让你感觉力不从心，觉得自己做不到。请记住，大脑通过重复来进行学习，所以，你练习得越多，结果就会越好。
		在强化为某项任务做准备的成长型思维模式的时候，一定要谨慎。

第四章
联结、观察和吸收

长话短说

- 我们通过联结两个事件、体验结果和/或观察（模仿）他人来学习。
- 当我们与青少年在一起时，我们就在积极地教导他们——无论我们认为他们是否在看。
- 年轻人的大脑已经准备好通过元认知（对认知的认知）来思考和反省自己的学习过程。
- 通过模仿我们的学习行为，我们可以引导青少年进入良性学习循环。

引言

我们一直在相互学习

多年以来，心理学家一直在研究我们如何互相学习，从而促使他们确定一些模式。了解这些模式，可以让我们在释放青少年大脑潜能方面发挥重要作用。学习——在获取新的行为、习惯、态度或者技能等最广泛的意义上——可以是积极的、丰富的、有害的或者消极的。它可以让你进入一个令人耳目一新的轨道，也可能阻碍你的进步。但是，无论学习情境如何，成年人时常从本质上参与着青少年学习的基础机制建立。

科学点：大脑与行为

两个事件可能会联结起来，即使我们不想如此

大脑拥有多个用于“学习”的系统。虽然许多以“教育”学习为幌子的技能和程序需要数千小时的练习来建立回路，但是其他类型的学习却可以非常迅速和被动地进行。通过联想进行的学习被称为经典条件反射（classical conditioning）。俄罗斯生理学家伊万·巴甫洛夫做了一个非常著名的实验，即：狗看到实验室工作人员穿着白大褂给它喂食物时，会本能地流口水；经过一段时间之后，狗只要看到白大褂就会开始流口水。一开始狗看到白大褂并没有本能地流口水，慢慢它会这样做——这就是条件反射。在年轻人的世界中，类似的学习经历可能是对学校的条件反射——恐惧，因为他们曾经经历校园霸凌事件，所以只要一想到学校就会条件反射地恐惧起来。同样地，如果一个学生受到某位老师的惩罚，那么，这个学生就不喜欢这位老师所教授的科目。这种条件反射可能会非常强烈，对这

表4.1　条件反射意味着我们可以通过联想学习

不愉快的事物	中性事物	行为上的变化（条件反射）
校园霸凌	学校	害怕并逃避学校
（在数学课上经常）被批评	数学	对数学没有自信
（做家庭作业时）与父母起冲突	家庭作业	不喜欢做家庭作业

一科目的厌恶可能会持续至这个学生的整个学生生涯甚至一生。

当一件事情紧跟着另一件事情发生时，它可以增加或减少这件事再次发生的机会

学习的另一种重要模式形成于我们行动的结果，即操作性条件反射（operant conditioning）。美国行为主义心理学家伯尔赫斯·弗雷德里克·斯金纳（B. F. Skinner，1998）描述了让人感觉良好（强化）或者不好（负面结果或者斯金纳所说的惩罚）的学习经历。紧随着一个行为而来的体验会增加或减少这种行为将来再次发生的可能性。例如，一名学生在课堂上对老师冒失无礼，引起朋友们哄堂大笑。朋友们的笑声增加了少年试图再次让朋友们大笑的机会——笑声从正面强化了冒失无礼的行为。同样地，深夜聚会结束之后，宵禁可以提早他们到家的时间，减少他们再次迟到的机会。宵禁是这种行为（晚回家）的负面结果。

但是我们知道，与儿童或成人的大脑相比，青少年的大脑对负面结果的反应不同。研究表明，青少年更有可能对积极的奖励或动机做出良好的反应（比如，如果你能准时回家，那么你将获得下个月晚些回家的权利），而非负面结果（比如，如果你没有准时回家，那么你将在这一个月内都不会好过）。此外，负面结果可能会破坏成年人与青少年之间已经形成的积极关系。

虽然时不时地也需要有一些负面结果，但在年轻人目前的生活中，积极动机是更好的策略。随着我们对神经科学了解得越多，越来越明显的是，积极的关系构成了学习的基石，任何能强化这种关系的策略都应该始终是首选。

表4.2　操作性条件反射意味着紧随着某种行为而来的体验会增加或减少将来这种行为再次发生的可能性

行为	紧随而来的体验	效果
当一个平常总是有点害羞的学生提问时，老师微笑（以示鼓励）	感到更有勇气（正面体验）	更倾向于再次提问
当青少年要求多玩一会儿游戏时，父母妥协同意	更长的游戏时间（正面体验）	青少年以后更倾向于要求更长的游戏时间
当青少年回家的时间比约定的晚，父母把宵禁时间提前半个小时	在外面与朋友一起的时间减少（负面体验）	青少年下一次更倾向于遵守宵禁时间

模仿行为非常强大

美国心理学家阿尔伯特·班杜拉（Albert Bandura，1976）提出了一种称为社会学习（social learning）的理论：一个人观察另一个人（所谓的榜样）并在没有鼓励（强化）的情况下学习，因为这个人注意到了这一行为在榜样身上所产生的结果。班杜拉让孩子们观看了成年人与充气洋娃娃波波（Bobo）互动的视频片段。在一些实验中，成年人对洋娃娃置之不理，而在其他一些实验中，成年人则把洋娃娃暴打一顿。看到成年人暴打（或者不理会）洋娃娃的孩子，在与洋娃娃相处时很可能也会模仿，即使是在过了一段时间之后。榜样和通过注意、保持、复制和动机这四个步骤而进行的观察学习的力量是很重要的。同伴确实会影响青少年的行为（请参阅第八章），但是像你这样年龄稍长、拥有较高社会地位的榜样，将对年轻人产生重大影响。你所做的一切——比你所说的——对青少年的影响要大得多。

表4.3　社会学习理论意味着青少年仅通过观察他人即可学习

观察到的行为	模仿反应	行为变化
当一项任务越来越具有挑战性的时候，父亲或母亲便放弃这项任务	当一项任务难度增大时就放弃	青少年更倾向于放弃，比如，当作业变得越来越具有挑战性的时候
老师在感觉自己被激怒的时候拍案而起并厉声呵斥	当你感觉“生气”的时候歇斯底里（情绪管理能力差）	当在小组课业上被同学挫败，青少年更倾向于发脾气

思考和制定强有力的策略帮助学生摆脱困境

最近，教育工作者一直在帮助年轻人了解学习过程以及内容。事实证明，知道和思考我们如何学习可能非常重要。当年轻人遇到一个似乎无法解决的问题时——撰写某篇论文、发表一次演讲、约某人出去约会——元认知会有所帮助。

元认知实际上就是对认知的认知。教年轻人想象自己站在自己的上方，观察自己在做什么，以帮助他们思考自己为什么会被困住，以及需要做些什么才能走出困境。我们经常用到元认知，但是通过训练年轻人对困难任务进行元认知，可以帮助他们主动克服生活中遇到的障碍。

上一章中介绍的成长型思维模式概念是元认知策略的一个示例。另一个就是鼓励年轻人了解他们的“执行功能”技能，这些技能有点像乐团中的指挥，让我们能够通过监督自己的功能来执行任务（请参阅第七章），告诉自己什么时候应该做什么。在学校的成功很大程度上取决于这些技能的良好运作，因此，告诉青少年他们是什么，让他们知道自己踟蹰不前时发生了什么，并帮助他们制定未来的策略，对成功学习和独立非常有效。这些自我调节技能将使他们终身受益。

表4.4　我们可以教青少年“具备认知能力”，以便他们了解出了什么问题以及下次可以做什么

行为	执行功能挑战	策略	成长型思维模式
青少年忘记家庭作业	记在心里（即工作记忆）	立即按照老师的要求执行	一接收到某一信息就立即使用，那么它就可以从我的清单上划掉，完成
青少年在考试中未能答完考卷	做任务时进行规划和时间管理	在考试开始时就形成一个具体的计划并使用计时器	当我从一开始就做好组织规划，就能很好地完成这项任务

解读你的青少年

学习无意识地将体验联结，这是一个非常有效的学习过程

在日常生活中，当两种体验同时发生时，这两种体验就会被无意识地配对，甚至会产生超出配对的影响。这一点非常重要，因为我们会根据随之而来的行为和事件，学习喜欢或不喜欢某件事物。在良性学习循环中，这种联结性很强。当学生获得积极的学习体验时，他们的大脑就会给出奖励。下一次再遇到这种情况，有时甚至在开始之前，他们就会再次获得奖励。出于同样的原因，消极体验会使年轻人感到恐惧并极力回避。如果钢琴练习期间伴随的是无休止的大喊大叫和沮丧，那么，年轻人很快就会学会不喜欢音乐课，并且很可能逃课。

你可以通过改变自己的行为来改变年轻人的行为

年轻人自然而然会回避他们不喜欢的事物，尤其是在青少年时

期，当他们能够敏锐而强烈地感受到情绪时（请参阅第十章）。作为成年人，请尝试在你想要加强的行为之后增加积极的体验（比如，允许他们在完成家庭作业之后吃一顿美味的大餐），并消除那些可能持续产生不良行为的体验（比如，代他们完成拖延已久的家庭作业，以便他们可以准时上床睡觉）。这些事情对塑造他们的行为至关重要。

通过日常行为你想教会青少年什么？

要知道，青少年会模仿他们所看到的你的行为。这可能是无意识的，也从未讨论过。你行为上做着某事，口中却说“不要这样做”是无效的。行动胜于雄辩。想想那些你正在“教”青少年，而自己却没有意识到的事情。这同样适用于当你生气或焦虑时，如何管理自己，如何解决一个具有挑战性的问题和对他人表现出多少同情心。通过你的日常行为你在向青少年发送什么样的信息呢？

年轻人做好准备学习如何学习

青少年的大脑已经成熟并做好准备学习元认知了。现在是时候帮助他们深入思考学习过程了。哪些做得好？哪些做得不好？当他们使用了好的策略时可以如此评论——“我喜欢今晚你安排时间的方式，效果很好”，或者在他们需要提示时给出建议策略——“或许你可以不看这些材料先做个自我测试”。这将是他们获得成功的关键。

日复一日意味着什么？

注意家里的学习环境很有好处

无论是谁，无论是在家里还是去工作，时时刻刻都要表现出自己最好的一面是很困难的。虽然如此，但请记住，青少年时刻注视着你，而且你的行为塑造着他们的行为。这不是要做到完美，而是要养成良好的习惯，以提供一个反应迅速、始终如一并体贴周到的环境。一位热爱工作、把业余或者空闲时间都花在阅读和做笔记上的母亲，会很快发现她的孩子也会做着同样的事情——让他们养成一种有效的、终身学习的习惯。

给不良行为一个后果，而不是一时冲动的惩罚

对于年轻人来说，有明确的界限非常重要——让他们对规则、礼貌、友善等有明确的期望。但是，请记住，青少年有更为强烈的情感体验（请参阅第十章），如果青少年此刻情绪高涨，尤其是在跨越某一边界或者打破某一规则之后，他们可能很难告诉你自己此刻的感觉。在年轻人犯错之后立即对他们进行惩罚是很诱人的（父母经常直接没收他们的手机作为惩罚）。你也可能非常情绪化，那不是采取行动的最佳状态（请参阅第二章）。但是，最好等待、观察并第一时间倾听。你的反应——作为父母、家庭成员、老师或者与年轻人一起工作的专业人士——非常重要，并且可能对他们学习如何朝着自己的学习目标整合情感和动机产生重大影响。恰当的行为后果可能是需要的，但请通过深思熟虑的回应来保护你们的关系。有关其他一些重要技巧，请参阅第十七章。

这对学习意味着什么？

青少年依然可以向成年人学习，即使他们对同伴更感兴趣

在课堂上，一位老师必须同时管理许多年轻人。校园里的社会性元素特别强大，在某些情况下，同伴对青少年的影响比成年人对他们的影响更大。但是，不要被他们因为你是成年人，所以对你不感兴趣的表象所欺骗，他们依然在观察着，并向老师和导师学习。

成年人可能会在不经意间强化他们想弱化的行为

成年人创造了年轻人学习和成长的环境。你可能在不经意间把两个事件（比如，数学课和无聊）联系在一起，助长问题行为（比如，在青少年生气发脾气或者举止表现粗鲁之后给他们更多的视频观看时间），并以不明智的行为作为“榜样”（比如，当班级失控时“发脾气”或大喊大叫）。如果你了解这些机制并意识到自己的行为，尤其是在青少年大脑发育的这个敏感时期，那么，这是朝着激发青少年全部潜能迈出的又一步。

所以，现在怎么办？

青少年始终在注视着你并向你学习，即使在很多时候，你感觉并非如此。如果你了解学习过程，就应该尽自己所能，为青少年创造最好的环境，让他们可以把时间用于良性学习循环，发展和培养他们不可思议的大脑。

案例分析：杰克

杰克（Jack）13岁，喜欢玩PlayStation游戏机。这个游戏机是他的生日礼物。他和父母达成协议：只要做完了家庭作业，每天晚上都可以玩。这一协议本来执行得很好，但是他的父母慢慢开始注意到，他总是草草赶完家庭作业，而且成绩一直在下降。他们就这一问题与杰克进行了谈话，杰克承认自己对PlayStation很着迷，以至于总是想把作业应付完了事。杰克的父母在不经意间强化了杰克赶作业的行为，因为这样他就可以有更多的时间玩PlayStation。尽管很难接受，但是杰克确实看到这并非长久之计。父母认为当杰克在玩PlayStation时很难进行时间管理，因为游戏让他如此分心。他可以一连玩数小时不停歇。他们还发现杰克因PlayStation放弃很多其他事情，比如绘画、饭后与父亲一起玩纸牌和读书。于是，他们共同制订了一个计划，这一计划让杰克依然可以和他的朋友一起上网（每晚1小时），但是却与家庭作业无关（写作业的时间是每天下午四点半到五点半，并且最晚不得晚于五点半）；全家人吃完晚饭之后，他会和父亲一起做一些有趣的事情，比如一起读书、看电视或者玩纸牌。

一个好的解决办法

杰克的父母能够退后一步，思考什么样的行为正在被强化，他们对在建立“家庭作业—在家玩PlayStation”的系统时所犯的错误进行了反思，最后与杰克达成新的共识，很好地解决了当前困境。

并非所有家庭都同意孩子在周一至周五玩PlayStation，但是这个家庭找出了一条途径：既可以让杰克有时间做自己喜欢的事情（在网上与朋友交往也是社交方面的），又可以完成家庭作业，还可以有时间和父亲一起度过欢乐家庭时光。不过，事情并非总是进行得如此顺利，有时候杰克也会想突破限制，获得更多玩PlayStation的时间，但是冷静坚持下来，现有的安排很快就成为了一种习惯。

可能会遇到什么障碍？

在这种情况下，父母很容易对杰克发火，指责他不在乎自己的家庭作业，并禁止他再玩PlayStation。然而，如果是这样，父母就给杰克树立了一个不善于管理情绪的坏榜样，伤害了亲子关系，并在杰克意识到自己错误所在的情况下指责他。相反，这个家庭能够把两件事情分离开来（家庭作业和玩PlayStation），在解决问题和愿意对以往的选择进行反思方面做了很好的表率。家庭生活中的这类事件有可能会破坏家庭的积极关系并埋下隐患，在当前这一非常时期——青少年迫切需要父母，而父母也需要青少年建立对他们的信任，以便在危急时刻向他们求助——是无益的。

行动要点 I ：注意你引入的联结

仔细斟酌可能让青少年产生负面联结的情况。在如何回应和正面强化可以允许哪些联结方面要慎重。你能把负面联结变成正面联结吗？

行动要点Ⅱ：以身作则，自然水到渠成

榜样是成年人教育儿童最有效的形式。花些时间思考一下，自己给与自己生活在一起的青少年做出了怎样一个行为榜样。你希望在青少年身上看到什么样的行为和反应？那么就以身作则——即使一开始是假装，你可能也必须“以身作则”到真正做到。

行动要点Ⅲ：培养青少年的元认知能力

帮助你的青少年通过主动的、深入的和具有丰富潜能的透镜，审视他们的想法。如果事情进展不顺利，鼓励他们对过程进行反思，并为下次制定策略。

这个故事的寓意

青少年主要通过三个不同的过程来学习：观察他人，把事件与随后的体验相关联，利用对过程的了解改变自己的行为。

下载：青少年的大脑：联结、观察和吸收

青少年的大脑有许多不同的方法要学习。大脑学习技能和锻炼能力需要数千小时的练习，但是其他一些学习过程会快速、被动和无意识地发生。成年人在年轻人的各种学习中都起着重要作用。

不同事件可能会在我们的脑海中被联系在一起，即使我们并不希望如此（比如，遭遇校园霸凌会导致对学校的恐惧）。当一个事件紧跟着另一个事件发生时，它增加或减少了再次发生的机会（比如，如果父母在青少年要求更多游戏时间的情况下屈服，这则意味着青少年将来很有可能得寸进尺）。榜样行为非常强大（比如，在感觉自己被激怒的时候，拍案而起并厉声呵斥的老师正在演示一种明显不合适的方式来表达愤怒）。青少年的大脑已经准备好进行自我反省和“元认知”（对认知进行认知），现在正是时候帮助他们学习自我调节。帮助他们学习良好的习惯，并认识到他们的学习模式。

练习

请写下青少年把一个事件与另一个事件相联结的三种情况（比如，现在似乎总是早上醒来就立即检查手机，而以前并非如此）。

情况Ⅰ

……………………………………………………………………………………

……………………………………………………………………………………

情况Ⅱ

……………………………………………………………………………………

……………………………………………………………………………………

情况Ⅲ

……………………………………………………………………………………

……………………………………………………………………………………

请写下青少年的行为被紧随其后的行为强化的三种情况（有着正面或者负面的结果）。

情况 I

……………………………………………………………………………………………

……………………………………………………………………………………………

情况 II

……………………………………………………………………………………………

……………………………………………………………………………………………

情况 III

……………………………………………………………………………………………

……………………………………………………………………………………………

请写下你给青少年作出自己不喜欢的榜样的三种情况（诚实一点，没关系，我们都是如此）。

情况 I

……………………………………………………………………………………………

……………………………………………………………………………………………

情况 II

……………………………………………………………………………………………

……………………………………………………………………………………………

情况 III

……………………………………………………………………………………………

……………………………………………………………………………………………

当这件事情发生时	与其这样	不如尝试
马上就到写日语作业的时间了，你的青少年说她要“确认下什么事情”，然后就消失了。	我女儿为什么会在做日语作业的时候消失？我给她打了好多个电话都不接。她知道作业必须要完成，为什么还要逃避？	她觉得学习外语很难。过去，我对她一直很有耐心。她似乎每次开始做作业的时候总是磨磨蹭蹭，最后哭着结束。怪不得她会逃避做日语作业。
		注意来自过去体验的联想。
你的青少年太爱在物理课上捣乱了，所以我不得不把他请出教室。	他对班里的影响很不好，所以我不得不把他请出教室，不然别的学生根本无法学习。他连尝试都不愿意，即使是在实验室里，也完全不听讲。	或许在他捣乱的时候把他请出教室无意中强化了他的不端行为——让他从挣扎着的困境中逃脱了出来。或许我应该检查一下他的理解水平，并为他寻求一些帮助支持。
		确保你没有在不经意间强化那些对学习无益的行为。
网络又断线了，你的青少年再一次帮助你重新联网。	我不记得怎么操作，但孩子们记得。这容易多了，他们很擅长这些事情。	我对这些高科技总是很茫然，但是我必须树立迎难而上、坚持不懈的榜样，不轻易放弃，想办法记住如何设置（培养一种成长型思维模式）。
		你想看到你的青少年做出什么样的行为，请以身作则，做出榜样。

第五章 爱他人

长话短说

- 社会关系是我们生存的基本需求。
- 大脑的默认设置是社会化的。
- 对于青少年来说，社交痛苦真的会让他们痛彻心扉，而社交回报对他们更是弥足珍贵。
- 到了青春期以后，青少年的社会脑网络发生了根本性的变化。
- 一项学习任务的社会方面将提高青少年的参与度，尤其是具有社会意识的青少年。

引言

社会关系对人类至关重要

随着对大脑的了解越来越多，我们对作为一个物种的自己也了解得越来越多。很多年以前，科学家们已经知道，人类进化到具有社会性的群居生活。现在神经科学可以进一步证明，随着人类大脑的进化，社会需求已经上升为首要需求。社会心理学家马修·利伯曼（Matthew Lieberman）在其2015年出版的《社交天性：人类社交的三大驱动力》（*Social: Why Our Brains Are Wired to Connect*）一书中讨论了人类进化过程中大脑发生的适应现象，以显示社交世界对我们的生存和生活是多么至关重要。试想一下，婴儿是多么无助以及他们是多么完全依赖于看护人而生存——他们离开了他人根本无法生存。大脑持续快速发育25年左右，在此期间，年轻人需要他人帮助自己成长并保护自己远离危险。事实证明，社会联系不仅是一种奢侈品，而且终生不可或缺。

科学点：大脑与行为

我们大脑的默认设置是社会的——社会理解是生存的关键

一些最有力的证据表明，我们从根本上是社会的，这是对我们什么事情都不做时大脑会发生什么的研究发现。科学中许多最有意思的发现都来自偶然的观察。研究人员注意到，当参加核磁共振成像实验的参与者在测试程序之间的停机时间内没有主动思考任何事情时，大脑中仍然有很多活动。不仅是简单的随机活动，还有一些与自由思考时亮起的活动区域高度一致。这个活动区域被称为默认模式网络（default mode network），最初由美国神经学家马科斯·雷克利（Marcus Raichle）和他的同事提出（2001），此后还被许多神经科学家继续研究。它被比作计算机上的屏幕保护模式。

默认模式网络由涉及思考我们自己与他人的大脑区域组成，包括我们过去的体验和计划好的（未来的）体验。我们的默认设置似乎与生俱来就是社会的。这种默认状态出现在新生儿身上，就像一项艰巨的任务一完成，本能反应就立即“开启”一样。我们的大脑把一生中大部分时间都花在社交世界上——只要它有闲暇——因此，正如利伯曼所说，孩子们在10岁之前就已经投入了10,000个小时用于社交练习。为什么大脑会将社交活动置于其他任何活动之上呢？利伯曼认为，这一定是出于对社会和自我理解的基本需求，以便我们能够生存和发展。

社交痛苦和身体疼痛对大脑同等重要

大脑另一个显示社会体验重要性的令人惊叹的适应能力是，大脑对社会威胁和身体疼痛做出反应使用同一神经机制。这一发现来自在核磁共振成像扫描仪中进行的“数码球”（Cyberball）抛球实验的结果。参与者佩戴着核磁共振成像扫描仪与另外两个人玩虚拟投球游戏，然后突然他/她被淘汰，球不再抛向他/她，模拟社会排斥。一个人在游戏中遭遇社会排斥时，大脑亮起的区域与遭受身体疼痛时亮起的区域相同。这就意味着，对大脑而言，割伤腿就像没有被邀请参加聚会一样。如果我们考虑痛苦的目的——这是一个警钟，告诉我们要采取行动保护自己——我们看到了社会包容对大脑的价值。神经机制的重叠表明，大脑认为社交痛苦和身体疼痛一样，对我们的生存至关重要。

这种对社交的偏爱对我们所有人来说都是真实的，只不过在青春期处于鼎盛时期。正如我们将要学习的，青少年按照大脑发出的指令，把注意力转移到与社交相关的信息上，这意味着对于他们来说，社会排斥更加痛苦。鉴于大脑对于社交信息及其在我们生存中的至关重要的作用，年轻人在独立前就具备敏锐的社交意识很重要。

大脑对社交和身体的奖励是一样的，而且我们喜欢对他人友善

需要更具说服力？我们知道社交信息对大脑至关重要的另一个原因是，社交需求和身体奖励共享同一神经网络。你可能会这样想，得到更多的金钱比赞美更有用处，然而事实并非如此。大脑对这两者一视同仁，即使评论来自陌生人。来自他人的正面社交奖励对人类具有很高价值。也许，更令人惊讶的是，研究表明，我们捐款时大脑奖励中心的活跃程度比存款时更高。对于大脑来说，利他主义更值得奖励。也许我们天生都不是自私的。

随着大脑信息网络发展，生理促使人们关注社交世界

随着青春期的到来，大脑中致力于处理和奖励社交信息的网络会发生重大结构变化。在整个发展过程中，生理与环境始终保持着伙伴关系。与此同时，大脑网络发展速度最快，可塑性最高，与青少年所处环境的适应性也最强。生理促使环境体验提供最佳的成长潜能。

社会性大脑可能具有未开发的记忆能力

有一些有趣的新兴数据表明了发挥社会优势的好处，如果我们在学习时也让社会性大脑参与其中，例如，一项研究表明，那些被要求“对读报纸文章的人形成印象”的人，比那些被要求在准备考试时“记住”相同信息的人记忆的信息要多。后续的核磁共振成像研究发现，前者更多地利用了他们的社会性大脑网络，有趣的是，社会性大脑可能提供了更强的记忆能力。

解读你的青少年

社会排斥对于青少年是痛苦的，需要你的同理心

如果一个十几岁的孩子没有被邀请参加聚会[再加上他们的朋友们在社交软件色拉布（Snapchat）上用表情聊天，聊得热火朝天，却也没有邀请他加入]，他就会陷入社会痛苦中。这种体验对他的大脑来说就像身体受到伤害一样。了解了这一点，我们同情并倾听青少年的社交困难似乎就很重要。在他们受伤时，给他们一段“情感绷带”，并尽我们所能支持他们。

社会奖励对青少年有效

表扬一个青少年，最好是针对具体的情况（不是泛泛地说一句“做得好”或者拍拍他的背），对他们来说就像收到礼物一样心情愉悦。事实上，这传递了一个不那么物质的信息，加深了你们的关系，并且同样有效。虽然青少年可能不会总是表现出来，但是他们关心你对他们的看法。记住人际关系的价值。

闲聊可能有着严肃的目的

随着青少年大脑对社交世界的了解，青少年受大脑驱动与朋友交往就有着充分的理由。尤瓦尔·赫拉利（Yuval Harari）在2015年出版的《人类简史：从动物到上帝》（*Sapiens: A Brief History of Humankind*）一书中指出，闲聊和分享社会知识是人类生存的基础。“八卦”的青少年实际上正在练习他们这一社会群体的规则——谁和谁在交往，或者哪个朋友撒谎被识破了，这表明他们已经了解了同龄群体的规则，这是为将来成为社会一员做的很好的准备。

日复一日意味着什么？

高质量的社会关系预示着幸福

在哈佛大学，乔治·范伦特（George Valliant，2012）和他的团队进行了一项跟踪个人一生的研究——跟踪研究一个人的一生是研究者的梦想，因为它能为我们提供海量的信息。研究人员问：是什么让我们在生活中始终保持健康和快乐？他们发现，幸福的决定性因素是良好的社会关系。拥有社会关系的人更快乐、更健康、更长寿。孤独是有害的：孤独与人的身体健康状况恶化、幸福感降低、大脑功能衰退（包括记忆力减退）和寿命缩短密切相关。重要的是，决定正面结果的并不是朋友的数量本身，而是亲密关系的质量。这表明，孤独生活是长期福祉的唯一最重要的障碍。它也显示了积极关系的力量。你和孩子之间的关系是需要加强和珍惜的，因为如果心理健康有一个神奇的公式，那么它存在于我们与他人的关系之中。

青少年往往比其他人感觉更孤独，他们需要融入自己的群体

根据英国最近开展的一项调查，青少年很可能认为自己是孤独的。青少年的生活方式决定了他们大部分时间都花在群体之中，所以他们的孤独感与其对社会关系的需求有关，这种需求在人的一生中以青春期最为强烈。在这个年龄阶段，加入社会群体对青少年有一种独特而强烈的吸引力，特别是当他们游离其外时，会感到更加孤独。正如我们将继续探索的，社会孤立在青少年时期比在人生中别的任何时

期都更具破坏性。

也许我们对青少年不满是因为我们觉得在社交上被他们排斥了？

我们每个人都有社会性大脑，会觉得被社会排斥很痛苦。当青少年把注意力转向他们的同伴，并选择朋友代替我们陪伴时，我们会感到被排斥了。照顾好自己，但是不要觉得自己被冒犯，也不要认为他们对你所做的一切都不领情。他们只是在完成成长工作——同伴融入意味着他们正在为组建一个新的成年人群体而做准备。神经学家莎拉-杰恩·布莱克莫尔（Sarah-Jayne Blakemore，2012）曾突发奇想：我们是否会以一种与社会上其他群体不同的方式嘲笑青少年，因为在内心深处，我们因为他们想要与我们分离而受到伤害？

这对学习意味着什么？

在课堂上运用积极的社会偏见来优化整个课程的学习

鉴于我们对社会性大脑的理解，利伯曼（2012）对传统的教学方法进行了探索，称其为“实际学习与社会干扰之间的零和战斗”。目前，我们告诉青少年将他们的社会性大脑留在教室之外，并切断他们的社会思维——对他们来说是如此重要的一个方面。利伯曼认为，我们应该利用这种偏见，在教学方法中引入社会元素，并利用“社会编码优势”。通过实验，他得出了一系列具有实用性的结论。

在写作任务中发挥社会性大脑的力量

学生们在写故事的时候应该写给一个特定的人，因为写给某一个人，而不是空想，就变成了一个运用社会性大脑从一个大脑写给另一个大脑的写作任务。2019年7月，教育捐赠基金会（Education Endowment Foundation）在基于证据的一篇评论中总结道："如果学生喜爱写作，因为他们的同伴和老师都渴望看到他们想说什么，那么他们就会充满活力和愉悦地写作。"

在记忆任务中发挥社会性大脑的力量

与其把学习任务分解成一长串事实，不如利用行动和决定背后的社会动机。采用叙事方式可以巩固和保留记忆，发挥社会性大脑的力量。

图5.1　在社会环境中大脑最为强大

发挥社会性大脑的力量来巩固理解

对于更为抽象的课题，比如科学和数学，利伯曼建议使用"为教而学"的方法——让年轻人以教别人为目的学习。这样，任务中的社会元素就会利用大脑的社会性力量。一般来说，能力较强的人教能力较弱的人，但是这个任务实际上对教学人员更为有益，所以，在适当的地方，探索一些想法，让能力较弱的年轻人在新课题上教能力较强的青少年。

所以，现在怎么办？

我们本质上都是社会性动物，需要成为群体的一部分。当我们被忽视的时候，大脑会感到非常痛苦；当有人赞扬我们的时候，大脑会感觉愉悦。这在青少年身上表现得尤为突出，他们与朋友交往的需求是成长不可或缺的一部分。

案例分析：勒塔波

15岁的勒塔波（Lethabo）是个聪明且很受欢迎的男孩子，他有着出色的语言表达能力。但是，当一个主题聚焦于视觉材料，尤其是符号时，他就会走神。他"讨厌"数学。他的老师德拉米妮（Dlamini）发现他的成绩在过去一年里逐步下降。德拉米妮是一位热情、充满活力的老师，并为自己能够找到与学生沟通的方法而感到自豪。她不希望任何一个有能力的学生从她身边溜走。她见了勒塔波，问他认为是什么原因导致自己的成绩不断下降。勒塔波说，数学对他没有任何意义，而且他已经开始感到尴尬，因为"他的所有同学都能学会，而自己却一筹莫展"。德拉米妮发现勒塔波每节课刚开始不到5分钟就开始走神。随着重要考试的临近，德拉米妮开始感到绝望。

勒塔波的父母很担心，联系了德拉米妮，表示他们希望得到她的建议和针对期末的新计划。德拉米妮想起了自己所知道的关于社会性大脑的一切，于是想出了一个主意。她对勒塔波开诚布公地表达了自己对他的担心，并告诉勒塔波自己正在计划做一件以前从未尝试过的事情。她问勒塔波是否愿意帮助自己教八年级学生学习分数。起初，勒塔波默不作声，担心自己无法胜任，但是他知道自己可以很有趣、很幽默，于是就谨慎地答应了。德拉米妮说，她希望勒塔波先在家中教他奶奶学习分数，并使用尽可能多的笑话和隐喻来表达自己的想法。事情进展得很顺利，勒塔波渴望在更小的孩子面前显示自己的聪明，所以为教学做了充分的准备，并取得了巨大的成功。勒塔波让自己、老师和朋友们都大吃一惊，他战胜了自己。上完课，他自我感觉良好，也更有信心。德拉米妮计划以后有机会继续向勒塔波寻求帮助。但是与此同时，勒塔波发现，给包括他奶奶在内的其他人讲授一个有难度的课题，似乎能激发勒塔波的数学潜能，并增强他的自信心。他发现了提高自己数学成绩的秘密和促进大脑成长的一个新方法。

一个好的解决办法

德拉米妮引用了利伯曼的观点，即教学的社会任务激活了社会网络，从而增强了编码信息的丰富性。此外，她知道，考虑到勒塔波想要提高自己地位的动机，他很可能会花一些时间和精力来准备自己与八年级学生的讲习会，最后，在某种程度上对他的信任，很可能会使他感到自己也是有价值的。拥有一次好的体验是很重要的，因为“为教而学”让他走上了一个积极的轨道。没有什么比成功更能孕育成功。

可能会遇到什么障碍？

年轻人可能会对彼此恶语相向，重要的是在这种情况下要确保年轻人做好准备并且有信心去教非同伴，这样当他们开始与同伴建立联系时就会成功。把奶奶作为实验对象是很重要的，如此勒塔波就有了与非关键人物演练一番的机会。但是，像这样的艰难体验也可能会打击年轻人的信心。如果不可能教授一整门课，简单地让学生在课堂上配对，也是可能成功的，并利用上社会性脑的力量。

行动要点Ⅰ：优先考虑社交世界

大脑优先考虑社交世界，我们也应该如此。认识到人际关系的力量：无论是成年人和青少年的关系，还是同伴和同伴的关系。不要把你和一个青少年的关系中一直存在的问题看成是无关紧要的，或者把它归因于“青春期”。寻找解决社会问题的方法，因为青少年人际关系的质量至关重要，而且人际关系是他们青春期甚至一生成功的基石。

行动要点Ⅱ：认真对待社会痛苦，真的很疼

当青少年说他们的朋友让他们心烦意乱时，一定要注意；当他们因为没有被邀请参加聚会而流泪时，请同情他们。社会排斥真的很伤人。

行动要点Ⅲ：利用社会奖励的力量，因为很容易获得

社会奖励，比如一个微笑、一句鼓励的话或者一只放在肩膀上的手，每天每时每刻都可以轻而易举地获得，所以要好好利用它们。社

会奖励很有力量。发挥创造力，比如使用表情符号或者图画，在浴室的镜子上留个便条，在学校虚拟布告栏上发一封电子邮件或者留一个动图。因为这样可以提高赞美的可视性，而且也让赞美更富有魔力。

行动要点Ⅳ：使学术任务与社会相关

强调学术任务的社会相关性可能会产生积极影响，增强动机，释放大脑能量和潜力。这并不需要全新的课程，只要稍作调整就可以使孩子进入学习的不同境界，比如采用叙事、优先考虑任务的社会目标或者互相学习。

行动要点Ⅴ：承认社会意识是一项高价值的技能

社交能力越来越被认为是一项高级技能——这是一场天鹅绒式的革命。你可以通过青少年对社交问题的观察或评论的方式，明确或者含蓄地表达你对社交意识的赞扬。

这个故事的寓意

我们的大脑认为社会信息对我们的生存至关重要。青少年对社会信号非常敏感，所以在学习任务中纳入社会元素可以提高他们的参与度。

下载：青少年的大脑：爱他人

社会关系是我们生存的基础。社会理解是建立这些关系的关键。

这些至关重要的社会性大脑网络在青春期不断发展，因此青少年的大部分注意力都集中在社交世界上。如果青少年被孤立，尤其是被同伴孤立，他们就会遭受社会痛苦，而良好的人际关系有助于青少年茁壮成长。与其他年龄段相比，人在青春期的社会痛苦和奖励都更加强烈。

充分利用这种“社会力量”对学习至关重要。促进这个不可思议的大脑的一项关键任务是了解青少年对社交的需求和对社会痛苦的恐惧。

练习

写下你的孩子所处的一个让他们感到不安、被忽视和不知所措的社交情境。

…………………………………………………………………………

…………………………………………………………………………

…………………………………………………………………………

…………………………………………………………………………

考虑一下，如果你的孩子再次处于相同的情境下，你可以怎样帮助他们，并在将来使用这些方法。

…………………………………………………………………………

…………………………………………………………………………

…………………………………………………………………………

…………………………………………………………………………

当这件事情发生时	与其这样	不如尝试
班里所有的同学都在社交软件上讨论一个派对，然而你的青少年却没有被邀请。	就因为没有被邀请参加派对，她就如此小题大做。天哪，以后还会有数不尽的派对可以参加。	因为没有被邀请参加派对，她正处于社交痛苦之中。我知道她会好起来，但是此时此刻我需要支持她。即使只是短暂的，也非常令人烦恼。
		认识到社交痛苦是真的痛苦。青少年对社交痛苦感觉非常敏锐。
你的青少年放学回到家的第一件事情就是拿起手机和最好的朋友通电话。	他们怎么可能会有这么多的话要说，电话一打就是一个晚上？他们一整天一直待在一起呢。	对她来说，感觉和朋友们一直保持连接很重要。她正在学习着了解社交世界。
		请记住，社交能力需要花费很长时间来培养，青少年闲聊正是他们建立大脑回路的方式。
有两个青少年一直在课堂上窃窃私语，说个不停，即使把他们分开了，俩人还是不间断用眼神交流。	我对他们两个大为恼火。是的，有朋友很好，但是请在休息时间交流。我需要他们在课堂上安静地听讲，否则他们如何学习？	我想知道是否可以利用他们的社会联结和大脑能量，通过互相“教授”的方式帮助他们了解这门学科。
		在课堂任务中融入社会偏见。

第二部分

与众不同的青少年大脑

第六章
不知所措

长话短说

- 一小部分（但是值得注意的）青少年患有严重的心理健康问题。
- 强烈的情感在青春期很典型，但是持续影响到日常活动的情感困扰，可能预示着心理健康问题。
- 青少年表达情感需求的方式与幼童不同，因此可能需要解码。
- 青少年的心理健康问题可能会干扰学习和成长。
- 你可以帮助青少年认识和管理情绪，并提供清晰的界限，从而帮助他们保持良好的心理健康。
- 如果你担心一个青少年的心理健康，请咨询全科医生或者主治医师。

引言

对于任何一位青少年来说，人生总是跌宕起伏，充满波折。因此，他们如果数小时甚至数天沉浸在悲伤、焦虑或其他强烈情绪中也并不罕见。但是，有些年轻人在遭受持续一段时间的情感动荡之后，就会变得萎靡不振，以至于无法进行正常的日常生活和学习，成长和发展很受影响。

这样的困境会阻碍青少年发挥潜能、进入良性的学习周期（请参阅第三章）和充分利用不可思议的青少年大脑所具有的巨大机遇。与人类的其他特征一样，心理健康是一个连续状态，很难准确地划分典型和非典型之间的界限，因此本章旨在帮助你了解心理健康问题的构成。知道做什么和何时寻求专业帮助，对于照顾青少年成长的成年人都至关重要。

心理健康如月之盈亏，是正常生活的一部分

和身体健康一样，心理健康也如同月之盈亏，会起伏不定。我们每个人都有患上感冒、流感或胃病的时候。出于同样的原因，我们每个人也都有情绪低落、焦虑、无助的时候，比如担心自己的体型、缺乏自信或者在暴食/厌食/节食中挣扎。情绪是重要的信号，可以警示，并且让我们在心理和身体上做好准备，采取某些行动（请参阅第十章）。体验情感，甚至强烈的情感，并不意味着你的青少年就有心理健康问题。只有当情感对一个人的生活造成一定程度的影响，以致他们无法完成日常任务，并且在很长一段时间内无法走出困境也无法克服困难时，这才超出正常范围。

对行为的期望随着年龄的增长而改变

情感，以及对情感的表达，因年龄而异。例如，如果父母把一个刚两岁的婴孩留给了一个陌生人照看，那么他放声大哭是无可厚非的。如果这种情况出现在一个16岁的少年身上就不合适了。一个正在蹒跚学步的婴孩因为不合心意可能会大喊大叫，但如果一个青少年这样做，我们会感到担忧，而且可能会认为他需要一些帮助。

社会对心理健康的态度正在改善

社会对心理健康问题的意识正在上升，媒体把对这一问题的辩论带入了大众视野。意识的提高有时会与心理健康疾病的发生率上升相混淆，然而这不一定就是正确的。过去20年在英国进行的人口调查显示，过去20年中患有心理健康疾病的青少年人数略有增加，但是没有明显增加（Department of Health and NHS England，2017）。

患有心理健康疾病的青少年人数略有增加，主要体现在中学年龄段的青少年焦虑和沮丧情绪上升。但是，我们在心理健康方面的认识也已经有所提高。目前照顾青少年的成年人比以往任何时候的成年人的知识储备都更好。确实，有些人认为比率的上升实际上可能反映的是以心理健康疾病为耻的比率的降低。换句话说，心理健康问题的比率一直保持稳定，但是因为青少年更愿意挺身而出寻求帮助，因此报告的比率似乎高了。

太多年轻人饱受心理健康问题之苦

尽管社会对心理健康的理解有所改善，但是在我们感到欣慰自豪之前，重要的是要记住，仍然有相当多数量的青少年饱受心理健康问题之苦。英国国家医疗服务体系最近的人口调查显示，仍然有很多工作要做（Department of Health and NHS England，2017）。年龄在5至19岁的年轻人中，有八分之一的人患有心理健康疾病（情绪、行为或者发育——我们稍后会说到）。令人担忧的是，年龄在17至19岁的年轻人，整体情绪障碍类疾病的患病率最高（17%）。该年龄段的女孩患这种疾病的可能性是男孩的两倍。在其他高收入国家也有类似情况。

许多因素共同导致青少年心理健康问题

心理健康问题并不是由单一原因导致的，而是许多因素的共同结果。遗传是一个方面。这意味着，如果你家族中有心理健康疾病患病史，那么你的孩子也更有可能患上心理健康疾病。不过，这并不绝对，因为环境对大脑的发育也有重要影响。

发生在年轻人生活中的事件（损失或创伤）、他们的生活方式、同伴矛盾（比如校园霸凌）或者学校环境等，都可能导致心理健康问题。青少年的性格也是一个因素。诸如有完美主义倾向或者焦虑特质之类的脆弱性格，都可能会增加心理健康问题的出现概率。

美国国家心理健康研究所（National Institute of Mental Health in the USA）研究了年轻人的大脑和随着时间的推移的行为发展。医学博士诺拉·沃尔科夫（Nora Volkow）等人对青少年大脑与认知发展（Adolescent Brain and Cognitive Development，ABCD）展开研究（Nora Volkow et al.，2018）。科学家们利用最先进的大脑成像技术对10,000名年龄在9至10岁的儿童进行了为期10年的追踪。这项研究将研究他们的行为、激素、基因、大脑发育和日常生活体验，包括使用屏幕的时间、饮酒和吸毒，以便更好地了解青少年在这10年间的心理健康和大脑发育。

保护因素很强大，在青少年时期人际关系至关重要

尽管我们仍然不确定可能导致心理健康问题的原因，但是对于我们可以采取什么措施来保护年轻人免受这些问题的困扰却清楚得多。一些青少年具有很好的适应力，即使面临高挑战、高风险的境况，也没有出现心理健康问题。是什么保护了他们？如果我们能够找到答

案，就可以把这些答案“打包”，然后提供给更广泛的人群。

美国心理学家安妮·马斯滕（Anne Masten）教授对该领域进行了广泛的研究。她认为这种适应力是在平常日复一日的过程中形成的（Masten，2014）。这些包括积极的思维方式（希望、动机）、良好的自我调节和压力管理、支持性的社会网络、课外活动、对学校的满意度和牢固的家庭关系。所有这些加在一起，形成了抵御逆境的保护墙，就像哈利·波特（Harry Potter）的守护神（Patronus）。

越来越多的证据显示，在青少年时期，人际关系可能是保护年轻人免受心理健康问题困扰，并使他们在之后的人生中发展适应力的最重要因素之一。例如，我们知道，良好的人际关系可以保护女孩免于焦虑或者抑郁的风险，而缺少关爱的糟糕的人际关系则显著增加了出现心理健康问题的可能性。

科学点：大脑与行为

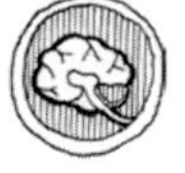

青春期是一个人一生中身体最健康的时期，同时却也是一个人最有可能出现心理健康问题的时期。许多严重的心理健康疾病，例如精神分裂症，就首先出现在青春期，这引起科学家们的疑问：为什么青少年特别容易患上这些可能持续终生的心理健康疾病呢？

有文献记载的童年体验与后来的心理健康问题相关，包括童年时期被虐待、被忽视以及上学时经历的校园霸凌等。越来越多的证据表明，青少年时期的恶习会增加患精神病的风险，然而影响机理尚未得到很好的了解。基因显然起着一定的作用，对某些人来说，增加了出现心理健康问题的风险，但是这是一个复杂的领域。环境和基因相互作用，因此在某些环境中基因可以被“开启”，个人可以寻求某些体验，这意味着这些体验具有遗传负荷。我们确实知道，有些年轻人具有很好的适应力和抗逆力，尽管遭遇严重的负面生活事件，却依然保持着良好的心理健康状态。研究人员迫切想确定究竟有哪些因素为年轻人提供强大的动力。

我们知道许多患有心理健康疾病的人的大脑存在差异，但是这些差异意味着什么尚不清楚。有些发现是针对特定疾病的。我们也知道核磁共振成像扫描尚不能检测出心理健康问题。心理健康障碍的诊断，是通过与儿童和青少年心理医生或者临床心理学家等专业人员的咨询会诊完成的。

解读你的青少年

这意味着尽管你的孩子出现心理健康问题的可能性很小，但是如果心理健康问题即将出现，那么就很可能出现在青春期。青少年大脑发育的可塑性和陡峭的轨迹很可能成为解释在青春期这个人生阶段的脆弱性的故事的一部分。与此同时，有充分的证据表明，过去的经历和对青少年生活的多种要求也是这种解释的一部分。这里的重点是你需要铭记，虽然心理健康问题相对不太可能出现，但是却存在一定的概率。如果你的孩子的行为发生明显变化，请郑重考虑这种可能性。

我们选择关注焦虑、抑郁和品行障碍，因为它们是青少年最常见的心理健康问题。其他诸如饮食失调、强迫症或者非常罕见的思维障碍，也很可能在这个时期出现。同样，这可能是由于大脑在处理青春期艰巨任务时的敏感性。两种或者更多种心理健康疾病可能同时出现，因此会有许多不同的表现形式。

焦虑的青少年回避让自己感到恐惧的情景

焦虑症以不同的方式出现。青春期最常见的一些焦虑症包括：广泛性焦虑症（对各种事情感到广泛而持久的焦虑）、强迫症（用行动来消解焦虑的想法或者感觉）和恐惧症（对特定体验或者事物的强烈恐惧）。在青少年时期，当朋友最为重要时，社交焦虑就会大大增加。

焦虑是指，感到担心的一种体验或者经常产生的有可怕事情将要发生的想法，伴随着诸如头痛、心律加快、口干、出汗或者震颤等身体症状。患有焦虑症的人通常通过回避感觉恐惧的情景来进行自我管理，然而从长远来看，这样做只会增加焦虑，导致产生难以打破的循环，因为你的大脑很快就能学会（请记住，青少年的学习能力快而有效），一旦你回避了这种情景，焦虑感就会减少，便也因此触发错误的观念：回避是让自己感觉更好的唯一方法。实际上，温和地面对自己所焦虑的情景、恐惧，可能才是最好的解决方法。

有很好的基于证据的焦虑症治疗方法，尤其是认知行为疗法（Cognitive Behavioural Therapy），它有助于消解焦虑，并逐渐帮助你的大脑重新学习，即使处于可怕的境地，一段时间之后焦虑也会减少。

抑郁的青少年经常逃避日常生活

抑郁或者情绪低落可能会以多种方式出现，包括易怒、睡眠质量差、注意力不集中和对自我形象有负面看法。在更严重的情况下，还会出现自残或者自杀念头。抑郁症可能会影响患者与家人和朋友的关系，因为年轻人可能缺乏参加社交活动的动力。当一个青少年逃避与家人和朋友的互动时，抑郁症的早期症状会侵蚀他们与家人和朋友的关系，从而使他们更加脆弱。考虑到我们现在所知道的社会联系和牢固的人际关系对幸福的重要性，这也许不足为奇。抑郁会影响学习和睡眠，甚至能够让学习效率减慢或者停滞。对于不太严重的抑郁症病例，结构化的心理治疗，例如侧重于管理和改善人际关系的人际关系疗法（Interpersonal Therapy）或者把思想和情感联系起来的认知行为疗法（Cognitive Behavioural Therapy）具有良好的证据基础。当年轻人真的在低落的情绪中挣扎时，至少在解决这一问题的一开始，通常会采用药物和人际关系疗法相结合的治疗方法。

愤怒的青少年可能会突破界限

愤怒的青少年可能会作出挑战性行为或者喜欢争辩。尽管我们可能不会直观地将这些“外部化”的行为视为情感问题，但实际上，这些行为可能反映出你的青少年在情感表达方式上存在困难。请记住，思维大脑受情感大脑支配。此时思维大脑已经被“劫持”了。虽然攻击他人、违反规则、撒谎或者偷窃是绝对不能接受的，但是了解行为的根源以改变行为至关重要。好奇和理解并不阻碍设定清晰和一致的界限。从我们的学习模型中可以了解到（请参阅第四章），不了解行为发生根源的惩罚是不太可能奏效的。如果以前一直听话乖巧的青少年突然变得反叛不羁，那么很可能是沟通出了问题。

青少年需要帮助以区分情感体验和情感表达

青少年的大脑已经做好准备去深刻地感知（请参阅第十章）。当青少年学习管理这些强烈的情感时，他们可能在开始的时候反应过度，并可能在短时间内完全失控。无论如何，是谁始终处于掌控地位？

帮助青少年区分他们的感受和行为很重要。允许他们感到生气并明确地表达自己的情感，但是不要表现出来，变得粗鲁。允许他们感到悲伤和哭泣，但是不要让他们在痛苦中独坐几个小时。允许他们感到焦虑，鼓励他们大声说出来，但是不要让他们回避引起焦虑的情景。感到恐惧但仍然去做，因为这意味着恐惧会消失。同时，帮助他们理解，不能仅仅只是因为感觉良好，就认为一定是好的。吃就是一个例子：我们在进食时，大脑会发出奖励信号，但是任何享乐主义都必须受到限制，否则我们就可能养成不良习惯。以上所有都意味着理解我们的情绪并最终控制情绪（请参阅第十七章），这是幸福的重要组成部分。

何时采取行动

如果一个年轻人经常感到非常烦躁或者焦虑，并且已经影响到学习、参加社交活动或者家庭生活，那么是时候寻求帮助了。另一个危险信号可能是行为举止的逐步变化。

第一步，有关成年人可以与其家人、老师、朋友或者崇拜者交谈。为了获得心理健康服务的支持，首先需要联系的通常是一位初级保健医师，比如你的全科医生。心理学家和精神科医生是心理健康专业人士，他们拥有帮助你的孩子度过这段艰难时期的方法。“治疗师们”经过严格的培训，但是请注意，理论上任何一个在这一领域独立工作的人都可以称自己为治疗师，因此请务必仔细检查其经由专业机构颁发的从业资格——也许可以请你的全科医生推荐一位好的治疗师。从业心理学家或者精神科医生拥有可靠的高水平的心理健康训练和专业技能。如果年轻人在谈论或者实际上已经试图伤害自己或他人，抑或多次试图帮助他们控制情绪却无功而返，那么我们建议你寻求心理健康服务。

你的孩子可能需要专业干预的警告信号，如持续时间超过数周的持续性问题，或者以下情况：

· 年轻人的重大变化，比如易怒、孤僻或者缺乏自我照顾
· 无法解释的体重减轻，睡眠紊乱或者食欲不振
· 无法解释的身体伤害，比如皮肤割伤或烧伤
· 无能力参加社会或学校活动。

日复一日意味着什么？

青少年可能需要支持以理解他们的情感体验

青少年时代是人感情最丰沛的阶段。强烈的情感体验并不等同于心理健康问题，尽管青少年确实需要成年人来帮助他们渡过难关，但这是青少年成长的典型部分。解决出现的每一个问题或者消除所有情绪并非你的工作。与青少年在一起，帮助他们了解自己身上正在发生的事情，并找到应对之策，这才是你的工作。通过教会他们处理情感，而不是否认或者消除情感，青少年将学会独立地做到这一点，建立幸福感，并发展出很好的适应力。对于你的青少年来说，这是一个健康且良好的长期计划。

早期干预是最好的选择

尽管大众认知正在改善，但是心理健康污名化现象仍然存在。对于某些人来说，它依然带有社会“耻辱”的标签。青少年开诚布公地分享所有问题很重要。“耻辱感”可能会导致保守秘密，从而可能阻止青少年寻求帮助。许多心理健康疾病都有非常好的治疗方法，而且寻求治疗越早效果越好。心理健康问题越严重，就越难改善并康复。

这对学习意味着什么？

情感大脑不学习

大脑活动分层次结构（请参阅第二章）。如果我们感到害怕或者不安全，情感反应就会启动自我保护，所以在那些情况下，情感大脑占据主导地位，只给我们留下极小的空间去推理或思考，因而我们也就脱离了良性学习循环。在那种情感模式之下，青少年的大脑无法学习。因为这个原因，青少年必须优先考虑心理健康需求，否则他们的学习机会将大打折扣。

教师在青少年心理健康护理中发挥重要作用

英国最近的一项调查发现，教师是最有可能与患有心理健康疾病的人接触的专业人士。在许多方面，教师都是心理健康领域的一线工作者。英国有一项政府倡议，为老师增加正规的心理健康培训，让他们知道如何发现心理健康问题以及应提供哪些支持。虽然治疗心理健康疾病并非老师的工作，但是知道要寻找什么、如何支持年轻人以及如何引导他们向专业人士寻求帮助，将大大增强弱势青少年在学校的学习体验。

所以，现在怎么办？

有严重心理健康问题的青少年只占很小部分。为了知道如何为年轻人提供支持，成年人必须熟悉心理健康疾病的种种症状，以及如何为处于困境中的青少年提供支持和什么时候让他们寻求专业人士的帮助。

案例分析：哈桑

16岁的哈桑（Hasan）一直是一个敏感的男孩，他性格温和，有幽默感，为整个家庭带来了欢乐。他与妈妈法蒂玛（Fatimah）、爸爸法哈尔（Fajar）、弟弟希尔曼（Hilman）关系都很密切。弟弟希尔曼非常聪明，成绩在班里名列前茅，而哈桑的学习成绩却越来越落后。妈妈收到一封电子邮件，说哈桑已经开始逃课了。哈桑否认了这一点，并坚持说是学校登记出现了错误。后来，法蒂玛怀疑钱包里的钱少了。哈桑开始在外面待到很晚才回家，却不告诉父母他去了哪里。这个家庭以前从未接触过心理健康服务。他们曾经一直是个勤奋努力、遵纪守法的好家庭，有着坚定的信仰，并以为社会做出贡献而感到自豪。

他们迫不及待地尝试着自己解决问题，经常惩罚哈桑，但是当哈桑因从学校偷窃电脑而被逮捕时，学校福利人员建议将其转给当地的儿童和青少年心理健康服务机构（CAMHS）。警察抓住哈桑的时候，他正骑着自行车，把电脑放在车把上，就像他想自己被抓住一样。

儿童和青少年心理健康服务机构的心理学家从家人的口中了解了哈桑过去的一切。很明显，哈桑的生活态度发生了巨大变化。他的行为非常不符合他的性格。心理学家很快就发现根源原来是来自学校的学习压力。根据一份学校报告，哈桑很可能无法通过所有的期末考试。可以理解，他的父母焦虑、生气，担心会有灾难性的事情发生在他身上。法蒂玛对哈桑说话的声音越来越大，因为她觉得哈桑把她说的话都当成了耳旁风。

一个好的解决办法

这位心理学家分别与哈桑、他的父母以及整个家庭进行了会谈。在这些谈话中，她对哈桑的行为目的提出自己的想法：如果他的行为足够极端，他可能就会被学校勒令退学（这样就不用参加期末考试了）。与退学相比，他认为考试不及格更让他感到羞愧，更难以接受（请记住第四章的内容，一种行为会在无意间鼓励另一种行为。在这里，退学让他可以避免考试不及格的耻辱，从而强化了这些叛逆行为）。

心理医生的这个想法让问题极大地明朗化，给出了哈桑做出这些行为的动机。家人学会了改善沟通的方法，以便所有家庭成员都可以说出自己的观点并得到倾听。哈桑开始承担起部分家务工作，以换取更多的独立，比如延迟宵禁时间。他在家里的地位也得到重新确立和提高。下一步是在确保家人对哈桑的期望切合实际的同时，找到一条重拾学业的途径。

可能会遇到什么障碍?

诸如偷窃和无视父母的边界等挑战性行为是很严重的，显然不可坐视不理。然而，我们必须记住，年轻人并不一定总是会直接表达他们的需求，或者理解自己正在做些什么。而“解码”他们的行为，正是支持青少年的成年人需要做的工作。哈桑的父母可能会生气，而他的老师可能只是简单地将他排除在外，并没有关心和询问他为什么要这样做。在年轻人自我概念很脆弱的时候，他们承受着很大的学业压力。这对每个人来说都是一个困境，但是总有解决方法。我们来看一看掩盖在行为背后的线索。

行动要点Ⅰ：了解心理健康问题由什么构成，以便知道何时寻求帮助

如果怀疑青少年正在困境中挣扎，或者发现他们的行为突然变得很反常，父母和老师可能想再等待和观察一段时间。但是不要等待太久。如果你的青少年状态不佳，并显示出严重的受困扰迹象，请不要犹豫，立即寻求帮助。

行动要点Ⅱ：利用你们的关系来帮助青少年发展适应力

许多因素共同导致青少年出现心理健康问题，而且许多因素是保护性的。把你们的关系也放入你的工具箱中——它们是强大的工具。加强你与青少年的关系，因为在任何情况下，与青少年坚不可摧的联系都是你支持或指导他们的最宝贵资源。

行动要点Ⅲ：帮助你的青少年区分情感和行为

当情感主导着青少年的体验时，他们可能并不总是了解自己正在发生的事情，或者感觉一切处于掌控之中。帮助他们“读懂”并区分清楚自己的情感，以便他们可以相应地采取行动，恰当地表达自己。你自己要在教室和家里做出榜样，把每一天所遇到的坎坷波折正常化，并向青少年传授我们人类所拥有的情感体验的广度。

行动要点Ⅳ：花点时间解码青少年的行为

青少年给了我们他们正在挣扎的线索（摔门、异常安静、突然不做作业、避免参加聚会），然而他们并不总是会告诉我们。做好准备仔细观察并解读，待一切准备就绪，与他们交谈。

行动要点Ⅴ：在学习之前满足其情感需求

情感大脑从思维大脑和良性学习循环中抽走能量。首先满足其情感需求，即使只是与年轻人联系并知道他们的困难。如果青少年没在思考或者投入其中，请花一些时间看看正在发生什么，给他们一点时间（不是惩罚性的时间，而是恢复的时间），然后再继续手头的学习任务。

这个故事的寓意

青少年容易受到心理健康疾病的困扰。一个知识储备良好的成年人可以让与他们一起的青少年更好地进行情绪调节，并养成良好的心理健康习惯。

下载：青少年的大脑：不知所措

强烈的情感在青春期很常见，但是持续的已经影响到日常生活的情感困扰，可能意味着心理健康问题。心理健康问题会干扰青少年学习和如何应对未来的挑战。

与年幼的孩子相比，青少年表达情感需求的方式不是那么容易理解，因此他们可能需要你对其行为进行解读。作为支持年轻人的成年人，帮助青少年养成良好的情绪调节和心理健康习惯至关重要。

练习

记下你的青少年表达以下情感的方式：愤怒、悲伤、焦虑、兴奋、内疚和失望。

愤怒

……………………………………………………………………………………

……………………………………………………………………………………

悲伤

……………………………………………………………………………………

……………………………………………………………………………………

焦虑

……………………………………………………………………………………

……………………………………………………………………………………

兴奋

……………………………………………………………………………………

……………………………………………………………………………………

内疚

……………………………………………………………………………………

……………………………………………………………………………………

失望

……………………………………………………………………………………

……………………………………………………………………………………

你有什么日常习惯帮助青少年保持良好的心理健康状况？每天或者每周检查？鉴于青少年可能并不总是愿意交流，你是否在使用什么暗语，让他们可以表示他们情绪低落，但还没有准备好告诉你？

……………………………………………………………………………………

……………………………………………………………………………………

……………………………………………………………………………………

你如何帮助青少年区分情绪体验与情感表达？你能帮助他认识到注意情绪是一个不错的日常目标，尽管对所有情感都付诸行动可能是不合适或者无益的吗？

……………………………………………………………………………………

……………………………………………………………………………………

……………………………………………………………………………………

当这件事情发生时	与其这样	不如尝试
你的青少年在学校当着全班同学的面摔了一跤，她哭了，有些心烦意乱，觉得太尴尬。	她需要克服。她只是摔了一跤，有什么大不了的呢？天哪！她太小题大做了。	感觉尴尬的确很糟糕。我将设身处地地为她着想，花一些时间和她好好谈一谈。过几天，等她感觉准备好了，我们再继续。
		允许青少年表达自己的情绪、情感。
你的青少年不想参加学校旅行。他躺在床上，泪流满面。	如果你那么害怕的话，那就不要去了，和我一起待在家里。	我能看出来你真的很担心。去参加学校旅行很重要，不要让担心害怕占据主导地位。旅行中可能发生的最糟糕的事情是什么？逃避永远不是解决问题的方法，你还可能养成一种习惯，感觉只有待在家里最好。让我们一起来想想办法，怎样让你在旅行中感觉更自在。
		不要害怕青少年的情绪。
你的青少年在你的朋友们面前表现得粗鲁无礼。	（大喊大叫）你怎么敢那样对我说话？这个月都别想玩游戏了。	那样跟我说话绝对不可以。我现在真的很生气。在我说出一些会后悔的话之前，我要花点时间冷静下来，使用思维大脑进行思考。
		教导并示范如何进行情绪调节。
你的青少年似乎处于一种非常糟糕的境地，你越来越担心他可能会对自己做些什么，因为最近一个月以来他一直很不开心。	或许没什么。我打算静观其变，看事情会不会好起来。他今天看起来似乎还不错。	他似乎能应付一些日子，但情况往往是糟糕的日子多于好日子。我很担心他。由于他的痛苦一再出现，我打算向一位专业人士求助。
		如果你感到担心，请咨询医生。

第七章
神经多样性与茁壮成长

长话短说

- 神经多样性疾病的影响可能是轻微的，也可能是严重的，但是都将持续终身。
- 即使你的青少年是“神经正常的人”，对可能影响他朋友和同学的神经多样性和相关疾病的理解，对你和他都是有好处的。
- 神经多样性疾病存在于家族之中——请注意任何正面或者负面的联系，并用受影响的家族人物顽强抗击病痛的故事来启发你的青少年。
- 青少年可能会对早就知道的疾病对他的影响进行重新评估，作为自我形象发展的一部分。
- 中学需要提高执行功能技能，这些技能在面对神经多样性疾病时很乏力。
- 鼓励你的青少年拥有自己的神经多样性学习档案，以便他能够走出去，获得属于自己的学习支持。
- 在你的帮助下，积极地寻找面对神经多样性疾病的方法，很可能会为你的青少年带来额外好处——成长型思维模式。

引言

神经多样性意味着大脑以不同的方式发育

每个人都是独一无二的。在本章中，我们将学习神经多样性，有时也称为“神经发育疾病”，这意味着大脑的发育方式可能会影响人的日常活动。举例来说，有的疾病在人上学之前影响可能微乎其微，症状也很难注意到，比如阅读障碍；有的症状可能在成年后影响较小，比如注意力缺陷多动障碍（Attention De cit Hyperactivity Disorder，ADHD）；有的病症甚至具有积极方面，比如自闭症谱系障碍患者在对微小细节方面的观察天赋，但是他们大脑的发育与典型的大脑发育不同，而且这种差异贯穿个人一生。

如果你的青少年已经以某种方式被识别为神经多样性，那么我们将假设你对他特定的病症已经有了很好的了解。

根据英国教育部的数据，绝大多数神经多样性人士都在主流学校学习，尽管他们更可能有着特定的学习需求，然而他们并没有一般的学习困难（这些学习困难让学习的各个方面都受到影响）。这反映了在短时间内产生重大影响的包容政策。举例来说，在20世纪90年代初的美国，只有少数患有自闭症谱系障碍的年轻人在主流学校上学，而现在可达到70%。

在本章中，我们考虑如果同时拥有一个神经多样性大脑和一个青少年大脑可能意味着什么。与任何别的青少年相比，这种思维的碰撞不啻于一个学习和充实自己的机会，但是神经多样性大脑和青少年大脑的结合，确实引发了一些有时可能让你们都难以应对的问题——而且作为支持青少年的成年人，你可能需要从早到晚时刻忙个不停。我们将思考两个青少年核心问题，即自我概念和中学的学业要求，同时考虑一些常见的神经发育疾病，但这并非全部内容。你可能需要从我们在本章中提出的更广泛的主题开始，然后推断出你的特定情况。

“神经多样性疾病”是一个简称，而非污名化的标签

我们使用目前在教育和年轻人服务中普遍接受的术语，尽管我们了解到有些人对诸如“特定学习障碍”之类的表达怀有强烈的情感，并认为它们是污名化的标签。这是一个合理的讨论，然而却并不在本书讨论范围之内。在本书中，我们使用主流术语，因为我们相信它们可以为可能患有发展性协调障碍（Developmental Co-ordination Disorder）、注意力缺陷多动障碍或其他病症的年轻人提供共同的帮助。

神经多样性会降低年轻人在社会一般公开考试中展示自己所学知识的能力。因此，他们有权利获得补偿或者访问安排（Access Arrangements），比如，额外的时间，使用笔记本电脑、阅读器或者抄写员。在英国，年轻人不一定必须患了某种特定的疾病才可以获得访问安排，因为决定是根据“教育需求”的证据所作出的，比如，处理速度较慢，阅读能力低于平均水平等。在美国，诊断对于获得支持至关重要。一些家庭担心自己的孩子听到“疾病”一词会对自己做出消极的假设。尽管这是可以理解的，但是确实会对青少年如何接受它有影响。你的语气和反应会影响青少年对你所说的话的理解。回避话题或者要他们保守秘密会在不经意间向他们传递这样一个信息——这是一件令人羞耻的事情。搜寻正面信息，寻找支持群体，观看相关电影或者阅读相关书籍，都可以帮助你的青少年拥抱、理解并接受它是自

己的一部分。

一个人同时患有两种或多种神经多样性疾病很常见

如果你对神经多样性比较熟悉，那么你可能知道同现（co-occurrence）这一概念，即一个人同时患有两种或者两种以上神经多样性疾病。神经发育疾病的同时发生是规则，而不是例外，部分原因是在神经心理发育谱系中许多此类疾病的可疑原因是普遍的，疾病的模式则简单地以各种不同的方式呈现，例如，图雷特综合征（Tourette Syndrome）、多动症（ADHD）和强迫症共享一个基因链，表现形式可以是同时患有这三种疾病或者是其中两种。理解了这一点，就意味着青少年以及支持他们的成年人，可以根据这些病症在青少年日常生活中的显著程度，在他们人生的不同时间确定某种同现病症。

神经多样性存在于家族之中

神经多样性疾病都具有很强的遗传成分——尽管在大多数病例中所涉及的特定基因尚不清楚，但是有可靠的数据表明，如果一个家族中有一个人受神经多样性影响，那么家族成员受其影响的可能性就比一般人群要高。血缘关系越密切，可能性就越高，因此一级亲属最有可能遭遇同样的困难。这意味着父母和青少年可能会患有相同的病症，或者是同一病症的变体，这可能每天都会对他们产生深远的情感影响。我们将在本章后半部分讨论这些内容。

科学点：大脑与行为

神经多样性大脑具有特定的大脑发育模式

有许多科学研究探索与特定神经发育疾病相关的大脑区域。一个普遍的共同结论是，神经多样性人士的脑细胞或大脑区域之间的联结程度或速度与一般人群不同。这种差异的性质和严重程度因病症而异。我们尚无法使用核磁共振成像等脑部扫描仪识别需要进行评估的神经多样性疾病。

前额叶皮层在青少年时期有着非比寻常的发育速度

中学阶段许多高级任务执行功能的中枢位于大脑前半部的前额叶皮层（请参阅第二章），这一区域在神经多样性疾病面前极为脆弱。核磁共振成像扫描显示，一到青春期，这一区域就开始以非比寻常的速度发育，高速发育状态贯穿整个青春期。具体来说，前额叶皮层内以及该区域与大脑情感中枢之间的神经联结数量呈指数增长，犹如火箭升空般的增长速度。神经多样性的青少年也是如此：尽管发育途径或速度可能有所不同，但是他们在分配注意力、战略性思考、计划和组织等方面的能力也同样显著提升。

同样，前额叶皮层也与自我反省和自我形象的发展相关联，因此，自我认同在青春期成为当务之急就并非巧合（请参阅第十一章）。在核磁共振成像扫描中观察到的高连通性，可能是因为青少年做了太多次的自我反省，或是因为这样青少年就可以对自己做出判断，抑或两者兼而有之，这是最有可能的情况。就描述大脑发育而言，要算出生物学和环境的相对贡献，就像是想搞清楚究竟是鸡生蛋还是蛋生鸡一样。

解读你的少年

唯一不变的就是变

青春期意味着改变——这是身体发育、心理发展和社交发展的动态时期——新的需求、新的朋友、新的学校科目、不同的身体也意味着情绪起伏、期望改变、潮流变化，等等。简单延续青春期之前的成功策略，无法满足年轻人青春期的成长需求。对于一般年轻人来说，从初等教育到中等教育的过渡，被认为是最具挑战性的经历之一，更确切地来说，这是因为它意味着青少年在社会、情感和认知领域全面提高，而且是在突然之间。在中学，课程的要求变得更加抽象，对于神经多样性人群中的某些青少年可能有重大影响。小学教育在一定程度上取决于死记硬背的技能，但是在中学阶段，需求已经超出了简单的死记硬背学习，而延伸至策略、分析、推论和论证。

神经多样性青少年的执行功能通常非常脆弱——在中学阶段至关重要

中学、大学的学习要求对执行功能的负担特别重。“执行功能”一词是一个概括性术语，描述了8至11种技能（取决于你听谁说），包括计划能力、在主题之间灵活切换的能力、短时间内记住信息（即工作记忆）的能力和同时专注于两项活动（即分配注意力）的能力。中学阶段要求学生大幅度提高执行功能技能，如果你的青少年是神经多样性的人，这可能特别具有挑战性。

举例来说，在课堂上记笔记这种学习方式，通常到了中学才第一次介绍给学生，它依赖于学生短时记忆老师所传递的信息并将其记录下来（工作记忆），同时注意老师接下来所讲的内容（分配注意力）。在这过程中还要增加另外两个执行功能技能——情绪调节和冲动控制。对于许多患有神经发育疾病——多动症、发展性协调障碍、阅读障碍、自闭症谱系障碍、图雷特综合征等——的年轻人来说，这些执行功能技能很脆弱，并且会影响日常功能。这意味着，从小学到中学再到大学的过渡，可能会给神经多样性年轻人带来额外的挑战。近年来我们发现，在适当的支持、思维模式和积极的自我信念下，神经多样性青少年可以在教育方面茁壮成长。正如神经正常人群那样，青少年时代也为神经多样性人群提供了一个成长和学习的绝佳时机。

日复一日意味着什么？

家族成员共享基因和记忆——这对你和你的青少年有何影响？

家族特质和神经多样性意味着什么？一个重要的影响是，你或者你的青少年很可能会从其他家族成员那里获得某种特定病症的第一手体验，无论你是否知道该病症的名称。如果你在孩子的行为中发现了自己的影子，也许会引起极大的情绪波动，所以注意与特定病症相关的任何正面或负面关联非常重要。

因此，举个例子，如果你的青少年有一个患多动症的叔叔，尽管他的学习成绩曾经很优秀，但还是辍学了，而且既没有长期稳定的工作，也没有长久稳固的人际关系，那么在你的脑海中就会把他的人生轨迹与多动症联系在一起。当然，有大量研究表明，大多数患有多动症的年轻人都有能够实现个人抱负的职业和良好的人际关系，而且在他们进入成年之后，疾病也有极大的改善。但是，在这种特殊的家族环境中，这可能意味着，如果你患有多动症的青少年，在他叔叔辍学的那个年龄，考试成绩很糟糕，那么你的反应就会过激，远超出事件本身，因为在你看来，多动症将不可避免地导致他成年后的适应问题。

父母可能会帮助他们患有神经多样性疾病的孩子应对自己也有的困难

神经多样性家族特征的第二个重要结果是，如果你与一个患有神经多样性疾病的青少年有血缘关系，那么你可以和他/她分享自己应对这一疾病的各方面经验。举例来说，患有自闭症的年轻人可能在如何和人搭讪闲聊方面需要一些指导，他们可能会咨询家长，但是他们的家长可能也面临着相同的社交困难。同样，患有多动症的年轻人对日常、结构和清晰明确的界限反应特别好。如果父亲或者母亲有任何多动症特征，他们就会提供这样一个特别具有考验性的环境，因为他们自己可能在组织技能方面存在问题。你如果不在这样的家族中，而处于教育环境中，请记住父母在抚养具有相同需求的青少年时可能面临的其他挑战。

另一方面，有着同样病症的家族成员在他们的一生中制定出行之有效的应对策略，分享同疾病抗争的经验，这恰恰是因为他们在青春期曾经面临过相同的挑战。分享你的家人关于坚持的故事，因为这样做会让年轻人融入。当成年的支持者显露出自己脆弱的一面时，这可能会对青少年产生很大的激励作用，因为这意味着权利的平等，而社会地位的提高也将使你的年轻人参与到对话之中。他们还将回应你对艰难经历的开放态度。

神经多样性可以是一种积极的态度，虽然接受它可能需要时间和支持，但理解可以带来解决方案

父母、老师和青少年在被告知青少年患有神经多样性疾病时可能会感到担忧，但也有好处。神经疾病学家诺曼·贾许温德（Norman Geschwind）就曾提出：“一个普遍性原则，每当有一种不利的情况普遍存在于人群之中时，就必须要问：这是一种纯粹的不利现象，还是存在着某种补偿优势。”

有许多有效的理论表明，地球要成为一个繁荣昌盛的星球，就需要生物多样性，因此，适者生存，人口中的神经多样性人士就有着合理存在的理由。向读者介绍某种疾病的信息，经常包括一些患有某种特定疾病却极具天赋和才华的成功人士，比如似乎有着某种神经发育疾病的莫扎特（Mozart）和爱因斯坦（Einstein）。关键是，在某些情况下，举例来说，伴随着多动症而来的才思敏捷和行动迅速，可能意味着新颖且富有成效的想法的诞生。

与此同时，我们认识到，对于一个青少年来说，拥抱神经多样性的体验，既不是不可避免的，也不是即时直接的。在某种程度上，得知你的青少年（或者你自己）患有某种疾病的影响，可以被视为类似于某种方式的哀悼，因为这会造成预期中的损失。举个例子，进入青春期，多年来可能早已意识到自己患有阅读障碍的年轻人，可能会在更复杂、更痛苦的层面上重新体验初次被确诊的冲击。这是因为他们的认知能力和思考长期后果的能力，在青少年时期急剧增长。接受某种疾病意味着什么是一个过程，很多人一开始会产生无法接受的情感也在意料之中。

鉴于青少年在青春期正在形成、评估和再评估自己的自我概念

（请参见第十一章），我们需要考虑青少年如何理解某种神经发育疾病的含义，以及在这个敏感的时间段里，它可能如何影响他们的自我概念。

青少年可能会重新思考自己的病情及其对自己意味着什么

显示一个人对某种疾病无法接受的情感的行为包括：完全否认（比如，一提到诊断你的青少年就会发脾气或者逃避），过分地搜寻它影响自己的原因（超出适当的好奇心）或者将其当作生活中发生任何问题的借口，无论相关与否（比如，青少年说自己患有的多动症意味着他们无法专注，所以即使他们努力尝试做功课也没有意义）。

在青春期经常进行自我认同校准的背景之下，我们可能会期望某种表现能够反映出青少年对自己幼年以来就已经意识到的病症的了解增加。青少年们在儿童时代就已经简单接受的神经多样性的特征，在青春期很可能会被重新评估。这可以看作是一种进步，因为它展现了青少年对未来的思考、反省和计划能力的增强。

随着同龄群体的发展，社交细微差别变得越来越重要，女孩们倾向于使用更多的面部表情和隐晦的社会含义进行交流。对于自闭症谱系的年轻人来说，交流这些通常是困难的。被同龄群体排斥对于青少年来说尤其艰难。一些患有自闭症谱系障碍的青少年希望成为同龄群体的一员。他们更喜欢不那么紧张的人际关系。他们可能会质疑社会偏好揭示出的有关他们的信息。他们是“怪异的”吗？如果别的孩子在足球比赛中要拥抱他们，他们为什么会退缩？这些自我反省是每一个青少年生活的核心。

这对学习意味着什么？

青春期意味着转变，中学是主要的转变期

中学转学的挑战和需求对任何青少年来说是一个跨越式的改变。大脑工作能力各不相同的年轻人需要特别的支持，因为这可能是一个测试时间。注意青少年们固执的行为，那可能是他们对变化感到焦虑的信号。

执行功能挑战在中学和大学急剧增加

患有多动症的年轻人很可能觉得中学的成长要求是一个重大挑战。他们可能需要比同伴更多的支持以找到应对基本组织任务的新方法，比如从一个班级转到另一个班级，使用不同的书籍，处理特定的家庭作业并满足老师的要求。

在青少年时期学校学习任务变得更加抽象——既是挑战，也是机遇

具有良好记忆能力的年轻人通常在小学表现优秀，但在某些情况下，神经多样性的学生，特别是自闭症谱系障碍的青少年或者语言障碍者，很难完成抽象要求。他们可能在小学时就已经有了强大的自我概念，但是在中学阶段，随着课程的升级，这一点受到了挑战。另一方面，一些有能力的神经多样性学生发现，越抽象的学术要求越能够以一种在小学教育中不明显的方式展示他们更高层次的能力。拼写在历史论文中仍然很重要，但已不是重点——分析信息的能力才是核心。

所以，现在怎么办？

神经多样性年轻人需要被特别考虑，他们的潜力是巨大的，但是他们度过青春期的道路可能会很崎岖。作为支持者，你需要时刻保持警惕。

案例分析：西洛

西洛（Hiro）是一个14岁的男孩，在8岁时被诊断出患有多动症。回首过去，他的母亲在西洛蹒跚学步时就称他为“口袋火箭”，因为他会爬上家具、楼梯和任何令他感到兴奋的地方。

西洛的父亲阿基拉（Akira）也具有类似的特征。他曾担任股票经纪人，并且热爱这份快节奏的工作。他有一位秘书，为他安排工作和会面，并提供任何他需要的东西。他的头脑可以想出很棒的主意，但是他需要借助团队才能最终实现目标。上学时他的学习成绩很差，高中毕业之后花费3年的时间才最终进入大学。但是他辍学了，随后因酒后驾驶被拘留了几个月。出狱之后，他遇到了西洛的母亲艾米卡（Emica）。艾米卡爱他的精力充沛，并为他设定界限和限制，非常努力地让他有组织有条理起来。艾米卡非常明确地提出了自己的期望，并鼓励他使用共享技术时刻告诉自己他的行踪。当他们见面时，艾米卡强烈要求他寻求专业帮助。阿基拉服用了药物，他们共同努力制定出新的行为方式。艾米卡意识到，通过支持而不是批评，阿基拉的情况大大好转，他们的生活也轻松很多。

西洛8岁被诊断出患有多动症之后，父母对他的行为有了更好的理解，而且他也很好地完成了从初中到高中的过渡。但是，到了他14岁这一年，学习负担越来越重，学业要求也越来越高。他的父母开始为他感到担忧。他挣扎着完成家庭作业。与朋友吵架闹翻之后，发现很难静下心来去思考如何修复他们的关系。西洛性格温柔，幽默风趣，然而他的父亲阿基拉却担心他可能会重蹈自己十几岁时的覆辙。西洛行为最困难的方面之一是他的急性子，尤其是对年仅11个月的弟弟荣市（Eiichi）。除此之外，他的父母知道，聚会、酗酒等很是平常，而他是一个容易冲动的男孩。

一个好的解决办法

西洛的母亲要求与一位临床心理学家进行会谈，并让阿基拉参与进来。她觉得需要支持来和西洛一起解决问题，并且希望丈夫也参与其中。她还敏锐地意识到西洛的行为对荣市的影响。她希望使自己的做法尽可能有用。她学会如何安排西洛的日常生活，以及如何快速地作出反馈从而让他专注于自己的行为。她和西洛就他的感受和行为谈了很多。随着时间的流逝，西洛开始对自己的行为以及他人对自己行为的反应不再感到那么愤怒和沮丧了，他与父母之间的信任也逐渐建立了起来。

与这位心理学家合作的重中之重就是让阿基拉改变自己对儿子的反应，当他在儿子的身上看到自己当年的影子时，他压制自己的下意识反应，反省自己的消极想法。西洛与父母讨论了聚会上的各种诱惑，他们共同制订了相应的管理计划。谈话的部分内容是帮助西洛了解青少年大脑与容易让他陷入困境的多动症大脑之间的相互影响。在这个阶段，他们拥有的最有价值的工具是他们之间的关系，而且这种关系正在日渐牢固。

可能会遇到什么障碍？

西洛的行为很容易被解读为“顽皮”孩子的行为。一个14岁的青少年可能已经长到了成年人的身高，当他们处于一触即发的状态时，父母的情绪可能难以控制。西洛的行为从发育的角度来说似乎很不恰当，尤其是当他以更受情绪控制的方式对待年幼的弟弟时。如果他的父母对这种行为做出了反应，却对正在发生的事情不寻根溯源的话，那么他们将失去理解和解决问题的机会。事实证明，了解多动症大脑如何应对青少年生活中的各种挑战，并建立关系来支持他，是最好的前进方法。

行动要点 I ：命名——这是拥抱它的第一步

为神经发育疾病命名，并为你的青少年提供有关这一疾病的可获取且准确的信息，这是解决方案的重要组成部分，因为它可以增强年轻人的控制感和能动感。就阅读障碍而言，年轻人越早了解诊断结果，他们作为学习者的自我概念就越强。如果你把“它”当作秘密来保守，或者使用委婉隐晦的语言进行描述，那么请问一问自己：为什么？这很重要。秘密（相对于隐私）通常意味着羞耻。秘而不宣的事情有时会造成一生的阴影——无论是年幼的孩子还是青少年，他们经常能隐隐约约感觉到有些事情正在发生，并且可能会发挥自己的想象力，想到各种严重且不准确的情况。他们可能想知道自己患上这种疾病是否就成了家里的秘密——那是否意味着这是一件难以启齿的羞愧之事呢？

行动要点Ⅱ：积极主动掌握病症信息

你应该期望并鼓励年轻人就病症与人进行多次对话——也许相隔数年。年轻人可能会发现，按照自己的时间和节奏，更容易消化相关信息。你需要引导青少年登录可信度较高的网站，并一如既往地强调，虽然网络拥有海量资源，但同时也包含大量的垃圾信息。此外，书籍也会有帮助。

行动要点Ⅲ：一切都在于传达——如果你认为可以，那么你的青少年也可以

如果你用语言和行动向青少年传达一个这样的信息，即一个诊断标签，比如“计算障碍”，它只是一种简单的用于总体描述某些人对完成数字方面的任务有困难的概括方式，那么他们更有可能轻松自在地接受它。确实，我们的临床经验是，为一种疾病命名可能是一个赋予权利的过程，因为年轻人可以为自己曾经的挣扎找到一种解释。患有神经多样性疾病并非降低期望值的借口，相反，当年轻人达到自己的目标时，它却是一个获得更多赞美的理由。

行动要点Ⅳ：积极的关系预示着积极的解决方案

成年人对某种特定疾病的患病后果的理解水平是稳定的，因为青少年的理解和自我认同能力仍在构建之中，所以他们的解决水平可能起伏不定。有趣的是，可以预测父母健康状况的不是他们所患疾病的

严重程度，而是他们与子女的关系质量。这很可能也适用于年轻人，那就意味着：你可以利用自己作为成年人的“超能力”，帮助青少年增强神经多样性体验。这也是花时间与青少年建立积极关系的另一个很好的理由。

行动要点Ⅴ：拥有它——青少年可以营造自己的学习环境

旨在鼓励年轻人营造自己的环境——这是成长为独立成年人的必由之路。青少年有权利获取支持，以满足学习需求。这是社会包容和平等的问题。青少年可以成为神经多样性群体的开拓者。例如，患有发展性协调障碍的青少年可能需要更长的时间才能完成书面作业。如果有人口述信息，他们做笔记，则鼓励他们大声说“请说得慢一点”，而不是任凭他们在没有任何补偿支持的情况下，挣扎着自己克服困难。

行动要点Ⅵ：形成成长型思维模式和顽强的学习风格

神经多样性青少年可能并不总是选择最直接的路线，但是只要有适当的环境，他们也会到达目的地。实际上，神经多样性途径可能更加多样。患有阅读障碍的人通常被描述为具有创造力。虽然没有太多的经验证据支持这一观点，但是现有的证据表明这是真实的（部分因为创造力很难进行衡量）。他们必须付出更多的努力，以取得与同伴相当的学习成绩。对他们来说这也许是不公平的，但是坚韧不拔也往往被认为是人生的宝贵一课，是走向成功的替代途径和不屈力量。

青少年体验的质量将取决于你。请在丰富多彩的环境中以成长型思维模式为他们树立体验榜样。神经多样性有时意味着需要寻找额外的能量。重要的是要知道他们在写出清单、重新检查工作或者记住与他人进行眼神交流时所额外付出的努力。这需要花费很多时间，有时还会令他们饱尝挫败感。对一篇政治论文再进行一次语法修改，可能会让患有阅读障碍的青少年感到非常沮丧。不过，你可以在不伤害他们情感的前提下“重新构建”体验。(“没错，这是有点沉闷，但是语法是一个通道，能够让人们理解你所表达的意思——人们需要了解这些政治思想，所以我们要对语法错误进行修改，不然你还能如何改变世界呢？”）就是这个意思。

这个故事的寓意

你和你的青少年可能需要与他的神经多样性疾病建立一种新的关系。你们可能还要面对额外的挑战，尤其是在过渡时期。但是，如果有适当的支持，你的青少年可以实现他的目标，并附上额外价值——坚韧不拔地获取生活技能的机会。

下载：拥有神经多样性大脑青少年也能茁壮成长

拥有神经多样性大脑和学习方式的年轻人需要特别考虑。学习差异巨大所带来的影响可能是轻微的，也可能是严重且持续终身的。作为自我形象发展和生存能力的一部分，青少年可能会重新评估学习挑战对他们意味着什么。现在时机正好，以一种积极的方式培养他们的能力，以形成坚韧不拔的性格；教会他们拥有自己的学习风格，走出去并获取属于他们的支持。

练习

请写出你的青少年在家里和学校由于其神经多样性大脑所面对的三个主要挑战。

挑战 I

……………………………………………………………………………………

……………………………………………………………………………………

挑战 II

……………………………………………………………………………………

……………………………………………………………………………………

挑战 III

……………………………………………………………………………………

……………………………………………………………………………………

请写出你的青少年为帮助自己应对特定挑战所拥有的三大长处。

长处 I

……………………………………………………………………………………

……………………………………………………………………………………

长处 II

……………………………………………………………………………………

……………………………………………………………………………………

长处 III

……………………………………………………………………………………

……………………………………………………………………………………

如果你具有这种神经多样性特征，请自己做同样的练习。

挑战 I

……………………………………………………………………………………

……………………………………………………………………………………

挑战 II

……………………………………………………………………………………

……………………………………………………………………………………

挑战 III

……………………………………………………………………………………

……………………………………………………………………………………

长处 I

……………………………………………………………………………………

……………………………………………………………………………………

长处 II

……………………………………………………………………………………

……………………………………………………………………………………

长处 III

……………………………………………………………………………………

……………………………………………………………………………………

你的神经多样性青少年如何提高执行功能，比如，能够制订计划、分配注意力、战略性思考或坚持不懈完成一项任务？你可以利用哪些系统来帮助他们独立完成这些任务？

……………………………………………………………………………………

……………………………………………………………………………………

......

你会做什么或者说些什么来帮助你的青少年积极看待他们的神经多样性?

......

......

......

当这件事情发生时	与其这样	不如尝试
你的青少年患有诵读困难症。	他可能永远也学不好英语。他的诵读困难症意味着他无法很好地写作。	他必须比其他人更加努力地学习,我们需要一些支持和帮助。他的口语很棒,我们怎样可以利用这一点来发展他的写作能力?
		保持成长型思维模式——无论学习什么。
你的青少年患有自闭症谱系障碍,他在学校听不懂大多数笑话。在小学的时候,他在学校过得很开心,但现在却不是。	你没有什么问题,是别的孩子太刻薄了。	自闭症谱系障碍意味着某些类型的谈话对他来说很难懂。虽然很烦人,但是没关系。不要认为这是因为你不够聪明。
		说出病症的名称,赋予你的青少年力量。
你的青少年患有多动症。她没有记笔记,无法对她的课业进行评估。	学校知道你患有多动症,老师为什么不给你笔记呢?对你来说,没有笔记的辅助很难进行学习。	你的老师会尽量给你上课的笔记,但是如果他们忘记了,你一定要提醒他们。他们愿意帮助你,但是确保得到这些帮助是你自己的责任。

当这件事情发生时	与其这样	不如尝试
		教会你的青少年主动争取他们所需要的帮助。
你的青少年患有图雷特综合征。这个星期他两次忘记写家庭作业。	他很难控制自己的抽搐。我知道，我又让他蒙混过关了，但是他有这么多事情要应对。	当抽搐经常发生时，就会消耗他很多体力，不过这周发生的频率低了一些。他很聪明，如果我觉得他可以不用完成所有学习任务的话，我对他就没有什么帮助。学业成功一部分意味着找到一种有效的方法完成家庭作业。
		抱有（适当）高的期望——不要让神经多样性成为每天的借口。

第三部分

青少年发展的优先事项

第八章
破解社交密码

长话短说

- 社会动机随时间而变化。
- 对青少年来说，同伴的存在和接纳会对其产生很大影响。
- 社交信号（比如语气）对青少年如此有影响力，以至于我们所说的内容他们可能完全没有听进去。
- 利用青少年社会性大脑和同伴导向的力量来实现积极目标。

引言

了解社交世界非常复杂，需要时间来掌握

大脑从根本上来说是社会的（请参阅第五章）。鉴于青少年尤其是具有社会性的一个群体，本章将解开其中涉及的内容。我们需要考虑一个人与另一个人进行互动所涉及的复杂社会信号。社会信号数之不尽且纷繁复杂，人与人之间的关系具有不同的价值和影响力指数：一些关系到权力地位，另一些则关系到培育和关怀。当我们谈论每一种关系时，我们可能会受到以往经验的影响，我们需要在群体中找到自己的位置，我们需要认识到其他人的情感……

破解社交世界密码可能需要很多年的时间。实际上，大脑花费25

年的时间形成大脑回路，用于管理复杂的社交信息。有趣的是，逻辑推理成熟的时间要远远先于社交推理。

随着我们的成长，社会关系的焦点会发生变化

尽管社会关系在整个生命周期中都很重要，但社会关系的焦点却会多次发生巨大变化（见图8.1）。我们被驱动着朝着变化前进，而这些关系（或者关系缺失）的影响则因年龄而异。

图8.1 社会焦点的变化——同伴融合对青少年来说很关键

在婴儿期，最关键的社会关系是主要照料者。婴儿或者蹒跚学步的儿童天生会亲近父母或其他照料者。数十年的研究表明，人类如果在婴儿期与母亲长时间分离且没有特定的照料者，这会对人际关系的建立有终身影响。约翰·鲍比（John Bowlby）在20世纪中叶提出的依恋理论（Attachment Theory）改变了我们对人生早期与特定照料者关系的重要性的理解（Bowlby，2005）。

在少儿阶段（4至10岁），社会关系发展的重点是玩伴。孩子们被驱动着与其他孩子一起玩耍，从自己玩自己的到与其他孩子一起合作

玩耍。小学生们正在学习如何与朋友一起玩耍。此时，他们与父母依然保持着密切的联系。

在**青春期**，青少年被驱动着与同伴融合。青少年与同伴成为更广泛的群体的一部分原因是学习任务——这与只是和朋友一起玩耍，或出去闲逛，或和同学互动是不同的——从根本上来说，这是融合，是找到自己在小组中的位置并确定自己的归属。这是青少年的主要驱动力之一 ——融入同伴之中。难怪一到青春期，青少年与同伴相处的行为就会发生显著改变。

青少年时代似乎是社会融合的敏感时期

将青春期与童年阶段进行区分是很重要的。青春期为我们提供了解锁青少年需求和不可思议的大脑的代码。了解青少年为什么会如此强烈地被朋友和同伴吸引，并从根本上了解他们正尝试达到什么样的目标，这使我们能够支持并促进他们交友能力的发展。重要的是，研究表明，人在青少年时期与同伴隔离是有害的。有关动物和人类的研究都表明，在发育的这个阶段，极端的社会孤立会导致与大脑结构差异相关的认知、社交和情感调节等技能出现长期困难。我们认为青春期是社会融合的一个敏感时期，就像我们发现在人生的早期阶段有一个语言发展或学习走路的敏感窗口期一样，青春期是社会融合的敏感发展时期，对人生的整个青春阶段至关重要。如果事实真是如此，我们需要为青少年创造适合这方面发展的环境。

青少年的大脑按照"程序设置"以社会信息为导向——在独立和成年之前尽可能多地学习

随着青春期的到来，一个人的社会关系的数量和质量都发生了巨大变化。从进化的角度来看，当青少年准备离开自己的原生家庭，去寻找属于自己的社会群体并过上更加独立的生活时，这是有意义的。这对于青少年大脑思考社会信息的方式及日常行为的影响，都具有重要意义。

青少年通过以下三种方式进行社会重新定向：

- 大脑能够识别出周围环境中的任何社会信息；
- 社会信息被高度重视；
- 大脑处理社会信息的方式在青春期不断变化。

科学点：大脑与行为

同伴影响和同伴接纳很可能会支持许多决策和行动

每个人都会受到他人观点的影响。我们都是社会动物，青少年尤其如此。许多研究表明，同伴的观点在青春期具有极高的权重，因此，尤其是在青春期早期，年轻人更容易受到同伴观点的影响。此外，团队的接纳是一个非常强有力的动机——社会奖励，比如青少年受到同伴的推崇，能够让大脑的奖励中心开足马力地工作。重要信息——对于青少年来说是同伴接纳，需要大声说出来，以便青少年可以学会社会融合的这些信号。正如我们总是把环境中的重要信息做得异常显眼，比如紧急出口的标志，大脑也会把对青少年发育任务重要的信息变得高度可见（同伴关注）。因此，对同伴接纳的关注将影响青少年的社会互动和决策，这是有道理的。

同伴存在会导致一定程度的压力

在青春期仅仅只有同伴的陪伴是独一无二的体验。如果青少年相信同伴正在注视着自己，他们大脑的压力激素（皮质醇）和大脑活动就会发生变化，这是青少年所特有的。他们甚至不需要看到、听到或者与同伴们进行交谈，只需记住小伙伴们正在看着自己就足够了。这是有道理的，因为他们正处于一个与无论是对自己的想法还是接纳程度都特别在意的同伴进行社会比较的时期。正如我们将在有关压力的一章（请参见第十五章）中看到的那样—— 一定程度的压力并不会造成损害——这一发现所传达的信息更多的是同伴对青少年的重要性。

在青春期社交过程会引起有意识的思考，但成年后会自动进行

社会脑网络由大脑思维部分（额叶皮层）和大脑后脑中较少涉及有意识思维的区域组成。社会脑的活动从青春期的“前脑主导”发展到成年后的“后脑主导”，这很可能会反映年轻人学习处理社会信息方式的重要改变。

在青春期，青少年大脑中的社会信息处理变得更加强大和高效。因此，做决策需要青少年自觉思考和自我反省。成年之后，这一过程在大脑中变得更加自动化，不再需要那么多有意识思维。正如莎拉-杰恩·布莱克莫尔在其2018年出版的《创造自己》（*Inventing Ourselves*）一书中所写，与青少年相比，成年人在推理社会信息时更有能力执行多项任务，这很可能是因为单项任务对其他形式的处

理所造成的干扰较小。

解读你的青少年

青少年对社会的兴趣和社交意识都在增强

正如任何一个与青少年打交道的人所知道的那样，青少年似乎可以在一夜之间变得更加了解自己的朋友，对他们的观点更感兴趣，而且更容易产生社交尴尬。这种社会融合是青少年时期的一项关键发展任务。不要害怕，这是一个过渡阶段，尽管时间有所延长。这很重要，因为年轻人需要关注社会信息，以便为自己寻找成年后的归属做好准备。

排斥的影响在青春期更大

你会从第五章中知道，相同的神经回路同时服务于身体疼痛和社交痛苦。青少年与儿童和成人理解社会信息的方式不同。不同之处在于，青少年在青春期，社交痛苦对其的影响会更加明显。研究发现，当青少年被从一场虚拟球赛中踢出来之后，他的情绪会急剧低落，焦虑感也会迅速上升（请见图8.2）。群体的排斥行为可以强烈地改变青少年的心理状态，并潜在地影响他的幸福感。害怕被排斥，甚至可能导致青少年会在选择或行动的时候做出妥协，正如本章稍后针对塔米（Tammy）所做的案例分析。在解读青少年的行为时，请记住这一点——年轻人很可能会优先考虑友谊，而非复习功课、为考试做准备或者练习音乐，这不是因为他们什么都不在乎或者没有理智，获得同伴认可是他们理直气壮的优先事项。

图8.2　排斥对青少年来说尤其痛苦

拥有成长型思维模式，社会排斥就不会那么痛苦了

我们在第三章中讨论了思维方式的重要性。还记得年轻人学习时拥有成长型思维模式的好处吗？事实证明，成长型思维模式对友谊和社交也很有用。对人格持有固定型思维模式的青少年认为，社会特征是固定的、一成不变的。这些青少年经历任何来自同伴群体的排斥或拒绝，比如没有被邀请参加聚会，压力就会增加，因为他们认为这是固定不变的，自己将永远被聚会排斥，或者朋友一直会认为自己很无聊。但是，拥有成长型思维模式的人会认为个性具有很强的延展性，因此错过聚会邀请也没有什么大不了的。拥有成长型思维模式的人会把这件事视为“一次性事件”，他可能认为这个人因为某个特定原因这次没有邀请自己，人会改变，那么下次他可能就会邀请自己了。

好消息是，思维模式可以培养，因此，你可以在一个青少年没有获得聚会邀请之后，帮助他最大限度地减少焦虑的感觉。此外，培养一种灵活的思维模式还有很多其他潜在好处——有助于减轻社会转变（如转学）的压力。转学对我们来说可能不是什么大事，但是考虑到青少年对社会融合的需求，这对他们来说就是一个非常脆弱的时期。在这个关键时期，找到“社会地位”对他们来说，可能比完成家庭作业更为重要。因此，这自然而然就会引起他们对社会融入的关注，并很可能以分散学习注意力为代价。如果这种情况确实发生了，请不要将其视为青少年的固定特征——“他们永远不会通过考试、考上大学或者找到一份好工作”（你能听到自己的想法吗？）。抑制自己灾难性的想法，对年轻人应对这些过渡时期非常重要。成长型思维模式对我们也很重要，稍后再详细介绍。请记住，要使青少年处于积极的学习循环中，他们需要消除社交和情感上的干扰。对于青少年来说，加入一个新的团体无疑是一种社会干扰，他们需要关注和支持以便真正开始其他类型的学习。

日复一日意味着什么？

社会内容优先于其他信息——它仍然需要脑力

当我们看到有关青少年社会优先事项发生基本变化时，这意味着他们在社会环境中可能会经历敏锐的自我意识和尴尬，就好像一个青少年的社会意识突然上调得有点过高。实际上，根据他们自己的反馈，青少年每一天都体验着不断增强的自我意识。杰克（Sean）的案例中描述了在青春期早期，我们就可以看出青少年自我意识的变化，以及青少年对其他家庭成员的潜在影响。年轻人正在将思想融入其他人（尤其是同伴）的思想之中，并思考其他人可能在思考什么，但是这需要一些努力——这种努力还不是自发的、无意识的。

社会孤立对青少年尤其有害

青少年对社会融合的基本需求意味着，社会不稳定和社会孤立对青少年尤其有害。研究人类的社会孤立是不道德的，也是不可取的，但是通过使用青春期小白鼠进行研究发现，与同伴分离会导致大脑额叶区域的结构差异。在生命的其他阶段，孤立的损害并不是那么明显。而且，经过一段时间的孤立，这些青春期动物更倾向于减少与同伴一起玩耍的时间。随着它们一起玩耍的减少，它们失去了让大脑在同伴中学习和培养坚韧不拔的能力的机会。最初压力所带来的“侮辱”，对它们的发展产生了多米诺骨牌效应，具有长期影响。

社会互动发生在手机中

青少年无时不刻不拿着手机的情景我们司空见惯。如果我们想到社会脑，可能就可以看到手机对青少年的天然吸引力。青少年的大脑驱使着他们靠近的并非手机，而是朋友。或许此时此刻，青少年就正在手机的虚拟世界中和朋友们一起闲聊瞎逛呢。这就是为什么当你拿走他们的手机时，青少年会感觉好像你已经夺走了他们的生命一样。我们在第十六章中介绍技术和社交媒体。但是请记住，年轻人不会沉迷于手机，他们沉迷的是他们的朋友。

这对学习意味着什么?

情感信息会分散年轻人对学习的兴趣

我们已经确定，青少年对社会信息高度敏感，这意味着他们用敏感的社会触觉通过面部表情、语气语调等捕捉社会信息。青少年是熟练的学习者，但是如果给社会刺激施加上情感冲动，他们的学习能力就会下降。如果他们与坐在旁边的一个朋友刚吵完架，老师从他们身边走过，或者他们感觉受到社交上的威胁，那么他们的学习可能就会受到影响。社会排斥对于年轻人来说是非常不安全的一个所在。请记住，大脑首先必须感到安全，然后才能进入积极的学习循环。

在课堂上提问可能对青少年构成巨大的社交风险

任何教过一批互相不熟悉的青少年的人都会在课堂里感到明显的焦虑。每个年轻人都警惕被别人评判。在课堂上举手并提问，可能是青少年面对的最大风险之一，因为他们可能会受到同学同伴的评判。对于老师来说，按科目考虑该科目具有哪些特定的社会风险是非常有用的实践。例如，在外语课上朗声诵读对青少年来说可能就是一个很大的社交风险，因为其他同学经常使用口音来打趣模仿；在体育课上，穿紧身或暴露的衣服可能会有风险；而在写作课上，富有创造力的写作可能会透露内心想法或观念，表现出自己脆弱的一面。通过减少青少年的社会风险，你可能会找到一群更听话的学生。

如果后果是失去社会地位或者受到惩罚，那么前者将会胜出

学校在课堂上使用各种技术来帮助学生听课和学习。老师们可能

会注意到，不同的策略对不同年龄段的年轻人奏效。例如，如果老师对一位青少年说："再做一次，否则课后留下来"，这时如果同伴交换眼神或微笑回应这位学生，那么这位学生很可能会选择课后留堂。他们的青少年大脑可能认为课后留堂是为了获得社会地位所要付出的合理代价。毕竟，青少年大脑告诉他们，与同伴融合是他们目前生活中最重要的任务。

所以，现在怎么办？

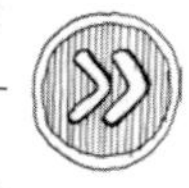

在青春期，社会性大脑的发展以及社会注意力和显著性达到了前所未有的高度。你可以表现出自己对于社会关系对年轻人的重要性的理解，而不是因为这可能会分散青少年考试等的注意力而忽略这一方面。稳固的社会关系、与发展相关的社交互动和牢固的友谊，是培养一个坚韧不拔、充满自信的青少年的关键。

当青少年处于社交痛苦之中时，请悉心照顾他们，并在他们走出这件事之后帮助他们培养成长型思维模式。作为成年人，我们要帮助青少年保护社交关系。此外，我们可以通过日常对话和行动为青少年的社交关系赋予与其他成功相等的价值（或许有人对此会有更多争议），比如学术成就或者进入高薪职业的途径等。

案例分析：肖恩

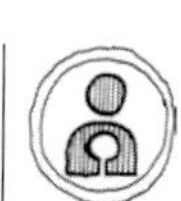

肖恩（Sean）一直是一个快乐幸运的男孩，他从来不在意自己的穿着是否得体，也不管自己的头发有没有梳理好，或者

自己看起来怎么样。他热爱足球，喜欢玩足球，喜欢与朋友们玩足球卡，喜欢和他们一起玩游戏。他的母亲卡奥恩（Caoimhe）一直送他上学。他们一起走路去学校，一路上兴高采烈地聊着天，有时肖恩的朋友也会加入，有时就是他和母亲。刚刚过完11岁生日，肖恩提出来想独自走路上学。他不介意母亲是否走在他的身后，但是他问自己可不可以走在她前面几步。

大概11岁的时候，肖恩越来越意识到朋友对他的看法。他的朋友皮尔斯（Piers）有一个姐姐，他们本可以一起乘坐公共汽车到学校，然而皮尔斯大多数时候都是独自上学。肖恩注意到皮尔斯经常关注自己。有一天，当肖恩在学校大门口和母亲卡奥恩吻别的时候，他注意到皮尔斯脸上的一丝假笑，尽管他什么也没说。他以前不曾注意到，但是突然之间，这让肖恩感到尴尬和羞愧。他希望自己能像其他朋友那样独立，而要求母亲退后一步是实现这一目标的唯一方法。

这让卡奥恩感到震惊。肖恩正在不断长大，但身体依然弱小。她非常珍视每天早上送肖恩上学路上的闲聊时光。她感到有些沮丧和悲伤。这种拒绝感给她带来了以前从未经历过的对儿子的恼怒感。“他怎么会这么残忍？”她心里想道，“他是想伤害我吗？”

一个好的解决办法

几个小时之后，卡奥恩联系了肖恩的干妈娜奥米（Naomi），问她晚上是否可以抽点时间一起聊聊。为此，娜奥米特意取消了她的游泳课。她们决定临时给肖恩请了一位保姆照看他。她们讨论了眼下的情况，主要是最近几个月来，她们所看到的肖恩身体上和情感上所发生的变化。她们讨论了所有可能需要做的工作，计划如何共同努力来理解肖恩即将经历的变化，以及在未来几年中如何支持他。

在这个案例中，卡奥恩从娜奥米那里获得了自己所需要的支持和保证。她也提出了与肖恩发生的一件小事让她所产生的不安全感，并为儿子的爱和未来感到担忧，但是与朋友在一起，她可以从肖恩发育成长这一角度来审视这件事。

避免让肖恩负担这种认识和焦虑是有好处的，因为他几乎不可能做出任何改变或者保护他的父母。

可能会遇到什么障碍?

卡奥恩本可以对她最初的情感反应采取行动，对儿子感到愤怒或者感觉自己受到伤害。这可能会使肖恩产生困惑，不知道该如何协调自己来驱动、发展自己与母亲的需求。而且，这可能也会对他们的母子关系造成破坏，从而让他不再告诉父母自己对其他事情的看法。这可能会关闭当他将来经历青春期跌宕起伏的社会体验时所需要的支持之窗。

案例分析：塔米

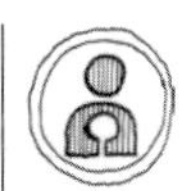

塔米（Tammy）是一个16岁的女孩，她一直很擅长舞蹈。从幼儿园开始，她的节奏感就比任何同伴都要好。塔米的母亲是20世纪80年代的一位芭蕾舞演员，她非常高兴看到女儿获得了许多证书和荣誉。塔米对舞蹈的投入已经成为她生活的重要组成部分。她一直坚持训练和练习，而且似乎喜欢这种挑战。

最近，塔米一直在与本（Ben）约会，本生活在小镇的另一边。他们俩上同一所学校，基本上总能见面。本加入了一个青少年团体，他们总是一起做所有事情。在过去的学期中，塔米和本变得形影不离。

塔米来找妈妈聊天，说她正在考虑放弃三节舞蹈练习课中的两节。她觉得舞蹈练习能够让她脱颖而出，她对此也很自觉。但是，她说自己学习太累了，这样她就没时间经常和本见面。她很冷静，已经头脑清晰地想清楚了整个情况。她解释说，这将使她能够在学习和与本及其他朋友见面之间做好平衡。

她的妈妈感到震惊、失望和困惑。但与此同时，妈妈可以看到，塔米的内心想法是如此成熟和真挚。妈妈看到了女儿的天赋和巨大的潜力，但她知道，如果女儿现在放弃跳舞，以后恐怕很难再达到现在的水平，她想把这种潜在的损失传达给她，但却不告诉她该怎么做。

一个好的解决办法

对于塔米的妈妈来说，这是一个很好的机会，可以思考在这种情况之下什么对她来说是重要的，以及这会对她给塔米的建议产生什么样的影响，但同时也要仔细考虑在谈到这种棘手的问题时应该如何表达情感。青少年的反应则要大得多，他们可能比年幼的孩子更难控制自己面部情绪的反应。因此她的妈妈预计她十几岁的女儿可能会做出的情绪化反应。妈妈也可能在放弃自己的舞蹈生涯时再次经历失望，塔米会敏锐地捕捉到这种情绪。一个好的解决办法是，让妈妈告诉塔米，她支持她的决定，并理解塔米自己已经对放弃舞蹈的风险做出了评估。此外，她想与塔米制定几项“约定”，以检视塔米对自己所做决定的信心，并且能够引导塔米，这样，如果塔米决定重新参加舞蹈练习，就可以重拾舞蹈。

可能会遇到什么障碍？

如果父母、老师和亲戚的经验过于强大而无法让他们了解青少年的体验，那么这可能会导致一些困难。如果对青少年重要的这些成年人自己在生活中没有机会发展这种水平的情绪调节，那么就可能需要第三方的支持。成年人需要透过青少年视角，了解是什么原因驱使他们做出这样的决定。同时也要记住，青少年有能力做出自己的决定，这一点很重要。

行动要点Ⅰ：优先考虑青少年的社会关系，并确保他们有社会融合的机会

确保青少年有与同伴融合的机会，这样他们就可以发展重要而复杂的生活技能以管理同伴关系。

行动要点Ⅱ：提防竞争性奖励，因为同伴社交奖励可能会胜出

许多成年人，无论是在家里还是在学校，都试图通过金钱或证书等外部奖励来塑造青少年的行为。尽管这些措施可能会孤立地起作用，但是如果你设定的任务与可能获得社交地位的行为构成直接

竞争，那么后者很可能会胜出。你的青少年并没有表现出粗鲁或不敬——当被同伴组认可并给予正面评价时，他们可以感受到大脑奖励中心的全部力量。天性使然，不可抗拒。

行动要点Ⅲ：始终强化成长型思维模式，以建立抵御社会排斥的能力

用你的语言强化青少年对同伴关系的成长型思维模式，为他们提供一定的保护，以防他们害怕自己被排斥——这是青少年生活中不可避免的一部分。可以尝试着这样说来培养一种成长型思维模式："哦，这次你没有被邀请，让我们来看看都有谁会参加。你看，他邀请了住在城镇那边的所有家庭，并非针对某个人。"如果你的青少年加入了一个新的同伴小组，请允许他们首先把精力聚焦在同伴融合之上。只有当他们在同伴中感到安全和舒适时，才能专注于其他任务，比如学习。这种层次结构是天性的一部分，请尝试充分利用它。

行动要点Ⅳ：用青少年的眼光看待主要的社会风险

社交世界的重要性意味着，与可能的社会排斥相关的风险对于青少年而言，比我们想象的要大得多。对于青少年来说，举起手回答一个自己不确定答案的问题，可能就是一个巨大的社会风险；给朋友打电话问一些问题，可能会给青少年带来各种各样的恐惧。在他们克服这些恐惧的过程中，尝试采用他们的视角与他们并肩作战。对于他们来说，尊重和倾听总是很重要。

行动要点Ⅴ：当你和青少年相处时请注意你的面部表情、肢体语言和语调以免分散注意力

当你在陪伴你的青少年时，请注意你的面部表情或语调，尤其是你希望他们学习的话。你的情绪和隐含的社会意义可能是年轻人们最关注的地方。实际上，挖苦讽刺、语调低沉或者露出失望的表情都会干扰你在日常教养时所说的内容。

这个故事的寓意

青少年对社会信息高度关注，并受到社会认可的激励。我们可以利用他们对社会因素的驱动力来帮助他们塑造各种各样的学习体验。你的行为对帮助简化复杂过程确实至关重要。

下载：破解社交密码

在我们的一生中，社会动机始终在变化。年幼的孩子专注于照料者，而青少年则把注意力转向朋友。青少年被驱动着以同伴为导向，在独立和成年之前尽可能多地学习。这意味着，青少年的大脑认为同伴影响至关重要，同伴接纳可能会决定许多决策和行动。

练习

请举出三个实例，以说明你的青少年对同伴的关注程度。

实例 I

……………………………………………………………………………………

……………………………………………………………………………………

实例 II

……………………………………………………………………………………

……………………………………………………………………………………

实例 III

……………………………………………………………………………………

……………………………………………………………………………………

通过对社交邀请或者社会排斥的反应，你认为你的青少年对自己或同伴的社会地位持有的是固定型思维模式还是成长型思维模式？

……………………………………………………………………………………

……………………………………………………………………………………

……………………………………………………………………………………

……………………………………………………………………………………

你会做些什么来促进青少年的社交体验，并确保他们正在努力加强同伴关系？

……………………………………………………………………………………

……………………………………………………………………………………

……………………………………………………………………………………

……………………………………………………………………………………

当这件事情发生时	与其这样	不如尝试
你的青少年从社交平台上知道今晚有个派对，但是他没有收到邀请。	哦，不，你没有被邀请参加派对。这太糟糕了。这些男孩子真的很可怕！还是离这些人远一些吧！	这次你没有被邀请参加派对，我听到这个消息也很难过。我肯定这是有原因的，可能是因为人数有限制？你为什么不邀请一个朋友来家里过夜呢？
		培养对社交事件的成长型思维模式。
你的青少年不想在课堂的小组练习中站起来发言。	班里的其他同学都这么做了，你为什么就不呢？如果我为你一个人破例，肯定会引发骚乱的。每个人都要站起来发言。	如果你不愿意把你的答案口头表达出来，你可以站起来写在一张纸条上交给我。我们以后慢慢朝着口头表达的方向努力。
		保护他们免受不必要的社交痛苦和尴尬。
你的青少年很放肆，当着他好几个朋友的面和你顶嘴。他的朋友听到他的话都笑了，但是你感到非常尴尬。	我的儿子当着他朋友们的面让我难堪。他平常不是这个样子的呀，我不喜欢这样。我不会就此放过他的，即使对他大吼大叫，也要让他难堪。	我的儿子平常从来没有这么放肆过。我不打算当着他朋友们的面和他对峙，那样可能会让他没面子。但是稍后我必须找他谈一谈，他那样的行为是绝对不可以的。
		当青少年的社会地位岌岌可危的时候，不要和他们对峙，因为同伴钦佩很难让他们抗拒。

第九章
冒险与应变

长话短说

- 冒险可能会导致好的或者坏的结果。
- 从生物学的角度来说，青少年受到冒险的驱使，并非简单地缺乏控制力。
- 同伴的存在增加了青少年的冒险行为，因为他们的大脑功能对情境高度敏感。
- 冒险很重要，它为青少年提供学习机会并增强他们的应变能力。
- 青少年认为的风险与我们成年后所认为的风险不同。
- 陪在青少年的身边，允许他们承担积极的风险。

引言

风险只是不确定的结果

当思考与青少年有关的风险时，你会想到什么？你会说些什么？酒精？毒品？无防护措施的性行为？

“青少年”和“风险”这两个词汇总会让人联想到危险，然而实际上，风险只是意味着结果不确定——可能是积极的，也可能是消极的。在养育或照顾青少年时，不确定感是一种很熟悉的感觉。

辞掉原来的差事开始一份新的工作，你可能要承担一定的风险：你可能会喜欢新的角色（积极的结果），也可能会后悔自己不该辞去先前的工作（消极的结果）——换工作就是一种冒险行为。把寻求冒险从本质上看作是消极的偏见，可能意味着我们认为冒险是有疑问的，但它也具有重要优势。

全世界的青少年都在寻求刺激

青少年比其他年龄段的人更有可能冒险。原因很复杂，但归根结底是受到寻求新感觉的驱动，因为当他们以这种方式行动时，他们的大脑会发出奖励信号。这一发现是通过多次研究得到的一致结果，而且在许多不同的文化中都可以找到，不仅仅是一种西方现象。正如心理学家劳伦斯·斯坦伯格（Laurence Steinberg）及其同事最近表明的那样，在各种文化中青少年冒险的意愿在19岁左右达到峰值（Steinberg et al., 2017）。在动物中也可以找到这种青少年冒险的驱动力。例如，青春期小白鼠比成年小白鼠承担更多的风险。这些跨文化和跨物种的数据表明，在青少年时期冒险的原动力是一种基本的生物性驱动力。

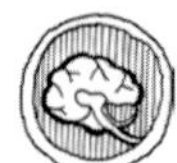

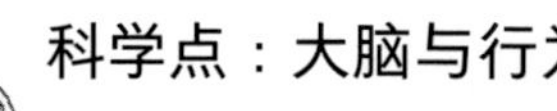

科学点：大脑与行为

同伴影响冒险行为，尤其是男性

我们知道青少年很喜欢冒险，然而研究表明，冒险行为的增加具有情境特异性。当同伴在身边时，青少年会做出更多的冒险行为。在劳伦斯·斯坦伯格（2007）设计的一项可完备复制的研究中，玩家头戴核磁共振成像扫描仪玩驾驶视频游戏。游戏中，玩家在遇到每组交通灯时都要承担风险：继续前进（赢得更多积分，但可能会撞车）或者停下来（避免撞车，但获得较少的积分）。这是一个在风险与报酬之间取得平衡的问题。游戏记录了四组冒险行为——相信有其他成年人正在观看自己玩游戏的成年人，相信有其他青少年正在观看自己玩游戏的青少年，以及相信自己在独自玩游戏的成年人和青少年。谁会做出最多的冒险行为？相信有其他青少年正在观看自己玩游戏的青少年是最大的冒险者。有趣的是，研究结果与驾驶技能无关，因为相信自己在独自玩游戏的青少年与成年人（无论是相信自己在独自玩游戏的成年人，还是相信有其他成年人正在观看自己玩游戏的成年人）做出了相似的冒险行为。

同伴的强大影响力已经在许多场景下被描述和证明。采用虚拟赌博游戏进行的研究一致发现，在有同伴在场的情况下，青少年更愿意获得短期的小额奖励，而非玩更长时间游戏以获取更大的奖励（即所谓的延迟满足）。在现实世界中，这可能会转化为：在收到零花钱的当天就花掉所有（短期奖励），而不是将其攒起来下个月买一双运动鞋（将来会获得更大的奖励）。在动物界也可以看到类似的情境：青春期小白鼠在同伴的陪伴下会饮下更多的酒；但是当它们单独时，饮酒量与成年小白鼠相似。对于成年小白鼠来说，情况并非如此，无论是否有同伴在场，成年小白鼠饮酒量相差无几。尽管我们可以肯定，人类青少年也会以这种方式行事，然而道德委员会绝对不会批准对青少年进行饮酒测试。

性别也是故事的一部分。与同龄女孩相比，十几岁的男孩通常更愿意冒险，对同伴的影响力也更敏感，尽管这些差异会随着年龄的增长而逐渐变小。重点很明确，当周围有其他青少年在时，青少年冒险的意愿就会增加。

不是同伴压力或分心，而是同伴存在

你可能会想象，同伴对青少年行为的影响来自同伴对他们的怂恿。然而，增加的冒险行为与同伴压力或给同伴留下深刻印象的需求无关。我们之所以知道这一点，是因为只要告诉青少年他们的朋友或同学正在看着他们——即使并没有——也会产生相同的效果。举例来说，驾驶实验中的同伴是虚拟的——玩家看不到他们，也无法相互交谈。正如劳伦斯·斯坦伯格在广泛研究中所表明的那样，同伴的存在，让青少年的行为变得更具冒险性。但有趣的是，也有一些证据表明，当母亲、年龄稍长的青少年和恋人加入到旁观者小组时，青少年的冒险行为就会减少。实际上，青少年的行为高度依赖于当时情境（Steinberg, 2014）。

斯坦伯格的小组还探索了当青少年生活中的其他人的存在发生变化时的影响。一项研究发现，当青少年在执行一项任务时有母亲在场，他们做出的冒险行为较少；当有年轻的成年人或者恋人在场时，青少年做出的冒险行为也会减少。关系的质量对于降低风险似乎很重要。尊重青少年的感受、让青少年主动袒露心声、彼此之间争论较少的父母或照料者，他们的青少年就会做出较少的冒险行为。这些研究需要重复进行，以确认这些发现，但它表明，在场的人的角色和对特定关系的信任会影响青少年的风险选择。

青少年可以准确地评估风险——他们选择何时冒险

我们已经确定，青少年有着冒险的驱动力，尤其是在有同伴在场

的情况下。但是请注意——他们会对冒险的选择做出评估。如果青少年认为胜算不大，或者奖励没有什么吸引力，那么他们就不会冒险。但是，如果成功的概率很大，他们就会选择冒险。成人更愿意规避风险。也许在这方面青少年比我们更聪明。

神经科学表明，生活对青少年而言更有意义

我们做出决策的方式取决于情感大脑和思维大脑中的哪一个在此过程中占据了上风（请参阅第二章）。驾驶实验中的青少年表现出特定的大脑功能模式，这与年幼的儿童和成年人不同。在有同伴在场的情况下，他们的大脑表现出不同的功能，从而做出不同的驾驶行为。但是与预期相反，并非他们的思维大脑很差，而是情绪大脑的奖励敏感区域（腹侧纹状体）像圣诞树一样被点亮了。

阿德里亚娜·高尔文（Adriana Galvan）的研究（elegant studies）表明（Galvan，2013），与人生中其他时期相比，在青春期，青少年受

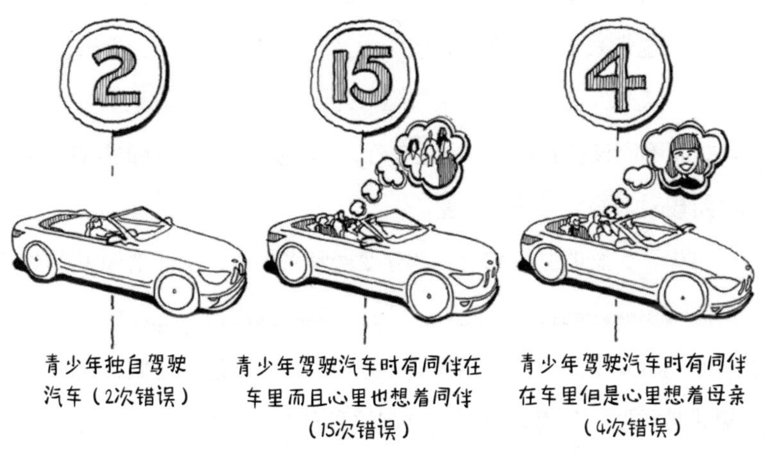

图9.1　青少年的冒险行为与情境密切相关

到激励和奖励的影响最大。这个时期大脑的奖励区域非常敏感，它对获得奖励的可能性、奖励的大小甚至只要一想到奖励就会做出响应。

在有奖励的情况下，青少年的思维大脑有时可能会掉队

劳伦斯·斯坦伯格的经典双系统理论（Dual-Systems theory，2007）表明，人在青少年时期，情感大脑和思维大脑正在以不同的速度发育。在社交场合中，思维大脑尚没有足够的肌肉力量来做出及时合理的反应，也不能超越情绪大脑的强大动力和驱动力。最重要的一点是，直到20岁左右时，人的大脑的两个部分——思维大脑和情感大脑才能在基本相当的水平上发挥作用。这意味着，虽然青少年可以做出非常明智的理性决定，然而在某些情绪化的情况之下（有朋友在场便是其中最重要的一种），情感大脑会胜出。

也许充满激情和上进心的行为是迈向成人级别自制的必由之路

双系统理论在许多方面都具有很高的影响力和突破性，但它给青少年大脑也带来了否定性的，或认为其“不足”的观点。近来，心理学家们一直想知道，这个时期冒险行为的增加是否可能是学习的必由之路，而不应该被制止。这也意味着，大脑发育有着有序的层次结构，每个阶段对最终结果都很重要。

首先，大脑的奖励和情感部分变得紧密相连，从而增加了青少年对情感暗示的冲动行为。此时，情感大脑的强烈信号可以帮助青少年学习他们所发现的能够获得奖励和激励的东西，这对他们长期的自我认知非常重要。只有很好地建立起这种关联，情感/冲动性大脑才能与思维大脑更紧密地联系在一起。从长远来看，可以更好地控制相互

关联的情感奖励系统和凝聚性大脑系统。青少年充满激情和上进心的行为，对他们自我认知的发展至关重要，我们需要将其视为迈向未来成年后在面对极其情绪化的情境时做出适度自制的重要一步，而非缺陷不足。这意味着我们应该期待并可能接受这一冒险时期，同时保护年轻人免受潜在的不利影响。试图走捷径可能会对个人造成长期的负面影响。

解读你的青少年

重组的时间——冒险具有优势

青少年的大脑毫无疑问地告诉他们，冒险是一项有价值的活动。这是有据可依的，因为最近的大脑研究明确表明，冒险是大脑发展不可或缺的一个阶段。如果我们跳过发展过程的这一部分，不错，我们可能会避免某些负面结果，但与此同时我们也会失去学习和大脑发育方面的优势。不仅如此，寻求新的机遇和体验还具有进化优势。如果你正在冒险，那么，你就可以在各种情况下灵活地行动并有效地进行学习。经历一段可以积极进取地冒险和允许反复试错的社会适应行为的时期，对个人和社会都是有益处的。拥有更大灵活性的世界将推动和突破我们学习和发展的界限。对于青少年来说，冒险等于探索。

伊夫琳·克罗恩（Eveline Crone）和罗纳德·达尔（2012）认为，青少年是“社会变革的快速尝试者”——只要想一想青少年在语言方面的创新，不是“使用表情包”，就是各种简写，比如将放声大笑（Laugh Out Loud）简写为LOL。这种创新性和创造力反映在他们灵活的学习方式中，也体现在他们时刻准备着去承担的风险里——冒险可以激发社会变革和创新。

冒险者可能会受到赞美

当我们做一件新的事情、挑战我们的认知技能和体验多样化时，我们的大脑就会成长，因此，冒险需要得到支持和鼓励。规避风险的人在某种程度上限制了自己的认知增长，而冒险者则突破了他们自己的学习界限。冒险对于青少年来说至关重要，有着生物学上的驱动力。所有想要压制这些冲动的尝试很可能都会遇到阻力。那么，最好的做法就是认清事实并顺其自然。

如果一个青少年是个经常冒险的人，那么就请把这种倾向转化为积极的、亲社会的冒险，而不是制止他们。举例来说，设计高刺激性的体验，比如高空吊索或攀岩，鼓励他们尝试新的比赛、体育运动队或为支持他们为所热衷的事物参加游行。与此同时，作为成年人，在支持青少年冒险和尝试新体验的时候，我们不可能完全放手。当然，青少年需要指导。但是，在把青少年从情绪大脑推向思维大脑的时候，如果用力过猛，也可能让年轻人陷入潜在、严重的危险境地。

那些不冒险的人可能会缺乏适应力或对安全极限的体验

青少年之间的个体差异很大，尽管许多青少年在寻找冒险的机会，但有些却极力规避风险。两种极端都没有什么好处。为了发展强大的免疫系统，对我们的身体系统施加一定强度的压力至关重要。医学博士梅尔·格雷夫斯（Mel Greaves，2018）指出，如果在儿童期没有一定程度地暴露在有细菌的环境中，儿童期罹患白血病的风险就会增加。为了最大限度地开发我们身体的潜能，需要学会应对并保护自

己免受伤害。通过生活体验来发展适应力亦是如此（见图9.2）。

图9.2　青少年在安全牢固的人际关系中通过对管理“压力”的学习来发展适应力

考虑一下最近发展区（请参阅第二章）。待在我们的舒适区域内是不会成长的。年轻人需要被拉伸，需要接受并应对挑战，以发展未来所需的适应力。通过设置安全挑战，例如赋予他们责任（在一个新的地方独立地找到自己的位置），鼓励他们参加比赛或者参加他们之前不擅长的具有挑战性的课程，积极鼓励那些沉默寡言的人冒险。尽管他们可能会觉得很困难，但是如果有一个支持他们的成年人（那就是你）站在他们身后，他们一定会渡过难关。他们会了解自己，学会在逆境中生存，然后在未来尝试困难的事情。当事情变得艰难时，不要试图过度保护他们，或者“保护”他们免于承担生活的自然后果。如果你建议他们不要参加学校辩论赛，他们可能永远不会知道熬过艰难的体验，而且将来也不会再接受挑战。

请记住，除非我们做事，否则大脑的回路不会生长。回避从来都不是一个好的策略，因为回避会让技能停止发展。俗话说："让孩子为道路做准备，而不是为孩子准备道路。"（民间智慧，出处不详。）你不可能保护年轻人免受生活中每一个困难的挑战，你也不应该如此。让他们在你的关怀下接受来自生活体验的馈赠，从而让他们能够为自己今后的生活发展出自己的适应力。

当青少年与同伴在一起的时候，青少年的大脑功能表现不同

青少年认为朋友的在场极大地鼓舞和奖励了他们（请参阅第八章）。仅仅只是和他们的朋友在一起就会打破大脑的平衡，以至于奖励性行为占据主导地位，理性思维退居二线。实际上，当他们与同伴独处时，他们的大脑就会有不同表现。这并不意味着他们不理智或者大脑受损，而是意味着他们的行为会根据环境而改变。

父母和老师可以利用这一信息仔细思考青少年可能面临的风险环境。你是否听说过青少年谈论他们的朋友有一个"自由的庭院"？这是一个暗语，意思就是那个朋友的父母外出不在家。在青春期早期的那几年，这很可能是青少年的高风险环境。他们的大脑将处于较高的奖励模式中，可能会做出错误的决定。首先，我们可以通过帮助他们了解自己的大脑来降低风险。当他们处于集体中时，帮助他们思考相互支持的方式。他们可以在聚会上互相照应吗？其次，我们可以通过让一个成年人在附近——在房子里而不是在房间里，能感觉到他们的存在即可——来降低风险。这并不是要阻止青少年参加聚会。我们希望青少年玩得开心，但是也希望他们安全。

青少年饮酒过多感到不适是令人不快的，也增加了他们陷入其他状况的可能性，比如冒险性行为。不可能完全保护青少年免受冒险行

为的影响，因此与他们讨论如何把控各种状况和最大限度地降低风险非常重要。当然，有些极端的结果很难预料——尽管发生的概率很低，但是我们所有人都希望保护每一个青少年免受伤害。

日复一日意味着什么？

当有同伴同乘时青少年更易发生道路交通事故

你可能很想知道我们在此描述的研究实验是否反映了真实的现实生活——与同伴在一起时，青少年的行为是否真的有所不同，而且会做出更多的冒险行为？简短的答案是肯定的：与朋友同乘时，青少年比单独驾驶（或者父母在车里时）撞车的可能性更高。这一发现是如此的证据确凿，以致在加拿大和新西兰的部分地区，除了家庭成员以外，青少年在车内最多只能与一名同龄乘客同车。同样，与单独参加聚会相比，青少年在群体中更容易做出犯罪行为。

青少年更喜欢自己一探究竟

大量研究表明，成年人更喜欢遵循指示行事（即使这些指示是不正确的），而不是通过经验学习。然而，青少年的大脑则告诉他们要自己一探究竟并孤注一掷。大脑学习的首选方式会在青春期发生变化。本书的其中一位作者在餐桌上放了一个滚烫的千层面盘子，并说太烫了。坐在桌旁的青少年中有多少人会伸出手来触摸盘子以确认这一点？ 百分之百。请记住，这种行为可能有充分的存在理由——可能会导向创新。

风险可以产生积极的结果，尤其是亲社会风险

最近的研究，包括美国神经科学家娜塔莎·杜埃尔（Natasha Duell，2018）的研究，都侧重于“正面风险”，即获得社会认可的、具有建设性的风险，比如报名参加新课程或者试演戏剧。在大多数文化中，这类风险都备受推崇，且声望颇高。

有益于他人的亲社会风险，比如为朋友出面，与积极的自我认同、良好的心理健康和学习成绩密切相关。这意味着，最容易受到同伴社交影响的那些青少年，可能会在青春期获得更加积极和健康的成长和发展。同伴影响也有阳光的一面。

有趣的是，最新资料表明，那些勇于承担负面风险的人与那些倾向于承担正面风险的人正是同一批人。这违背了这样的假设，即冒险的青少年处于不利的发展轨道上。相反地，一个人的这种品质——冒险的愿望和勇气——是可以为人类和社会传达积极成果的个人特征。下面的案例分析描述了如何利用青少年在学校的冒险精神来培养他们的其他技能。

这对学习意味着什么？

奖励、冒险和同伴学习可能是青少年高效的学习策略

这些关于冒险的惊人发现让教育学家们兴奋不已。这意味着通过奖励和激励、允许冒险并采取同伴教学的学习策略很可能会对这些令人不可思议的青少年大脑产生积极影响。通过与教育学家的合作，我们对青少年和青春期前的儿童实施了试点计划并取得巨大成功。有趣的是，青少年反响也很热烈。学校是高度结构化的，并受各种条条框

框约束。当有一千名青少年在旁注视着的时候，冒险者就很难适应。但是，选择积极的风险，比如大声地说出自己坚守的信念，可能在学校非常有用，而且还可以帮助青少年营造一个快乐、成功的环境。

学习是一种风险，与同伴一起学习会增加风险

学习是一项高风险活动。当我们学习时，从本质上来说我们缺乏知识，这可能意味着我们在同伴面前很脆弱。因此，冒险存在着与生俱来的脆弱性——而不仅仅是享乐行为。同伴存在的重要价值是，帮我们理解为什么在有同伴陪伴时青少年更有可能冒险。对于青少年来说，在课堂上举手非常重要，因为结果可能是积极的（获得同伴认可），也可能是消极的（被同伴嘲笑）。冒险，从同伴群体中积极地脱颖而出，但是不要太过突出，以至于鹤立鸡群被同伴们排斥。在这两种状态之间，有一条微妙的界限。对于青少年来说，最大的风险可能是对其社交地位或自我概念的威胁。拒绝和社交痛苦确实会让青少年感到痛苦（正如我们在第五章中所学习的），与他人疏远可能导致成年后的长期困难。

所以，现在怎么办？

青少年的大脑发育意味着青少年很容易会被冒险和高刺激的体验所吸引。当青少年需要尝试新的体验来发展生活技能时，天性会推动这一进程。青少年是勇敢的，他们需要成年人仔细考虑他们所处的环境和情境，保护他们，有意识地锻炼他们。

案例分析：罗拉

15岁的罗拉（Lara）是一个热爱生活的女孩，她总是踊跃参加各种活动。她在学校里一直过得很快乐，但是最近她的父母离婚了，这便意味着搬家和转学。罗拉转到新学校时，学校正在进行重要的考试，很有挑战性，但她认为考试对自己不算难事。她最大的担心是如何结识新朋友，要融入一个已经稳定的团队、成为其中的一员很困难。一开始她找不到任何一个可能成为亲密好友的人。

第二个星期，班上的黛西（Daisy）邀请罗拉到她家参加一个派对。罗拉感到很开心，虽然也有些紧张，因为她对黛西不是很了解。第二天，罗拉的父亲西蒙（Simon）在罗拉的手机上看到黛西发的一条短信，说她的哥哥已经答应为派对准备了一些酒。西蒙的本能反应是禁止罗拉再见黛西。鉴于最近刚离婚，与罗拉母亲之间的沟通很难进行，但是西蒙还是深吸了一口气，与罗拉的母亲谈论了这件事。罗拉的父母认为，在青少年时期对酒精尝试不是绝对不可的——问题是如何处理这件事。他们尝试着不一味地认为在15岁喝酒是一件坏事，并将其重新定义为另一种方式的冒险，这有助于他们思考解决当前状况的方法。

一个好的解决办法

首先，罗拉的父母必须提醒自己，罗拉实际上并没有喝酒，而是应邀参加一个派对。其次，他们意识到，由于罗拉是这个团体的新成员，而且非常脆弱，因此她可能倾向于入乡随俗以融入这个新的团体。最后，罗拉与同伴一起获取新体验的可能性比她独自一人时更高。

不过，他们在处理眼前的这种状况时还是相当谨慎。第一步先是与罗拉谈论那条短信。西蒙尽可能冷静、开诚布公且不作任何评判地询问罗拉对那条短信的想法。当年轻人把自己置于潜在有害的情境之中时（尤其当这个年轻人是你自己的孩子时，因为父母的本能是保护他们），想要实事求是地谈论是非常困难的；但是焦虑地大声呵斥——让情感大脑占据主导地位——是不太可能获得一个好的解决办法的。成年人之间的对话旨在满足青少年对地位的渴望，很可能会获得积极进展。当他们听到罗拉说自己并不想喝酒，但是加入同伴的行列，和他们一起喝酒可能是她融入这个团体的唯一途径时，罗拉的父母似乎有些如释重负。不过，他们还是有些担忧，就一起讨论了罗拉融入团体的各种方式和罗拉可能做出的一些有利的选择。

罗拉的父母经过再三考虑，最终同意她参加聚会。通过将饮酒视为“一种”风险，罗拉的父母可以考虑用另一种更积极的风险（比如参加即兴戏剧课程）来替代这种寻求感官刺激的驱动力——在理想的情况下，可以与一些同伴团体形成新的社会纽带。其次，他们认识到融入团体的重要性，因此，要求罗拉完全不见黛西既不切实际，也不利于大脑成长。而允许罗拉参加派对，可以让她在有其他同伴存在的环境中培养适应力，并找到一种应对将来类似状况的方法。

可能会遇到什么障碍？

父母对如何管理风险可能会有不同的看法。与青少年协商之前，找到共同立场很重要。这可能意味着双方都要有妥协。年轻人并不总是愿意与父母开诚布公，尤其是如果他们认为告诉父母可能会让自己受到不喜欢的约束（比如不能参加派对）。谈话的基调对结果至关重要。谈话不能是“责备”。首先必须聆听（请参阅第十七章），只有当他们感到自己被倾听时，年轻人才有可能表达自己的真正想法。请记住，大脑的高层与低层功能——如果孩子感到害怕、被评判或者愤怒，他们就无法很好地使用自己的思维大脑。成人确实可以最终决定做什么事情，但是找到一种方法来做出共同的决定，对青少年来说才是最佳选择。

案例分析：模拟校园风险

当一位高中老师新到一所学校时，他往往会迫不及待地向他的学生传授关于大脑发育的知识，并鼓励他们积极冒险。他举行和开设了一系列研讨会和工作小组，虽然这些对于学生来说是可选可不选的，但是会涉及一个长期项目。该项目以学生选择的主题为中心，涉及公开演讲，许多学生起初不愿这样做，但是老师知道以这种方式锻炼学生促进大脑回路生长和发展技能以适应未来的重要性。

为了激励学生并获得他们的支持，这位老师询问学生想学什么以及他们想如何开设工作小组。一些学生提出了包括时装、赛车、彩妆和影音剪辑等在内的想法。这些不是学校平常教授的主题，但是这些项目的重点是学习和冒险的过程，因此学生的选择至关重要。这原本是一个合作项目，可以融入年轻人自己的兴趣，利用青少年的驱动力及超能力。

学生们被寄予厚望（老师相信所有学生都有潜力达到世界一流的水平），且被告知参与该项目将涉及冒险。如果学生感到紧张或者不确定，那可能是一件好事，因为他们也被教导，一定程度的压力可以作为某种形式的激励，因而对身体是有好处的（请参阅第十五章）。学生们也被明确告知，如果犯了错误，那么将被认为是学习过程的一部分，而且他们建立了一个问题解决论坛，来讨论让该项目更具挑战性的管理策略。此前，学生们从来没有被鼓励着以如此明确的方式展示自己的错误或者解决问题的策略，因此这引起了一些人的兴趣。

该项目的规则和界限设定好并获得同意之后，老师还要求学生就时间和目标做出合理的承诺。学校请了一名神经心理学家来担任项目顾问，这对老师和学生学习大脑都很有帮助，也提高了该项目的可信度。学校也为这个项目承担着一定的风险，因为他们还为项目做了推广。

该项目历经半个学期的时间完成，取得了巨大的成功，学校超过70%的学生参加了这一项目。这个项目成为大家为学校感到自豪的源泉，也让学生们从个人的角度了解到自己的优点和缺点，而且他们可以在项目的安全范围内接受自己的优点和缺点。许多学生在他们的大学申请表上都提到了这次体验，因为这是一次非常宝贵的学习体验。

可能会遇到什么障碍？

如果项目没有必需的想法和准备，对于青少年和学校来说可能就太冒险了。它需要一个强有力的领导（校长）给予实践上的（在上课日抽出时间）和情感上的支持（当其他人对此表示怀疑时相信并支持这一过程）。如果项目没有协作性质，学生们可能会把它当作另外一项占用他们时间的学校任务。允许他们投入，不仅让他们对此感到兴奋，而且也赋予了他们一定的所有权并激发了他们的动力。通过这种课外活动，学生与老师之间的信任得以建立起来；而且，通过发挥各自的典型作用通力协作，学生和老师也能够互相学习。

行动要点Ⅰ：考虑情境以确定风险

青少年的大脑对情境高度敏感。当与同伴一起时，尤其是在没有成年人陪伴的情况下，他们的行为迥然不同。与青少年讨论情境，并教会他们如何管理大脑。留下一群青少年不受任何监管一定要慎之又慎。

行动要点Ⅱ：设置积极挑战以满足青少年冒险的需求并促进他们的发展

作为成年人，我们可以有意识地培养积极青少年的冒险精神，并让他们进入最佳的学习环境。确定你考虑过所有领域——学术（参加辩论赛）、社会（第一次乘坐公共汽车）、烹饪（做晚饭）和身体（参加越野比赛的培训）。想一想最近发展区。如果挑战太大，可能会带来负面体验，这将阻止他们再次尝试；如果处于舒适区内，则不会促使他们有所成长并发展适应力。弄清楚他们所处的位置，支持他们迈出下一步。

行动要点Ⅲ：激励可取的行为

大脑的奖励中心是青少年大脑的重中之重。因此，请考虑——与青少年合作，如果可以的话——可以激励他们采取可取行为的方法。考虑长期目标，并在保持兴趣和动力的过程中考虑小的奖励。这些奖励不一定是实物——可考虑采用身份和尊严激励。比如，获得属于自己的家门钥匙可能是非常有激励作用的一项奖励，或者获得晚一点回家的权利，或者拥有自己的银行账户。

行动要点Ⅳ：如果你发现青少年正在冒着消极的风险，请用思维大脑谨慎回应

小心翼翼地计划和讨论，冷静地对话，是管理青少年在冒险方面出现错误选择的唯一方法，尽管你可能一开始会感到沮丧。作为成年人，你拥有最终决定权，可以强制执行已经设定好的界限。但是，请在听取年轻人的需求后再这样做——也许需要做出某些妥协，这样才能确保他们将来更加遵守约定。青少年要冒险。你，作为他们生命中重要的成年人，要成为对话的一部分。

行动要点Ⅴ：鼓励亲社会行为，特别是对于挣扎之中的青少年

鼓励年轻人参与冒险帮助他人的活动。这对处于挣扎之中的年轻人尤其有效，因为看到自己对他人有所帮助，也能让他们从中受益。这赋予他们一种责任感和荣誉感，他们大脑中的奖励中心也会为之疯狂。

行动要点VI：如果年轻人不冒险，请有目的地设置一些

如果你正在支持一个具有完美主义倾向、急于把事情做好或者害怕任何负面体验的年轻人，请帮助他们时不时地走出自己的舒适区。只有经历过“失败”，他们才能学会如何与它打交道；而只有当他们战胜过失败，才不会恐惧失败。为了保护脆弱的年轻人，我们时常通过帮助他们（让他们搭便车）来避免灾难（他们错过了公交车，所以上学要迟到了），但从长远来看，这并没有帮助他们发展适应力。

这个故事的寓意

作为个体和物种中的一部分，我们需要风险来获得蓬勃发展。风险可能意味着机遇。支持你的青少年，鼓励他们积极承担亲社会风险，这很可能会带来更多的优势。请不要再对青少年进行微观管理，也不要“拯救”他们免于任何一个微小的失败，支持他们形成有效的学习模式并发展适应力。

下载：冒险与应变

青少年从生物学上被驱动着去冒险。这不是简单地缺乏控制力——他们的大脑针对冒险进行了优化，因为冒险的结果可能会带来重大收获。在有同伴陪伴时，青少年会做出最多最大的冒险行为。

冒险提供了学习机会，而且能够发展适应力。帮助你的青少年承担正面风险是他们成长的重要组成部分。

练习

请写下你的青少年在过去几个月中承担的三个负面风险和三个正面风险。

负面风险 I

……………………………………………………………………………………

……………………………………………………………………………………

负面风险 II

……………………………………………………………………………………

……………………………………………………………………………………

负面风险 III

……………………………………………………………………………………

……………………………………………………………………………………

正面风险 I

……………………………………………………………………………………

……………………………………………………………………………………

正面风险 II

……………………………………………………………………………………

……………………………………………………………………………………

正面风险 III

……………………………………………………………………………………

……………………………………………………………………………………

你可以鼓励青少年承担哪种类型的正面风险？

……………………………………………………………………………………

是什么让你的青少年更有可能承担负面风险？谁？在哪里？在什么时候？在支持他们探索和玩得开心的同时，你如何改变情境以减小风险？

当这件事情发生时	与其这样	不如尝试
你的青少年想竞选学生会主席代表。	如果你落选了怎么办？去年的学生会主席正在竞选连任，他去年做得很不错。如果你不能胜出，过后可能就会感觉被拒绝。不要冒险了。	你可能不会当选，不过不要担心，就算这次落选也没关系。下一次再竞选就有经验了。这是一次很好的实践。
		鼓励正面风险。
你的青少年被邀请到一个朋友的家里做客。白天的时候，有成年人在他们身边，但是到了晚上，这几个大人都会外出。稍晚的时候还会有几个比他们稍大一点的年轻人加入。	如果父母不是一直在场，他谁家也不能去。谁知道他们会干什么？	他和朋友待在家里，父母进进出出忙乎着，这样是可以的。但是到了晚上，父母们外出好几个小时，而且还会有几个大朋友加入，这对青少年来说是一个高风险的场景，是不行的。
		评估风险时请仔细考虑场景。
正式考试快到了。在模拟考试中，你的青少年对这个主题非常熟悉，此前也已经复习了好几遍。	我希望你能在正式考试中取得满分。我们上周复习过这些内容。如果你考不好，那么就是没有认真听课。	我们已经在这个主题上下了很大功夫，不过模拟考试的分数可以告诉我们哪些地方有遗漏或者需要复习。错题会提供我们很多信息，所以试一试吧。
		塑造一个安全的环境，允许青少年在一项学习任务中暴露弱点。

第十章
强烈的情感和强大的驱动力

长话短说

- 情感可以帮助我们了解事件。
- 青少年时代情感起起落落，或紧张，或炽烈。
- 青少年被强烈地驱动着去了解他们所关心的事情。
- 情感是年轻人对于正在发生的事情的有效表达，而不“只是荷尔蒙”。
- 情感的强度是有适应性的——青少年的大脑关注情感。

引言

在青少年时期情感可以被强烈地感觉到

青少年时期被强烈的情感主导着——高潮和低谷、激情和动机。这是我们爱上某物或者某人的时期，也许比生命中的其他任何时期都更加强烈。此时的情感回忆将伴随我们终生。你是否注意过听到一首在青少年时期曾经听过的歌曲时的感受？你是否发现它把一种强烈的情感从过去带回到了眼前？经济学家和作家塞斯·斯蒂芬斯·戴维多维兹（Seth Stephens-Davidowitz）注意到了这一点，并决定进行一些研究（2018）。他和他的兄弟就某首曲目是否“好听”未能达成一致，而正如所有出色的分析家所做的那样，他利用数据解决了这场辩论，并绘制了流媒体音乐平台的下载数据图表，以展示成人的音乐喜好。他在图表中标注了人口的出生年份和歌曲的发行年份，发现人们所听的大多数是在他们青少年时期最流行的歌曲，比其他任何时期都要多。就好像那些歌曲在人们的大脑中留下了伴随他们一生的深刻的情感烙印一样。随着我们对青春期以及大脑如何发育有了更多的了解，我们开始看到在生命中这一特殊时期体验所具有的情感敏感性和“开放性”。

感觉是大脑的重要信号

感觉的存在是有原因的。它源于我们体内需求的复杂的过程，它帮助我们决定如何行动，并保护着我们。正如我们在前面第二章中所讨论的那样，大脑的生存本能意味着我们先于思考而感觉。感觉使我们警惕自己对环境的需求。饥饿和口渴对于确保身体生存至关重要。如果我们的饥饿或口渴信号不起作用，那么过不了多久我们就会死亡。为了确保自身安全，我们需要感到恐惧；为了防止身体受伤或者治疗伤病，我们需要感到疼痛。请记住，大脑中的社交痛苦网络和身体疼痛网络是同一网络，因此大脑认为社会排斥同样威胁着我们的生存——尤其是对于渴望社会融合的青少年来说。

情感也驱动着我们采取行动

情感不仅保护着我们的内在体验，还能够促使我们采取行动。如果我们感到焦虑，我们就会被驱动着避免这种状况。如果我们处于痛苦之中，我们就被驱动着关注自己的伤痛。如果我们喜欢某件事物，我们就会被驱动着更多地去做某事或者获取某物。如果我们爱某个人，我们就会被驱动着花很多的时间与他/她在一起。因此，情感与行动动机紧密相关。我们可以使用更高级的思维大脑来压制自己的情感（“尽管我害怕发表公开演讲，但是为了这门课我必须这么做”），但是我们不能，也不应该摆脱情感。

青少年情感强烈是有原因的——他们正被高度驱动着去了解世界

以下这段话摘自斯蒂芬·弗莱（Stephen Fry）写给16岁的自己的一封信。这段话美妙地描述了坠入爱河的青少年时代：

> 你的青春期是多么地激情荡漾。那些真切的感受：愤怒、绝望、喜悦、焦虑、羞愧、骄傲和以上所有的，尤其是最极端的，都是靠着爱才忍受度过。

罗纳德·达尔创造了“衷心目标”一词（Dahl et al.，2018），用以描述青少年内心渴望实现目标的情况，就像我们在口渴时会喝水一样。它具有生存特质。想一想青少年坠入爱河时所感受到的激情，不仅是爱上一个人，还可能爱上一个乐队、一股时尚潮流、一个政治目的、动物权利、人权，等等。但是为什么这是必要的呢？可能具有什么适应性目标呢？情绪高涨对个人有何影响呢？

许多前沿神经科学家，比如B. J. 凯西（B. J. Casey），曾说，感觉/情感的强度是他们适应性生存的重要指标，而不是一种过度反应（Casey et al.，2017）。他们的感觉/情感是如此的强烈而不至于被忽略，这具有发展上的重要性。基于感觉的动机是一种警惕环境的好方法，因为感觉是来自大脑的快速信号，可以有效地向我们传达有关“此时此地”的信息。

年轻人需要了解世界，并迅速获悉他们是否要独立生存——这些信号在青春期必须是最强烈的，因为青少年要了解自己，了解自己热爱的是什么、如何适应、想成为什么样的人以及自己在这个世界上处于什么样的位置。

我们相信，青少年不是因为喜怒无常才让我们感到烦恼，他们也不是简单的“反应过度”，而是因为他们的大脑处于一种与我们不同的功能模式——一种不同的算法——让他们能够快速学习。

科学点：大脑与行为

情感（和驱动力）大脑在青春期高度活跃

那么，大脑中正在发生什么呢？你从第二章中知道，低层大脑区域是行为的驱动器和调节器，那里正是情感和动机之所在。研究表明，这些低层大脑区域在青春期早期就变得高度活跃，因此，当我们在青少年情绪激动的时候扫描他们的大脑，他们的大脑比儿童和成人的大脑被点亮的区域明显增多。这被认为是青少年如此强烈地体验情绪/情感并且对被激励的行为具有天然倾向的原因，也与激素分泌的显著增加相吻合。研究人员认为，激素的流入可能会引发大脑敏感性。当脑科学与我们在年轻人身上看到的相一致时，这不是很好吗？它可以帮助我们理解，青少年以前不曾经历过如此强烈的大脑活动模式，其结果是它触发了他们比平常体验更快速、更强大的情绪/情感反应，从而使他们的行为更受动机的驱动。

当我们强烈感受到什么时，情感大脑就会胜出

从第二章中我们知道，大脑皮层前部有一个思维大脑，可以帮助我们做出明智的决定。你有时候是否会觉得青少年的思维大脑似乎没在工作？这涉及有关青春期大脑发育的一个著名理论——其前额叶皮层尚未完全形成。不过，现在这种观点已经过时了。在青少年时期，前额叶皮层不会变差，其技能也不会退化。大脑不会退化。相反，人在青春期情绪和动机更为强大，这使得思维大脑很难占据主导地位，在某一时刻做出正确的决定。有时候我们都会遇到这种情况。回想一下，当你因为愤怒而对某个人“失控”的时刻，事情过后自我反省时又忍不住会说：“我简直不敢相信自己会那样做。”在那一刻，你的情感大脑占据了上风。青少年也会发生同样的事情，而且可能更频繁，因为他们比我们拥有更强烈的情感和动机。

用语言表达情绪/情感是一个很有帮助的策略

脑科学一个令人惊奇的发现是，只是简单地说出一种情绪/情感，这种情绪/情感的影响就会降低。马修·利伯曼将此称为“情绪/情感标签”（Torre and Lieberman，2018）。研究发现，当人类面部表情表达出强烈的情绪/情感时，在核磁共振成像扫描仪中就会看到大脑情感中心的活动。当被要求仅通过说“那是一张愤怒的脸”这句话来标记这种情绪/情感时，大脑情感中心的活动就会减弱，而思维大脑的活动则会增强。就好像给情绪/情感“贴上标签”的这种做法让体验远离了个人，从而降低了个人的主观感受。这也许正是谈话疗法和正念疗法的好处之一。仅通过标记人们的情绪/情感体验，你就可以帮助他们进行情绪/情感调节。

解读你的青少年

情绪会上升、起伏，但终会平静

任何一个经历过青少年时代或者与那个年龄段的人进行日常接触的人，都会意识到这种情绪激动。最小的事件也可能引起高度动荡的情绪反应，让你困惑不解，措手不及。这可能是你正在阅读本书，想弄清楚他们为什么会这样（以及如何阻止这样的事情发生）的唯一原因。如果你知道年轻人一触即发的情绪化有着很好的适应性原因，那么把情绪崩溃的状况管理起来会不会容易一些呢？

脑科学方面的研究告诉我们，我们在了解了为什么之后，反应就会更加积极有效。《解开》《*Untangled*》（2017）一书的作者丽莎·达莫（Lisa Damour）写了一篇关于低技术干预的文章，这种干预方式是她的一位中学教师教给她的，并称其为“雪景球干预”（snow globe intervention）。当一个女孩情绪崩溃、情感错乱时，这位老师会拿起一个自制的雪景球，用手摇一摇然后放在桌子上。当他们看着闪闪发光的“雪花”纷纷落下时，老师告诉女孩眼前的情景正是她大脑里正在发生的事情。在谈话之前，他们需要等待“雪花”落定。丽莎·达莫用这种方法对她所看到的家庭进行具体干预，让成年人知道要“保持耐心并传达出自己的信念——情绪几乎总是会上升、起伏，但终会平静”（Damour，2019）。

在青少年生活中发挥核心作用的成年人是教导他们进行情绪调节的最佳人选

克里斯汀·罗杰斯（Christine Rogers）及其同事（2019）发现，

母亲的存在让青少年比独自一人更能有效地调节情绪。试想一下，当青少年情绪失控时，你对他说“我现在不想看到你，滚去你的房间”，他如何能在孤立无援的情况下学会理解自己的情绪洪流呢？这项研究由于偏重于母亲与孩子之间的关系而颇有偏见，但是极有可能任何受青少年信任的成年人，比如老师，都可以为他们提供学习情绪调节的安全空间。青少年的大脑已经做好准备学习这项关键技能，有一位支持他们的成年人在身边，他们就能高效地做到这一点。不要抛弃他们或者把他们送走，而是帮助他们理解，这样下一次他们就可以更好地调节自己的情绪了。

请记住，你的青少年正在变化之中，现在的选择不一定能够反映他们永久的性格特征

请记住，青少年正在缔造自己的身份，并努力平衡自己在学业、身体和社交方面的发展。他们的动机和驱动力会发生变化，而且会不断变化。现在在你眼前的这个人，不一定就是成年之后的那个人。不要把自己不喜欢的行为视为他们永久的性格特征。他们在14岁之前对学术研究没有兴趣，并不意味着他们会永远如此。为你想要在年轻人身上看到的行为做出表率，并营造一种重视这种行为的氛围。相信我们，他们一定会跟随。你可以指导年轻人朝着目标迈进，这些目标将使他们一步一步成功地成为成年人，这一点至关重要。要有明确的规则和界限，但是也要准备好倾听并留意他们的观点，要记住他们的所有行为都出于一定的动机。就像我们无法摆脱情感一样，我们也无法摆脱内在驱动力。

一味责怪他们的“荷尔蒙”没有益处——我们需要倾听

青少年在情绪激动的时候会被称为“荷尔蒙”，这种说法很有吸引力，而且确实已经很普遍。虽然荷尔蒙分泌量的变化的确会影响大脑驱动力，但是把情感大脑占据主导地位的互动归结为“荷尔蒙”很可能会贬低青少年的体验，并低估了这些行为的功能。它激发了这样一种想法，即情绪爆发是一种“不理智的行为”，然而事实上，当年轻人情感的力量出于真实的原因，在那一刻对他们来说是有意义的。请记住，大脑驱动力让青少年比其他人更专注于体验的某些方面（社会融合、自我认同），这些方面对他们而言具有很高的突出性，而且有着充分的理由。他们最好的朋友所说的话，或者他们足球队的比赛结果，对我们来说可能微不足道，但是对于青少年来说，却很重要，而且可能会引起他们强烈的反应。对于他们来说，在那一刻，那些事情非常重要，我们必须尊重这一点。

青少年的情感行为受强大动机驱使，这些动机在那一刻对他们来说是合理的

请记住，情感会激励我们采取行动，因此，如果我们感觉越强烈，我们的动机就会越强大。由于青少年的行为更多地由他们的情感大脑驱动，因此他们的动机可能会非常强大。但是，为什么他们会如此频繁地做出“糟糕”的决定呢？他们为什么非要在左右着他们人生之路的重要考试前一周去参加派对呢？是他们的行为不理智还是“扔掉了我花在教育上的钱”？答案是否定的。他们并非疯狂、懒惰或没有理智的人，只是他们的行为受到当时对他们来说很重要的事物的强烈驱动。

以年轻人特洛伊（Troy）受邀参加派对的情况为例。他原本应该在家为第二天的考试做准备。虽然他很想考个好成绩，但是最近他真的开始喜欢和朋友们一起出去玩，而且感觉过去的自己有些与世隔绝。因此，此时的特洛伊想要建立自己的社会地位的动机就很强烈。他的学习成绩一向不错，所以那一刻，在对学业价值和社会价值再三权衡之后，后者胜出。这会让他变得疯狂或懒惰吗？还是会让他变成一个不在乎自己学习成绩的人呢？不，这让他成为一个重视社会价值并被驱动着自己加强自身社会价值的人。

所以，你就应该让你的青少年参加各种聚会然后放弃他们的生活吗？不，我们不建议你让青少年的驱动力和动机完全占据控制权。请记住在第一章中所做的副驾驶的类比。他们不掌控，然而你也不是完全控制。你可以把脚放在刹车上以防不时之需，而且界限必不可少。不过，能够理解他的观点和动机将有助于你与他产生共鸣，并共同解决问题。如果今晚参加派对真的会对他的学业产生重大影响（那么他就不能参加），也许你可以考虑一下他下次什么时候可以与这些朋友再聚，因为这对他当时的社会地位很重要。

日复一日意味着什么？

应该期待强烈的情感感受

当你看护的年轻人进入青春期，你很可能会看到他在情绪化方面发生了巨大变化。在心理健康服务中，我们谈论“外在化”行为（情绪/情感在他们的行为上非常清楚地显示出来，比如大喊大叫、击打，又称“顽皮”的孩子）和“内在化”行为（情绪/情感埋在心里，不愿意谈及，又称“焦虑”的孩子），用以描述年轻人如何不同地表达情绪/情感。在极端情况下采取的行动是不具有适应性的。在青春期，年轻人的大脑具有高度的可塑性并时刻准备着学习，帮助他们调节情绪和管理自己的行为是这一时期他们生命中最重要的任务之一。不过请记住，了解情绪/情感并不等同于抑制情绪/情感。我们不可能让情绪/情感消失，我们必须帮助他们进行管理。当你与青少年并肩作战时，请采用“雪景球干预”的方法，握紧他的手，等待他的情感大脑冷静下来。请参阅第十七章，以获取有关下一步操作的指南。

可能会有新的激情和动机

年轻人被驱动着去寻找自己热爱的事物。他们的大脑告诉他们要找到自己激情之所在，就像他们蹒跚学步时大脑驱动着他们学会走路一样。问题是，他们可能不会爱上你想让他们爱上的东西，那么你该怎么办呢？发展心理学家艾莉森·戈普尼克（Alison Gopnik）在讨论养育子女方面的问题时谈到了木匠和园丁的比喻（2016）。木匠们试图把孩子打造成他们想要的样子，就磨去孩子的棱角试图塑造他们；园丁们在土地上辛苦耕作，尽可能地让作物茁壮成长并成熟，并接受自己能力有限无法控制最终收成的现实。如果你支持青少年在生活中找到新的方向（同时保持双重控制），那么你可以充分利用令人不可思议的青少年时代，帮助他们茁壮成长。

青少年可以爱上事业

青少年，尤其是年龄较大的青少年和刚刚成年的年轻人，经常参与辩论或者其他形式的激进活动。他们会坚决地捍卫人权和动物权益，有时候甚至到痴迷的地步。如果我们考虑到他们大脑中正在发生的事情，这一切就合情合理了。似乎他们不仅能够更加强烈地感受到自己的痛苦，而且还会高度关注他人的痛苦。他们有着让自己的生命更有意义的根本驱动力，正如我们将在稍后第十二章中所发现的那样，他们有着在社会中发挥作用和享有地位的根本需求。这些强大的动机驱动力可以支持他们承担“正面风险”（请参阅第九章），你就有机会支持他们这些行动和行为。有一种情况也确实存在，当年轻人在青春期误入歧途并随后走上不断堕落的生活轨迹之后，也经常会激进行事，因为没有向上的途径可供他们浪子回头。这就是罗纳德·达尔所说的“转折点”（Dahl et al.，2018）。我们鼓励你认真思考如何帮助年轻人在生活中找到一个积极的角色和目标，在他们生命中这一重要时期帮他们找到向上的动力之路。

有时候情绪/情感会给出有关世界的错误信号

在大多数情况下，情绪/情感可以为我们提供有关世界的宝贵信息，并帮助我们确定下一步的行动。但在极少数情况下，情绪会误导我们，给出我们关于世界的错误想法。比如，在露天游乐场游玩，我们的情绪可能会告诉我们这里很可怕，应该避免来玩，尽管实际上是安全的。与此同时，在某些情况下，我们可能很难保持理智：我们从逻辑上知道，虽然巧克力吃起来感觉很好，也不应该继续吃，但是有时我们会身不由己地把巧克力一块接一块地放进嘴里。这一点在青春期尤为重要，因为我们知道青少年是如此敏感的学习者，对周围环境中的信号极为敏感。在某些情况下，事件发生之后的积极或消极情绪所带来的虚假信息可能会成为一种习惯性反应。在最坏的情况下，可能存在心理健康问题风险，比如恐惧症或者药物成瘾。举例来说，如果一位参加派对的年轻人在喝酒之后焦虑感有所减少，那么他/她就会在下一个派对开始之前喝酒。如果一个年轻人每次对周围的成年人发脾气都会被允许获得他们想要的东西，那么，他们就会知道，发脾气是获得他们想要的东西的方式，而且这会成为一种习惯。

这对学习意味着什么？

如果青少年有动力去学习什么，那么劲头儿差异就会很明显

很多教育课程都是预先规定好的，自主选择的余地很小。但是，如果你可以围绕青少年的兴趣点选择和定制学习内容，那么青少年的大脑将马力全开。这并非因为他们是一群执拗的年轻人，而是因为他们的大脑愿意积极地利用动机来快速了解世界。他们的行为比儿童或者成人更受情境驱动。我们继续用驾驶汽车来做类比，如果动力来源于他们自己，那么，他们将积极主动、保持警惕并全身心投入其中。如果他们没有内在动力，就好像踩着刹车爬坡一样。想象一下，如果一个年轻人真的发自内心地想要做一件事，那么10,000小时的重复也不在话下。等待点燃，然后看着他们的大脑以闪电般的速度成长。如果他们没有被驱动，请帮助他们，让他们不要灰心。也许给他们一个激励。首先请感同身受（“我知道你今天不想学地理”），然后进行激励，这样总会得到更好的响应（请参见第十五章）。

学习可以成为一种情感体验

当年轻人执行一项比较困难的任务时，他们的情感体验会让他们不知所措和分心。正如我们在“第二章：思考和感觉”中所学习的，此时，情感大脑占据主导地位。具有挑战性的学习任务可能会引发焦虑、沮丧或者悲伤。请时刻准备好在这些时候与他们并肩作战。不要指责他们“不尝试”，而是支持他们挺过这一时刻。引导他们认识到，学习任务中最困难的时刻正是他们能够获得最多收获的时刻，那也是大脑真正成长的时刻。说出他们的感觉，验证他们的体验并支持他们度过并拥抱那些挣扎的时刻。这并不容易，但是它将在现在和未来的几年中让年轻人受益良多。

我们是否应该重新考虑教育体系的形态?

这门科学可以帮助我们对西方世界许多地方的教育体系做短暂反思。青春期是情绪/情感强烈、敏感和易受伤害的一个时期，也是青少年大脑被其他社会任务和自我学习任务吸引的一个时期。这促使一些人提出疑问，青春期是否是生命周期中以公开考试的形式被安排高风险和高压力考试的合适时期。鉴于我们正在学习有关青少年大脑的知识，关于是否需要对教育进行改革的讨论将越来越多。

所以，现在怎么办?

青少年正处于情感丰富的时期，容易爱上某种事物、某种思想和某个人。他们有新的动机和动力，他们正在学习如何管理这些新的动机和动力。他们也会经历艰难的情绪/情感，需要大人的陪伴和帮助。在本书的第十七章中，提供了许多关于如何陪伴和帮助青少年的想法，不过现在请采用新的视角来理解他们的行为。

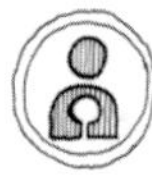

案例分析：胡安

15岁的胡安（Juan）是一个性格外向、喜欢社交、很受欢迎的孩子。最近，放学之后，他开始去参加一个电影俱乐部的活动，有时候会待两个小时左右。一天晚上，他泪流满面地回到家。他的母亲打开门看到他的样子，想知道到底发生了什么。他当时的状态让她的母亲很想知道他是否受了重伤。然而，她什么有用的话也问不出来，于是自己就开始想象各种可怕的场景。胡安坐在桌子旁边掏出他的手机，然后哭得更加伤心。他慢慢开始说话，原来班里一个同学买了一台新的游戏机，放学之后在他家里要举办一个玩游戏的派对，但是胡安错过了邀请，因为那个时候他在电影俱乐部。他可以从社交网络上看到大家参加派对的照片。大家都在那里，只有他不在。看着社交网络上的新帖子一条接一条地弹出来，他的哭声也越来越大。

这时他的父亲走进房间，说："哦，小家伙，别傻了，这不是世界末日。"他对听到的事情感到很困惑。胡安为什么会有这么大的反应呢？但是对于胡安来说，那一刻，错过了与许多同学一起玩的机会，他感觉就像世界末日。对于一个高度重视自己的社交身份、渴望和同伴打成一片的青少年来说，错过了一次高调的、会产生大量图片影像、在社交网站同步直播的社交聚会，的确非常痛苦。从他人的角度来看，这确实没什么大不了，因为他们并没有意识到这件事对于胡安的重要性。

一个好的解决办法

在这种情况下，最重要的回应是认识到事件的重要性。这是对胡安社会自我意识的真正威胁。他的父母记住了这一点，能够倾听、感同身受，并对胡安所焦虑和担心自己再也不会被邀请一起玩有所回应。在胡安冷静下来之后，他和父母讨论了会发生再也没机会和同学们一起玩这种情况的可能性，并作出安排——下个周末要请几个朋友来家里看电影。

可能会遇到什么障碍?

当青少年正在哭泣或者处于悲痛之中时，往往很难相处。当我们感到沮丧或者生气时，就会有动力行动——因为我们想让事情变得更好。对于父母而言，尤其如此，他们爱自己的孩子胜过一切。重要的是，成年人不要带着评判介入或者试图解决问题（“来吧，我开车送你去，你还可以赶上最后的活动。”）或者和他们一样感到沮丧（“哦，天哪，这太可怕了！”）或者生气（“唉，我有没有跟你说过，你参加的课外活动太多了。你就是不听我的话。”）。所有这些做法都会让年轻人的这次体验变得毫无价值。我们要有耐心，并首先尝试管理自己的情绪反应。如果你不能应对他们的情绪，那么可以百分之百地确定，他们自己也不能。如果当时你能陪在他们身边，他们会感觉更好一些，而且你也会知道自己为他们做到了最好。

案例分析：莱昂

17岁的莱昂（Leon）一整年都在非常努力地忙于他的机器人项目。他与科技老师的关系不怎么好，但是对机器人技术的热情以及对未来从事工程工作的抱负激励着他。他花在机器人工作室的时间非常多，错过了朋友参与的很多其他活动。莱昂全心全意地投入这个项目中。

在机器人项目提交日期之前一个月，可能比理想的时间稍晚了一点，莱昂与他的科技老师分享了自己的项目成果。科技老师一开始有点漫不经心，然后变得苛刻起来，一个接一个地指出模型的缺陷。科技老师对莱昂这么晚才来咨询感到很恼火，批评他应该早一些分享自己的项目。莱昂崩溃了。他回到家，骑着自行车去海滩，放声大哭。他很绝望，很想离开学校一走了之；他对自己申请的大学课程也开始产生怀疑，感觉将不会得到赏识。那天晚上，他和父母一起坐下来说了这件事，父母很认真地倾听之后，很好地回应了他愤怒和难过的情绪，并帮助他制订了一个计划。莱昂很迫切地想要自己应对眼前的状况。

一个好的解决办法

莱昂再次查看了国际机器人联合会宪章（International Federation of Robotics Charter）。为了寻找灵感，他在项目早期就咨询过网站和指南。在母亲的帮助下，他根据已有资源列出了项目的优点和缺点，内容很翔实。他深吸了一口气，然后给科技老师发了一封电子邮件，请求面谈。其实，科技老师对于自己与莱昂此前的沟通方式也感觉很不妥，并意识到自己没有用最佳方法来处理这件事情。他认为自己可以在学校找莱昂再谈一次。他还意识到自己应该在今年早些时候就去找莱昂聊一聊他的项目计划。现在，莱昂根据自己找到的指导方针，呈现了对项目的独立评估。科技老师和莱昂进行了很好的讨论，并各自提出关切的问题，科技老师对莱昂作品中许多积极的方面给予了肯定和尊重。他想到社会地位对于青少年的重要性，就询问莱昂，考试结束之后，他是否可以帮助自己召集即将进入高中学习的学生，做一次有关机器人发展前景的演讲，帮助他们及早了解到这门课程的要求和时间安排。科技老师表示愿意有偿支付莱昂的时间。除此之外，他还建议莱昂在学校杂志上写一篇有关机器人技术的文章，尤其要介绍一下他的项目和实践经验。莱昂很开心并接受了科技老师的提议。

可能会遇到什么障碍?

当学生对一门学科充满热情时，他们可以独立完成任何事情。他们大脑的内在驱动力可以占据主导地位，然而在情绪状态下，他们可能会忘记事情的正确顺序。莱昂的科技老师很可能会以自己作为老师的权威来压制莱昂，要求他根据正确的建议重新来做这个项目，但是如果那样做了，就很可能会浇灭莱昂的热情，打消他的动力。相反，科技老师找到了让莱昂重新振作并支持他兴趣的方法，赋予他新的角色和职责，让莱昂感到自己受到赏识和尊重。谁知道他对这个学科的热情会在未来把他带向何方呢?

行动要点Ⅰ：与青少年谈论情绪

在日常生活中谈论情绪。假装情绪不存在，对情绪时刻不重视，从长远来看无效。这并不意味着当年轻人在感受某种情绪时，整个世界就会静止，不过一定要知道他们当时的感受，事情过后再花一些时间和他们交谈。你无法预知他们何时愿意交谈，所以不要逼着他们进行对话，而是要等到他们准备好为止。

行动要点Ⅱ：帮助青少年克服学习的情绪挣扎

学习是能够激起情绪的，深度学习会产生强烈的情绪，让人想逃离。寻找方法来支持年轻人克服与学习相关高涨的情绪。请记住，情绪是学习的一部分，学习中遭遇最大挫折的时刻就是他们的大脑成长最快的时刻，也是大脑中不可思议的脑回路形成的时刻。

行动要点Ⅲ：不只是激素——承认情绪/情感事件很重要，请考虑青少年的动机

如果你的青少年对某个事件有着强烈的情绪/情感反应，这并不代表他们就永远无法应对这类事件。青少年时常会因为大脑的运转而感到不知所措。但是这种情绪/情感是真实的。我们不能消除这些情绪/情感，应该帮助年轻人理解这些情绪/情感。

行动要点Ⅳ：理解他们的价值观会影响他们的决策

心似乎比大脑更能影响青少年的决策。这很可能是一个准确的观察结果，尽管青少年花很多时间做出的决策似乎并不理想。他们正在权衡什么事情对于自己来说是最重要的，他们的决策似乎还摇摆不

定。请多花点时间理解、引导他们，并在必要的时候划出清晰的界限。他们的大脑是其行为背后的驱动力。

行动要点Ⅴ：帮助青少年与比自己格局更大的事物建立联系

青春期是年轻人制订“衷心目标”的积极行动时期。想一想如何才能充分利用他们的这种情感和动机的力量，造福于他们和社会。青少年通常可以协调自己对事物的不公正感。帮助他们与格局更大的事物建立联系并成为活跃的公民，这还可以满足他们冒险和尝试新事物的需求。

这个故事的寓意

在青春期，情绪高涨或者情感强烈是有理由的。你可以通过承认和标记青少年任何一种情绪/情感、帮助他们倾听和分享情绪/情感体验并学习如何管理它们，来帮助青少年走上持续终生的情绪/情感幸福之路。

下载：强烈的情感和强大的驱动力

青少年时代情感起起落落，或紧张，或炽烈。情感可以帮助我们了解事件，在青少年时期情感有充分的理由变得激烈。健康的情绪调节有助于让青少年踏上终生幸福的道路。现在是时候通过承认、倾听，协助他们标记自己的情绪/情感，帮助他们理解自己的情绪/情感，以便他们自我管理，实现自己的抱负和才华。

练习

请写下你的青少年的两个“衷心”兴趣（举例来说，比如动物福利之类的事业，或者诸如跳舞、自行车设计之类的爱好）。

兴趣 I

……………………………………………………………………………………

……………………………………………………………………………………

兴趣 II

……………………………………………………………………………………

……………………………………………………………………………………

当你的青少年情绪失控时，你如何回应和支持他们进行情绪调节？你会怎么说？你会做些什么？当时你在想些什么？

……………………………………………………………………………………

……………………………………………………………………………………

……………………………………………………………………………………

你会怎么说或者做来让青少年知道你理解他们的情感体验（即使你感到他们的情感超过了事件的重要性）？

……………………………………………………………………………………

……………………………………………………………………………………

……………………………………………………………………………………

你会怎么说或者做来表明你接受各种情绪，无论好与坏？

……………………………………………………………………………………

……………………………………………………………………………………

……………………………………………………………………………………

当这件事情发生时	与其这样	不如尝试
你的青少年成了一个素食主义者。	素食主义是荒谬的，你在拿自己的健康冒险。请在你生病之前马上停止。	我能看到你对保护环境的热情，这是令人钦佩的。但是我们也要确保你的健康不会因为这个原因受到损害。
		接受他们的热情，但是不做评判。
你的青少年花在美术作业上的时间是生物作业的3倍。	你在做美术作业的时候为什么如此专注？为什么不把同样的努力放在一门"真正"的科学学科上，比如生物？	你在美术上的专注力让人惊叹，这是一种发自内心的热爱。我想知道你是否可以利用这一技能学习其他学科，实现全面发展？
		理解有强大驱动力的大脑会全力以赴。
你的青少年问你是否会在他大崩溃之后生气。	我认为我不会生气的，因为生气没有意义。	有时候我会生气，但是这么多年来我一直在努力寻找方法，不让自己因为无法自控而说出后悔的话或者做出后悔的事。
		和你的青少年谈论所有的情绪和情感，他们的，还有你自己的。

第十一章 自我反省

长话短说

- 自我反省是发展的一个重要方面。
- 青少年的反省能力变得更加复杂，并且可能会随着见识的增长而有所波动。
- 青少年的自我形象对他人的所有反馈都极为敏感——为了赋权。
- 记住，自我形象极端化往往是短暂的——但是持续的负面体验可能会产生持久的影响。
- 你可以通过倾听、整理最近发生的事件，共同创建积极、有意义的替代性解释，来帮助你的青少年重新调整自我形象度过危机。

引言

自我反省的能力让我们独一无二，不同于他人

我们反思自己、思考自己究竟是谁以及与他人有何不同的能力是人类的独特特征。这些思考涉及评估——我是一个出色的音乐家，还是一个菜鸟数学家，抑或是一个善良的姐妹。这是一个非常复杂的过程，基于我们在社会中扮演的各种角色和我们在生活中表现出的个人特征。

从儿童到成年，自我概念变得更加复杂、抽象和具有领域特殊性

差异化的自我意识在童年时期由体验和不断增强的认知能力慢慢地构建和塑造。年幼的孩子对具体的、可观察的行为或者特征做出描述，比如我是一个男孩。到了童年时代后期，这种描述会变得更加复杂并包含社会比较，比如我打鼓比我朋友打得好。青春期期间，青少年对诸如“我喜怒无常”“我很宽容”“我性格有点内向”等抽象概念的兴趣和自我表达能力会与日俱增，对情感、思想和个性等内在世界的关注也会增加。随着对涉及学习、身体特征以及社交世界的独立反省，青少年的角色也开始有所不同。这是过程的一部分，是为了发展出一个复杂而稳健的自我概念，也是了解自己与他人之间的关系的过程的一部分。青春期是我们全身心构建自己在社会中的角色以及我们与世界的关系的时候。年轻人在塑造自己的身份并与家人或者其他重要成年人分离的时候，可能会怀疑他们教给了自己什么，这个时期被称为身份形成和身份发展的时期。

身份形成是一个反复的过程，青少年很容易受到伤害——一定要谨慎处理

心理模型描述了青少年如何随着时间的推移构建和修正其身份。这些模型强调了青少年构建、评估和修正其身份的动态过程。伊丽莎白·克罗塞蒂（Elisabetta Crocetti）、莫妮卡·鲁比尼（Monica Rubini）和维姆·米纳斯（Wim Meeus）（2008）提出，我们在形成自我认同的时候要经历三个阶段。第一阶段——对自我概念的承诺——是一个促进幸福感的稳定阶段。当我们适应新的身份时，可能需要一段时间来对该身份进行深入探索，其特征是收集信息、思考、

谈论和对该身份进行反思。这使人们对新的体验（通常是青春期）持开放态度，但是过多的深入探索可能会导致情绪不稳定。如果对新身份不满意，可以有一段重新考虑的时期。不过，在这段时间内，当事人往往容易情绪低落或者焦虑，从而使其处于一种不稳定或者类似危机的阶段。

这种在确定和不确定之间游移的迭代过程，是青春期的一个特征，有着短暂的稳定期，会频繁地进行修正。好消息是，如果你的青少年正在尝试极其前卫的发型或者时尚打扮，那么这很可能正是探索的一部分，并且可能会在不久之后进行重新评估。严重的一点是，当青少年放弃一种发型或者风格打扮的这段时间，是他们明显脆弱的时期。我们知道避免对青少年发表负面评论有多么重要。请一定要谨慎处理。

父母的养育方式与青少年在每个阶段所停留的时间长短有关，坚定的承诺与温暖、相互信任的亲子关系息息相关，而在父母控制度较高、信任度较低、亲子关系较为薄弱的家庭中，青少年对身份的不确

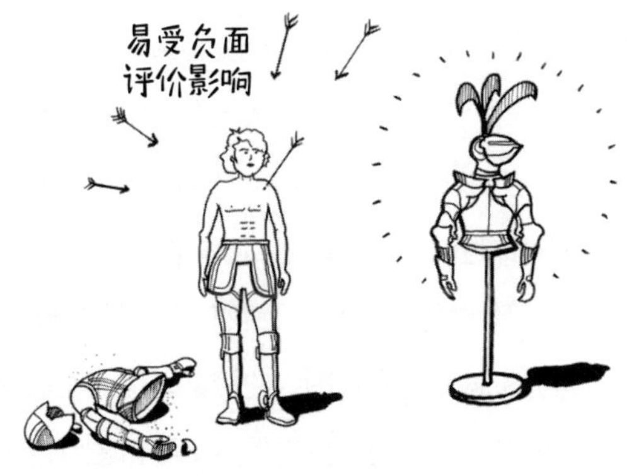

图11.1　青少年很容易受到负面评价的影响

定和重新考虑时间也更长。这凸显了我们不断回归的话题，那就是在青春期这个人生最为敏感的发展时期，你与青少年之间的关系是多么重要。

到青春期后期，青少年对身份的深入探索增加，修正却减少

青少年“尝试”不同的身份。尤其是受家庭价值观的影响，刚刚迈入青春期的青少年在人际交往和思想生活方面拥有一系列身份。然后，随着年轻人开始与父母分离（有时被称为“个体化”），这些身份受到挑战。

12到16岁是重新考虑阶段主导的时期。此时，青少年有着尝试不同身份的趋向，反映了这一时期的不稳定性。随着青少年年龄的增长，他们开始进行更多的深入探索。身份形成一直持续到成年早期，并逐步稳定。并非所有的青少年都显示出相同的发展模式，但是有力的证据表明，相当大比例的青少年在生命中的这个时期，身份发展都存在不确定性。

青少年如何通过身份形成的这些阶段受亲密关系影响

父母和兄弟姐妹是青少年身份形成的榜样。身份更加“坚定”，即具有清晰而稳定的自我概念的父母，他们的孩子与他们的身份联系更为紧密。有着较强自我概念的哥哥/姐姐也很有影响力。同伴关系发挥着一定的作用，比如与朋友起冲突就与自我概念较弱有关。如果青少年有着很高的认同感和健康范围内的探索，那么他们似乎就可以免受同伴压力而做出更多不良行为。我们作为父母和老师，对帮助年轻人度过让他们困惑的“我是谁”的这个潜在的动荡时期至关重要。

青少年对反馈极其敏感，自我概念也变得极端化

青春期是人生的一个阶段。在这个阶段，青少年对自己的身份产生不确定，情绪每天都会有所波动，对身份进行重新考虑。正如我们从图11.2中看到的那样，这可能与压力增加、焦虑和情绪低落有关。当我们朝着稳定的身份迈进时，系统就会进行校准，就像任何试图找到正确平衡的东西一样，它可能也会矫正过火或者矫正未到。我们知道，年轻人对来自他人的社会信号极为敏感。这种对反馈的高度敏感性，可能正是青少年今天可能完全缺乏积极的自我知觉，而明天似乎认为自己的价值感爆棚的原因所在。青少年的自我认同在形成过程中像变色龙一样，随着环境迅速变化，从一种极端到另一种极端。当环境信号出现冲突时，变色龙的身体会呈现出一半这样的颜色，一半那样的颜色（它们确实如此）。变色龙变色为青少年青春期身份形成的混乱体验提供了一个完美的类比。

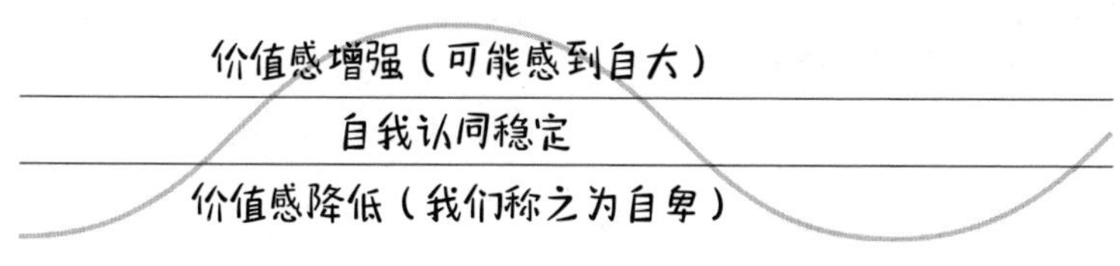

图11.2　青少年在朝着稳定的身份迈进时极端差异是可能存在的

我们向青少年讲述他们自己可能会成为一种自我实现的预言

有大量证据表明，青少年实践着我们赋予他们的刻板印象。对青少年行为持有消极刻板印象，比如，青少年不理智、行事作风很危险，青少年更有可能做出这种行为。而对青少年行为持有积极信念，青少年则会培养出更具建设性的行为。我们需要仔细思考，我们究竟该如

何告知青少年关于他们这个年龄和发育阶段的典型情况，因为这确实会对他们有影响。

自我概念的三个敏感方面

自我认同通常研究的三个关键方面是：身体方面（我们看起来是什么样子的）、学业方面（我们的学习能力怎么样）、社会方面（社会关系）。尽管在整个青春期，青少年的身体方面和社会方面倾向于保持在同一水平，但是青少年对他们的学业自我评价概念总体较低，而且会在青春期中期出现学习成绩下降的现象特征。他们的学业自我概念为什么在这段时间会降低呢？是因为他们在每天收到有关其学习成绩反馈的这段时间内，对教育要求极其敏感吗？是因为他们一边承受着学习压力，一边与同伴相互比较，从而产生负面评价吗？我们需要考虑这些对他们长远的心理健康和幸福会造成什么样的影响。

科学点：大脑与行为

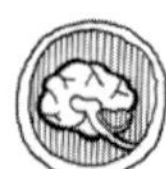

前额叶皮层与自我反省息息相关

神经影像学研究表明，大脑中存在一个由额叶区域支配的网络，当我们思考自己和我们的人格时，无论年龄几何，这个网络始终都会被“点亮”。确实，我们对大脑的哪些部分参与自我反省有较多了解。这个系统很复杂，有许多不同的部分会在较长的发展时间内——尤其是在青少年时期——参与工作。从进化的角度来看，大脑似乎已经适应了去考虑与他人有关的自我反省和自我的许多微妙方面。这些技能显然对我们的生存至关重要。

与自我概念相关的大脑区域在青春期比在儿童或成年时期更为活跃

我们从核磁共振成像数据知道，与自我概念相关的大脑区域在青春期活跃度很高。为什么会这样呢？这可能是因为有关自我概念的想法在青春期占主导地位，或者随着自我概念的转变，青少年需要投入很多精力对自己进行思考，抑或两者兼而有之。

解读你的青少年

青少年自我认同形成过程中会有些自恋

大脑和行为的变化表明青春期是身份发展的关键时期。如果你有一个十几岁的孩子，他/她时常看起来有些自恋或者以自我为中心，似乎会花过多的时间用手机自拍、照镜子、很在意自己的发型和装束，或者似乎无休止地谈论学校里的“谁说了什么”以及这可能对他/她意味着什么，那么，你的青少年正在完全按照他们的发展阶段做着他们所需要做的事情。请记住，形成强烈的自我认同需要时间和资源。与其他竞争性主题相比，他们更专注于自我认同问题，因此没有多余的大脑空间去思考你所关切的事情——这一事实，在青少年发展上是合理的。

当青少年确定了自己是谁时，他们可能会对有关自己的评论大为恼火

父母和老师注意到的青少年行为的改变，包括敏感性或“恼怒”程度的提高。就好像突然之间你什么也不能说，甚至开个玩笑也不

行——好像青少年的皮肤变薄了，容易受伤一样。这是因为这个时期的青少年比起在生命中的其他时期，更加关注个人信息，而评论可能会使他们跌落至稳定的自我认同的界限之下。

日复一日意味着什么？

对青少年的评价很有影响力

我们都会记着他人对我们的评价，比如“那完全不像你”，并想知道那究竟是什么意思。对儿童或者成年人做出相同的评价，可能不会产生像对青少年那样程度的影响。青少年正处于身份发展的敏感时期，因此，与年龄较小的儿童或者年龄较长的成年人相比，青少年对这些观点的信任程度可能更高。这种敏感性意味着青少年会高度关注互动和交流线索，包括面部表情、隐含的意义或者对其生产的事物的反馈，包括学习成绩。因此，尽管对任何年龄的个人做出评价都很重要，但是评价所产生的影响力对青少年最大。尽管这些评价只是细枝末节的事情，然而随着时间的流逝，会对青少年的自我概念产生重大影响。在最坏的情况下，来自成年人的贬低会导致青少年产生极大的屈辱感甚至长期的耻辱感。

青少年对反馈敏感——请善加利用

这种敏感性也为发起良性学习循环提供了很好的机会。积极的价值观可以极大地激发青少年的成长潜力。他们非常希望赢得声望并受到社会的重视。鉴于我们从多年的研究中了解到的儿童与成年人之间的关系，成年人可能被认为拥有让青少年自己走上健康成长轨道的超能力也并不奇怪。许多人会从过去的回忆中想起在学习某种极感兴趣的东西的过程中，起了关键作用的老师或者导师。我们可能会以为，自己首先对某个科目感兴趣，然后一位好的老师鼓励了我们，但往往反之亦然。老师的正面评价对每个人来说都是非常有价值的，可以让我们全身心投入到一门学科之中，并在未来很多年中走上一条兴趣与发展之路。

不要上当，“我不在乎”的回应是一种自我保护

你的评价总是很重要。想象一下这样一种情况：一位成年人对一个年轻人做出贬低的评价——他们可能会说：“哟，他们似乎并不介意，他们粗鲁无礼，与朋友们咯咯笑着走开了。我觉得自己对他们的评价没有任何作用。”考虑到青少年对反馈的敏锐性，他们在不断地保护自己的自我意识，因此，对他人示弱是他们这个人生阶段极度危险的举动。青少年的外向反应和他们的内在感受之间很可能极度不匹配，尤其是在他们被贬低打压的情况之下。不要上当。他们确实关心你对他们的看法，对你的看待和评价有着敏锐的意识。实际上，当青少年正处于困难时期时，恰恰是他们需要你的帮助，重新规划和确定该如何应对眼前困境的时刻。请参阅下面对扎克（Zac）的案例研究，在此我们给出了一个范例。

这对学习意味着什么？

行动胜于雄辩——你所说的正是心中所想的吗？

高度关注他人对我们的看法，意味着我们将对各种交流产生高度

的敏感。我们用语言传达心中所想，然而研究表明，青少年通常通过他人的话语来分辨对方所要表达的真正含义。换句话说，他们正在密切观察以弄懂我们所要表达的真正意思。举例来说，如果一个年轻人犯了一个错误，他/她的老师出面要纠正这个错误，那么，这个年轻人可能会认为老师不相信自己有能力独立解决问题，即使老师嘴里说："我知道你可以做到。"但是在这种情况下，老师所说的话远没有他们的行为更有意义。当然，这也适用于父母帮助孩子完成作业或者青少年需要成年人反馈的其他许多情况。

考虑你说的话所传递的信息——隐含的含义是什么？

请牢记学生对于反馈的敏感性，我们如何通过提供帮助或支持让青少年感到自己有能力做好某事？如果只是向他们提供帮助，可能会被视为批评或者成年人认为他们没有能力自己获得成功的暗示。你曾经有过这样的经历——对青少年说："你打算什么时候去做作业？"然后却收到一句满是情绪的回怼："我正要去做作业。你除了唠叨什么也没做。"你可能只是询问，但一个高度敏感的青少年可能会把这个问题解读为一个暗示——他们不打算做作业。结果是什么呢？你很困惑，他们很沮丧，可能还会感觉被看低而且肯定会情绪激动（不是完成作业的好状态），而且，你也失去了帮助青少年和与青少年建立联结的机会。这里的意思是，青少年对行动或言语所传达的信息需要非常仔细斟酌，在青春期这个人生阶段更要如此。

所以，现在怎么办？

随着青少年大脑自我认同区域能力在不断增强，青少年可能会变得有些自恋，对于他人对自己的评价也变得极其敏感。现在是停止发表个人评论的时候了（“你瘦了”“你的腿好长”）——即使你认为自己所做的是正面评价，因为这些评价在他们人生的这个阶段具有超级影响力。

案例分析：扎克

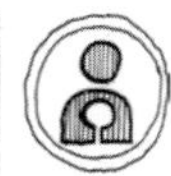

18岁的扎克（Zac）和一些朋友一起度过了一个夜晚。当时他们都正在申请大学，每个人都处在关键时刻。扎克有几个不同的朋友团体，当晚与他在一起的三个少年都恰好是学习上进、成绩出色的朋友，他们都很有竞争优势。扎克很喜欢这些朋友，然而一起玩的时候，他发现他们有些强势，让他产生一种自卑的感觉。他们关于政治和历史的讨论非常激烈和尖锐，争相抛出事实想要证明自己技高一筹。尽管如此，那天晚上还是过得很有意思。分手之后，他的朋友们去参加另一个聚会，扎克则待在家里，因为他是音乐学会的一员，周六上午要碰头排练。第二天，扎克去上音乐课。他在自己喜欢的爵士乐队里弹奏钢琴，但有时他会有些不安。这一次，在老师指导的活动上，扎克没能发挥强项。到午餐时间，扎克被各种消极想法所包围。他的大脑告诉他，他不是很聪明，他不是一个好音乐家，也不是很受欢迎。实际上，他认为自己在任何方面都不真正擅长。

他情绪低落，感到非常焦虑。

一个好的解决办法

扎克正处于自我意识发展的人生阶段。这意味着他非常注重互动、对话和事件会如何反馈在他的身上。他的自我意识也容易起伏波动，即使没有直接的负面评价或者对他的表现的反馈，他依然认为在压力较大、竞争激烈的情境下，他的价值低于同伴。幸运的是，扎克和他的母亲关系良好，母亲能够倾听并理解他的担忧，没有漠视也没有反应过度，而是在那一刻充当了他的情绪容器。他给母亲打电话说："妈妈，我们需要聊一聊。我感觉自己什么都不擅长。"他告诉母亲，他在爵士乐队感到力不胜任；他谈到自己的大学申请，担心可能无法被所选大学录取。他说，他担心自己的朋友觉得他很无聊，因为他并不总是像他们那样热衷于参加聚会。他说着，他的母亲听着，他的情绪就慢慢平静了下来。母亲帮助他整理了导致他产生这种感觉的事件，并温柔地指出了一些可能挑战他消极想法的积极因素。扎克逐渐有了一些新的想法，他的自我认同感也慢慢回来了。尽管他仍然很脆弱，但在母亲的帮助下，摆脱了自我不确定性的潮涌。

可能会遇到什么障碍?

18岁的孩子处于痛苦之中时并不总是会向父母求助，这可能是因为他们的性格，也可能是因为曾经有过不被倾听的经历。尝试寻找可能表明年轻人正在痛苦挣扎的线索。他们可能比平时更安静，脾气比平常更暴躁，或者行事作风与以往大相径庭，比如不再和朋友见面。在这些时候，直截了当的询问（比如，出什么事情了）可能不会有什么作用，但请尝试谈论其他话题，以使他们参与对话，然后再逐渐询问一切是否正常。如果他们不愿意敞开心扉，请告诉他们，如果他们遇到任何困难或者产生了“难以捉摸”的想法，你已经做好准备随时倾听。如果他们知道门是开着的，会在准备好的时候说给你听。

案例分析：一位老师的闪光时刻

凯蒂（Katie）是一位敬业的老师，已经教了好几年书。她关爱每一位青少年，他们的“活力”也让她容光焕发。听过一次有关青少年大脑的谈话之后，凯蒂意识到了自己作为青少年的老师的“超能力”。当她知道老师的反馈对于学生的自我认同是多么重要这一科学事实时，她陷入了沉思，想到自己在某件作品上给学生的反馈——“这不是你最好的作品，娜吉玛（Najma），我期待你做得更好。”也许有些令人惊讶，娜吉玛对老师说，这一评价确实增强了她的信心，因为她从来没有意识到老师对她如此重视。这是什么样的力量。

凯蒂反思了自己每天对学生所做的口头和书面评价，忍不住考虑可能产生的影响：“我一直在不加思索地对他们说一些话。每个字都很重要。我一定要让这些话有意义。”

行动要点Ⅰ：管理你的期望

期望青少年的自我认同会有一些波动起伏。不要对他们的新形象或者他们说粗话反应过度。他们正在尝试新的身份，这种现象可能不会持续很久。但是如果你激烈反对，结果可能会适得其反，从而让其停留的时间比预期的更长。期望他们在这段时间内会有些自恋。请注意这一点，如果你发现自己正在进行角色解读（哦，天哪，我有一个世界上最自恋、最以自我为中心的孩子）时，请停下来。请记住，这是他们成长的重要组成部分。

行动要点Ⅱ：倾听、回应并提出积极的可替代性选择

期望青少年的自我意识会有一些波动起伏。年轻人对自己的身份——包括关注他们的外貌长相——提出质疑是正常和自然的。作为父母或者老师，我们的工作是能够“抓住”这些想法，并陪伴在年轻人的身边，始终做一只倾听的耳朵，时刻等待着你的青少年来倾诉。他们正在研究他人对他们的看法，以及自己该如何去适应。他们的方式是对他人所说的话的内容和含义进行深入思考，并与某人进行讨论。有时你可能会听到他们对自我价值感降低或者自我价值感增强的反省。请尝试保持亲密，对他们所说的话有所回应，以显示你正在倾听；为他们提供新的视角观点，并努力寻求更客观、更积极的可替代性选择。

行动要点Ⅲ：仔细斟酌对青少年说的话

请记住，你的“超能力”可以增强青少年的积极自我观念，也可能让他们垂头丧气。在青少年周围明智地使用你的语言，留意你对他

们所说的话。一次不经意的嘲弄可能会在甚至完全没有意识到的情况下跟随他们、影响他们。如果你说了什么让你事后后悔的话，请道歉，这对于你所支持的年轻人可能非常重要。

行动要点Ⅳ：确保评价是关于某人所做的事情，而非他们是什么样的人

小小的词语会产生很大的影响。对年轻人说“他们很懒惰（性格特征）”和“他们（现在的样子）很懒惰（情境特征）”是大不相同的。一定要注意这些细节，因为年轻人会把它们收藏起来并在其基础上升为自我认知。如果他们被反复告知自己很懒惰，那么他们很可能会深信不疑。这可能就会成为一种自我应验的预言。

行动要点Ⅴ：注意你对青少年的榜样作用

作为成年人，我们每个人都有感觉不安全和不确定的日子。请尽量注意你在青少年身边的行为和话语。请记住，青少年学习的最有效方法之一是通过观察自己生活中的重要成年人来模仿学习。如果你整日哀叹自己吃了巧克力布朗尼，严责自己是一个意志薄弱的人，那么当你的孩子在对待自己时，也会照着你的样子依葫芦画瓢。

行动要点Ⅵ：始终努力建立温暖信任而不是过度控制的关系

我们知道，亲子关系中的温暖和信任，与对自我认同和最佳探索的更好实现，以及终极的心理健康和幸福感息息相关。请尽量铭记这一点在与青少年互动时的重要性，抵抗过度控制的诱惑，这对于青少年成长的各个方面都至关重要，所以我们要一遍又一遍地重复。

行动要点Ⅶ：照顾好自己

如果你正在为青少年的自我认同发展而苦苦挣扎，那么，请给自己一些空间，照顾好自己。与某人聊天、散步、练练瑜伽、吃一个美味的桃子，然后喘口气。尝试把这一阶段视为发展的必要部分，而你也是其中必不可少的一个环节。

这个故事的寓意

自我形象是在日常体验的反馈的基础上发展而成的：你的言行举止对青少年有着重要意义。利用这一时期的敏感性，抓住时机支持他们，为成年期打造一个积极、平衡的自我形象。

下载：自我反省

青少年正在发展一种复杂的自我概念，他们在确定自己是谁以及如何融入世界的同时，对生命中重要成年人所做出的评价高度敏感。即使是在很短的时间内，他们的身份也可能被推高或压低，然而两者都无济于事。

批判性的反馈可能会造成长期伤害，还可能降低各种可能性。积极的反馈可以让人们打开心胸，并增加各种可能性。

练习

写下你给年轻人的反馈。你给出的是可能对他们造成伤害的负面反馈吗？（比如：你永远无法正确清理、你学习一点也不努力、你不

是一个好的数学家）

……………………………………………………………………………………

……………………………………………………………………………………

……………………………………………………………………………………

写下你最近给青少年的意见反馈。如果它们是负面的，请尝试把它们改写成正面的。告诉青少年你想要的目标，而不是你的担忧。

意见反馈Ⅰ：

……………………………………………………………………………………

……………………………………………………………………………………

意见反馈Ⅱ：

……………………………………………………………………………………

……………………………………………………………………………………

意见反馈Ⅲ：

……………………………………………………………………………………

……………………………………………………………………………………

意见反馈Ⅳ：

……………………………………………………………………………………

……………………………………………………………………………………

意见反馈Ⅴ：

……………………………………………………………………………………

……………………………………………………………………………………

当这件事情发生时	与其这样	不如尝试
你的青少年把茶杯忘在房间里了。其中几个杯底已经发霉长毛，因为放置的时间实在太久了。	你永远不能好好清洗一下。你这样整天弄得一团糟，以后结婚了怎么和你的爱人一起生活？	清洗工作虽然很枯燥，然而是必须要做的。你有什么办法可以迅速完成这些工作吗？现在先把杯子都放进洗碗机里。
		鼓励他们行动，而不是彻底把他们打趴下。
你的青少年在家庭午餐会上正襟危坐、闷闷不乐。	为人父母我真是太失败了。别人的孩子都没有如此无礼。我一定是哪里做得不对。	我感到真的很生气。他平常是一个很爱交际的孩子，但是不可能每一天都表现完美，我们都有心情低落的日子。我必须让自己保持冷静，这样我就可以帮助他弄清楚到底发生了什么，避免这样的事情以后再次出现。
		照顾好自己，以适应青少年的需求。
你的青少年整个上午都在玩电子游戏。	你什么也不要做了，继续去玩你的电子游戏吧，对生活完全没有追求。你只会玩游戏，以后怎么找工作？一整天都浪费在玩游戏上。	你如此喜欢电子游戏。我知道你一旦喜欢做某事就很难停下来。但是其他事情也很重要，所以我们可以把一天的时间做个计划。
		把行为与情感体验，而不是一成不变的性格特征相联系。

第十二章
准备起飞

长话短说

- 父母和其他照料者与青少年的关系需要从驾驶员变成为副驾驶。
- 随着角色的转变，成年人需要改变与青少年的联系和交谈方式。
- 在不尊重青少年意见的情况下告诉他们应该怎么做，是不可能有效改变他们在这个年龄阶段的行为的。
- 在家里帮忙做家务的青少年更快乐，对他人更友善，他们会为自己的贡献感到兴奋。
- 孤立在青春期是有害的，有特定的角色至关重要。

引言

从副驾驶到起飞的过渡

正如罗纳德·达尔所说，“青春期涵盖了从儿童的社会地位（需要成人监护）到成年人的社会地位（他或她自己对自己的行为负责）之间的过渡”。

青春期是童年之后，10至15岁的这段时期，是让年轻人为成年做好准备的阶段。大脑的所有适应性都是为了让年轻人更好地理解自己是谁、什么激励着他们，也是为了让他们与同伴融合、独立于父母生活而做准备。那是一段相当长的准备时间，但是谋生是一项艰巨的任务，有很多东西需要学习。

作为青少年的父母、照料者或者老师，此时你所扮演的角色与你在幼童生命中所扮演的角色大不相同。你需要确保青少年的安全，但正如我们在第一章中所讨论的那样，你的角色已经从坐在驾驶座上的驾驶员转变成为副驾驶。如果有危险发生，你必须在旁边，而且必要时要由你最终来“踩下刹车”。但是，年轻人正在尝试掌控并学习如何驾驶，这样即使未来你不在身边，他们也可以安全驾驶。

青少年一生都需要父母和老师，但他们的角色会随着时间而改变

青少年与他们生命中的成年人有着特殊的关系。那只是一个事实。他们从生物学的角度去质疑你所说的，开始意识到你也会犯错误。他们有了新发现的自我意识之后，你很可能会做或说一些让他们感到尴尬的事情，感觉就像他们将你推开了，不再需要你了。不要上当，父母、老师在他们的一生中都是至关重要的，尤其是在动荡不安的青少年时期。你的角色正在发生变化，这要求你对与青少年的关系和与他们交谈的方式也做出相应改变。家长和老师面临的挑战是如何在允许青少年自主、探索和学习的同时，又与他们保持足够近的距离，为他们提供必要的保护，并在这两种状态之间取得平衡。

请记住，自主并不是亲缘关系的对立面，两者对于健康发展都是不可或缺的。确实，鉴于这个年龄段的脆弱性，青少年可能比以往任何时候都更需要与生活中最重要的成年人之间的亲密关系。只是有的时候他们会以有趣的方式来展示这一点。你可能会感到有些失落——

失去了曾经拥有的孩子，失去了曾经拥有的对孩子的权力——但是适应性和反思会帮助你渡过难关。的确，这就是你要阅读这本书的原因。青春期的秘密是，如果你能正确处理这部分的关系，那么余生你将获得丰厚的回报。

科学点：大脑与行为

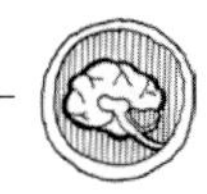

青少年对地位和尊重有着根本需求

青少年渴望受到尊重。突然之间他们比年幼时更加敏感，也更了解自己在社会环境中的地位。研究表明，这与睾丸激素的分泌增加有关，无论是男孩还是女孩。睾丸激素的分泌增加，会导致个体对来自他人的尊重更留意，也更易做出反应，而且更有可能遵照使用尊重语言做出的指示行事。一项研究显示，把措辞从“服用这种药可能是一个不错的主意”改为“只管喝下这药”，会降低睾丸激素的分泌水平，从而降低青少年的依从性。而且，与年幼的孩子相比，青少年认为成年人企图影响他们的行为，正是一种自己不受尊重的表现。这可能解释了他们对说话方式的突然敏感和易于生气恼怒的原因。但是，帮助我们了解如何才能最好地影响青少年的行为，从而让他们在行为上作出我们希望看到的变化也很重要。

改变青少年的行为需要不同的方法

心理学上最古老的理论之一，对我们了解如何改变行为具有重要意义，那就是行为决策理论（behavioural decision-making theory）。行为决策理论基于这样的思想：告诉人们一种行为的风险会带来积极的行为改变。举例来说，如果我们希望人们少吸烟，一场向人们宣传吸烟对健康危害的运动将减少吸烟者的数量。同样的方法也适用于儿童，可以构成校园反欺凌运动或者鼓励学校健康饮食运动的基础。然后，研究一致发现，这些干预措施在青少年时期不太有效，甚至完全无效。这一结论对于抗肥胖症和抑郁症的研究是真实的，对于针对社会情感技能培训的数百项研究也是真实的。一项研究甚至发现，这样的方法对青少年的抗肥胖计划会产生负面影响—— 一场向青少年宣传肥胖有害健康的运动之后，青少年肥胖者反而有所增加。

大卫·耶格尔（David Yeager）及其同事（2018）认为，传统的针对青少年的行为改变计划是无效的，因为青少年对受到尊重和享有较高地位的待遇高度敏感。在这一领域的研究还相对较新，但是一些研究为影响青少年行为的方法提供了重要指示。

克里斯托弗·布赖恩（Christopher Bryan）和同事在2016年进行的一项研究，比较向青少年推广健康饮食的方法，以了解哪种方法最为有效。有两所学校参与了这项研究。学校A采用传统的干预方式，向年轻人提供有关身体如何处理不健康食物的知识，警告他们不健康饮食的长期风险，在学校举行活动并布置相关家庭作业，向学生强调以上相同信息（行为决策方法）。学校B利用青少年对社会地位和尊重的渴望，采用新闻报道的方式向他们披露垃圾食品产业为了获取利益，欺骗年轻人和危害年轻人身体健康——向他们推销，从而让他们对垃圾食品上瘾。这种方法的焦点在于披露食品产业如何不尊重年轻人。因此，学校B掀起了一场抵制伪善成年人的社会运动。更重要的是，他们没有直接告诉年轻人应该做什么，而是引导青少年发掘信息的隐藏含义，因此，他们的需求——根据他们的年龄而不是像孩子一样来被对待的需求——得到了满足。

这项研究的关键结果是次日两所学校的学生选择的零食的含糖量（从健康零食和不健康零食中做出选择）。学校B的学生选择的零食的含糖量明显要少得多，这也支持了他们的假设，说明了利用青少年对尊重和社会地位的需求可以让他们做出积极的改变。学校B并没有告诉学生应该怎么做，而是根据青少年渴望格局更大的需求，鼓励他们站出来反对不公正现象，而且整个运动由他们自己引领。抓住青少年的驱动力似乎是激励他们采取行动的更有效的一种方法。

用尊重的口吻对青少年说话，他们反应最佳

任何照管青少年的成年人都有过这样的经历：他们需要一遍又一遍地告知青少年应该做什么。然而，这种过分用力的教导方法——一遍又一遍地重复着告知年轻人要做什么，很可能会降低他们的依从性（说实话，我们早就知道这一点，但是为什么我们还一直这么做呢）。这极有可能是因为他们体验到这种交流是不尊重自己的、幼稚的。在另外一项研究中，当青少年受到母亲的批评（或者唠叨）时，研究者对他们的大脑进行扫描，结果发现青少年情感大脑的活动性增加（尤其是愤怒），而大脑控制区域（即思维大脑）的活动性减少；与其他更中性的交流类型相比，当父母在不停地唠叨他们的时候，大脑社会认知网络的活动性也在减少（说明在理解他人观点方面变得更加困难——在这种情况下无济于事）。这表明，唠叨使青少年在那一刻产生了更多的情绪反应，降低了他们清晰思考的能力。

尽管所有的父母和老师在告诉青少年应该做什么的时候都怀着好的初衷，毕竟他们如此在意这些年轻人。然而，居高临下的、高压的

或者威胁性的指令可能会降低青少年遵守的意愿。我们需要更仔细地考虑如何与这个年龄段的年轻人进行交流。

当青少年帮助他人时，他们会得到尊重并自我感觉良好

你可能听说过“力量越大，责任越大”这种说法。如果青少年想要独立自主，那么他们该如何应对随之而来的责任呢？研究人员已经研究了，以有意义的方式帮助他人的行为，对青少年的发展究竟会产生正面影响还是负面影响。在这一领域的许多研究都考虑到了儿童在家里帮助做家务的负担，尤其是在父母患有心理或者身体疾病的情况下。但是，如果负担不从青少年的发展任务中去除，那么这对青少年来说可能是有益的。在家庭中承担一定的责任和任务，不仅可以让年轻人发展重要的生活技能，而且还可以成为让青少年感到受人尊重并为家庭做出宝贵贡献的一种方式。确实，这会产生有益影响，正如安德鲁·富利格尼（Andrew Fuligni）和他的同事研究发现的那样（Fuligni，2018；Fuligni and Telzer，2013）。一组关于十七八岁的在家里帮助做家务的年轻人的报告里说，这种做法会让他们的幸福感更强，积极性更高，觉得生活也更有意义。他们在玩网络游戏时也更加慷慨，核磁共振成像扫描仪显示，当他们给他人赠送礼物时，他们大脑的奖励中心就会有更多的区域被点亮。

其他研究发现，具有更强家庭责任感的年轻人，在认知控制任务中，其大脑额叶区域表现出更强的激活能力，这与更好的决策技巧相一致。这些数据的“即时”特性，让我们很难说清楚什么是因什么是果，然而可以确定的一点是，习惯于通过履行家庭责任来满足他人需求的年轻人，发展了更加高效的认知控制。

青少年被激励着在家庭、文化团体或更广泛的社会中赢得声誉

在这部分研究中，一个有趣的转折表明，青少年对尊重和声望的需求受到文化价值观的影响。尽管你可能认为所有青少年都想出名，或者变“酷”，或者关心自己的身材和长相，但事实可能是，无论某种文化对享有高的声名的推崇是含蓄的还是直白的，青少年都以此为目标，希望在这种文化中获取较高的地位。并非所有文化都推崇相同的社会特质——举例来说，在重视同情心和善良的藏族文化中，青少年将根据这些价值观来赢得声望，而重视名誉的文化将吸引青少年寻求名誉。

考虑到这些发现对诸如家庭这样的小型文化团体的影响是非常有趣的，无论某一文化对享有很高的声名的推崇是含蓄的还是直白的，青少年都很可能以此作为在该文化中获得较高地位的一种方式。我们需要考虑自己的行为如何直接或间接地影响年轻人的期望特征（请记住第五章中的学习榜样）。间接学习对年轻人可能影响更大。举例来说，当一个青少年放学回到家走进家门时，我们说的第一件事就是“你有什么家庭作业”，我们的孩子就会看出家庭作业对我们最重要。如果我们在他们进门的第一时间问“今天你过得怎么样”或者“今天让你最开心的事情是什么”，那就表示我们更重视他们。社会价值观很难改变，尽管我们可以成为改变的对话的一部分。你可以考虑通过与孩子对话的焦点来传达价值观。这很有价值，这样的做法会在孩子一生中的任何时候，都影响他们的价值观。正确地做到这一点，在青少年时期尤为重要。

解读你的青少年

青少年对别人与他们谈话的方式很敏感

如果我们希望青少年改变他们的行为，需要仔细考虑如何与他们交谈。居高临下的行为控制策略虽然对年幼的孩子有效，然而很可能对青春期这个阶段不再起作用。唠叨或者说教换回来的通常是他们翻白眼或者倔强的表情。而且如果我们足够诚实，自己也知道这是行不通的。然而，我们却继续一而再、再而三地以相同的方式行事，也许是因为我们别无他法。对此，有关青少年大脑的研究是大有裨益的，它告诉我们魔鬼存在于细节之中。沟通需要尊重，了解青少年的诉求，不把他们当作小孩子看待或者让他们感到自己渺小或者愚蠢。如果你可以让他们实现你要达到的目标，那就更好了。

许多学校试图通过留堂甚至排斥来教导年轻人可接受的行为准则。大脑研究表明，这种方法可能会产生事与愿违的结果。在这个年龄阶段，改变行为的可能性不大，而且，惩罚会让已经感到愤愤不平的学生更加疏离，甚至可能引起他们本来已经打算偃旗息鼓的反对行为。另外，在这个重要的时刻，这样的消极体验可能会迫使年轻人陷入消极的旋涡之中。

为他人做出贡献并扮演积极的“角色”，可以满足我们归属感的基本需求

推动人类发展的许多理论帮助我们理解，为什么自愿为社会、团体做出贡献可以增加联结感，加深影响力，并使个人感到能力增强。这种认知在青少年时代更为明显，因为在青少年时代，社交世界不断

扩大，年轻人对归属于社会团体并在同伴中发挥积极作用有着强烈的需求。社会对青少年的吸引，再加上青少年对包括公平和平等在内的社会情况的复杂性的日益了解，意味着青少年时代是年轻人充满激情地思考政治和社会不平等问题的时候。积极思考对于正在发育的青少年大脑具有很高的价值。

他们可能会离开你，似乎不再那么需要你，但是不要上当或者感到被厌弃

如果你以表达自己被推开或者厌弃的感受，来回应青少年发展独立自主的需求，那么你将失去为他们提供所需的指导的机会。这似乎是青少年最容易受到伤害的一种方式，因为他们要独自面对问题、解决问题，这可能也意味着他们走在一条危险重重的道路上。培养积极的人际关系非常重要。最近有关青少年及其母亲的影像数据（Renske Van der Cruijsen et al.，2019）显示，如果你希望青少年根据你的意愿做出决定，那么只有当你们有着温暖亲密的母子/母女关系时才可能发生。对于父亲、老师和其他在青少年的生命中扮演着重要角色的成年人，情况也极其相似。请记住，他们有着与某人保持亲密关系的

图12.1　青少年比以往任何时候都更需要父母的爱和关心，即使他们可能会离开

根本需要。如果你不在那里指导他们，那么肯定有别人会“趁虚而入”——也许是来自互联网或者想要利用他们的人。如果生命中有一个时期需要不停地与他们对话，那就是现在。

日复一日意味着什么？

以成长型思维模式看待青少年的行为

还记得思维模式对人的行为是多么重要吗？（请参阅第三章）一个人对某种情境的信念甚至可能影响未来的行为。因此，请小心谨慎，不要陷入“青少年时代将是可怕的”这种故步自封的想法之中。虽然有些年轻人在青少年时期与家庭或学校发生过冲突，经受过压力，但大部分人没有。在情感开放并给予支持的关系中，成年人和青少年可以在探讨个性的同时毫无障碍地保持着紧密的联系。请记住，有冲突和青少年独立自主并不是出现功能紊乱的迹象——的确，我们可能更担心在青春期缺乏独立自主和冲突的关系。在所有关系中，出现冲突都是正常的，我们鼓励你允许青少年表达自己的意见，即使这会导致意见分歧。

不容许他们粗俗无礼，但是允许他们生气

愤怒是一种有趣的经常与青少年的叛逆有所关联的情绪。对另一个人的愤怒可能是一种迫使他们接受我们的观点的方法，抑或是一种试图强迫另一个人采取行动的手段。激情和愤怒可能是驱使人们以新的方式突破，或试图让他人看到新事物的动力。愤怒在“事情很重要”的情况下更容易产生，所以我们在了解青春期的激情和动机之后，理

解青少年容易愤怒也就不足为奇了。愤怒在本质上也与权力有关。当事情不在自己的控制范围之内时，当与家长/老师/其他成年人之间的权力关系正在进行协商时，青少年就容易愤怒。尽管我们不容许任何粗鲁或者攻击性的行为，但是让青少年以适当的方式表达愤怒，对他们的长期发展可能非常重要。

不要试图在青少年有能力的地方施加控制

青少年正在学习照顾自己，这个过程的一部分是控制自己吃什么、何时上床睡觉和做多少运动，我们将在第四部分对此进行更详细的讨论。你是他们在困境中的向导。如果你试图在他们生活的这些领域指手画脚，就是不明智的，他们很可能会进行反击。如果你担心青少年的健康，很可能就会焦虑不安，这反过来会让你对他们严厉苛刻。但是，以讨论和解决问题的方式进行对话，是唯一的方法。如果问题仍然存在，请咨询专业医生或者心理学家。

沟通以解决问题

青少年的大脑已经做好准备进行高阶学习。拥有重要问题解决能力的大脑额叶部分已经成熟，时刻准备着进一步发展。这与青少年对尊重的需求相结合。这个阶段也是帮助年轻人学习当问题出现时如何解决的理想时机。花一些时间进行辩论，允许论战，尽管我们永远不建议大喊大叫或者争吵，但绝对建议帮助年轻人拥有自己思考分歧所在的能力。如果有分歧，请花些时间全神贯注地倾听他们的故事。你无需对此表示同意，但是你需要倾听。然后，你可以告诉他们，他们也需要倾听你的意见，并提出自己的观点。你们可能不会达成明确的协议，但是你尊重他们，而且正在教他们如何处理分歧。讨论之后，设置明确、友善而坚定的界限，是此时继续前进的正确途径。

这对学习意味着什么？

年龄较大的青少年需要更多地控制自己学习，以适应独立自主的需求

清晰的指令和关于工作主题和家庭作业的界限，对于年幼的孩子至关重要，但是随着年龄的增长，他们需要开始在学校中发挥更大的自主性、更多地运用个人身份。鉴于学术失败的高风险以及帮助每个年轻人发挥潜能的愿望，老师和父母很难完全放手。但是，在这个年龄阶段试图用严格的学习制度和苛刻的学习边界来控制青少年很可能会一败涂地，从长远来看，这可能会降低他们学习的兴趣和驱动力。对于年龄较大的青少年，鉴于他们对独立自主和个人身份的需求，要想成为一名意志坚定的学习者可能会更加困难，除非他们有了如何学习的自由，甚至在一定程度上获得了学习什么的自由。围绕学习树立良好的行为模范，对他们的学习表现出浓厚的兴趣并支持他们，鼓励他们开始自主选择何时何地进行学习。

受到高度尊重的模范行为很受青少年推崇

当青少年追求学校文化中的声望和地位时，请注意在他们的认知中，什么样的价值观享有崇高的地位，无论是含蓄的还是直白的。仔细考虑你要奖励的行为。你总是奖励成绩而不奖励努力吗？你是否以实际行动推崇善良和富有同情心这样的品格，并加以评价和强调？如

果我们想要年轻人富有同情心，需要以身作则地对所有人抱有同情心。

利用青少年的动机来改变他们的校园行为

有充分的证据表明，改变校园行为的传统方式对青少年不太有效。青少年正朝着独立自主的方向迈进，通常会考虑自己的行为。尝试采用由同伴提供的干预措施，充分利用青少年的良好动机，融入社会群体的力量，这样很可能就更容易被年轻人所接纳。想一下最近由格雷塔·滕伯格（Greta Thunberg）领导的气候变化运动，这是世界上有史以来规模最大的环境抗议活动，由青少年主导。青少年在年轻一代中传播信息的能力，在包括健康和教育在内的许多领域中，都是尚未开发的资源。

青少年对归属感和地位的需求会导致他们在学校扮演正面或负面的“角色”

博内尔（Bonell）及其同事（2019）讨论了学生对正面“角色”的需求，和团队归属感对他们的影响。所有学生都会选择角色，以最大限度地提高自己的地位并增加受到尊重的机会。如果由于某种原因无法为他们提供更加亲学校的角色（比如勤勉的、顺从的、成绩出色的），那么他们可能就会被吸引到更加反学校的角色或者群体中，成为经常逃课或者具有破坏性的学生。影响角色选择的因素很多，包括个体因素和学校环境的文化因素。然而很明显的是，对“成功”的定义比较狭隘的学校（比如只表扬学习成绩优秀的学生或者在艺术、体育等领域表现出色的学生）更有可能出现反学校的学生，他们学习懒散，喜欢挑战学校规则，学习成绩落后，并受到心理健康问题的困扰。

你可以使用此框架来寻找策略，通过帮助年轻人做出贡献和发挥作用的方式，来管理在学校或者家庭脱节的年轻人。我们知道，中学时代的归属感是通过学生的信念来预测的，这种信念是：他们的思想受到了组织的重视。寻找办法让与学校脱节的学生参与某些决策，比如由学生主导的学习、课堂实践、参与对学校规则的谈判，等等，可以帮助他们感受到自己是集体的一分子。这可以改变他们对于自己是谁的理解，从而把自己视为具有价值和能够做出贡献的人；同时也赋予他们一种尊重感和目标感，这对他们这个年龄段至关重要。

所以，现在怎么办？

青少年被驱动着朝着更加独立自主的方向前进，而对成年人在生活中的想法和信念提出质疑是他们的一项发展性任务。不要被这种行为所困扰，请尝试调整你的反应和指令，以顾及他们的需求，这样结果可能更加有效。

案例分析：泰莎

泰莎（Tessa）最近发现吉他练习太无聊了。她从9岁起就开始弹吉他，一路过关斩将，让未来前景充满希望。她的音乐家父亲迈克尔（Michael）担心她正在对音乐失去兴趣，并可能像她许多朋友在12岁时所做的那样——开始说放弃。泰莎的第一任老师是一位年轻女子，名叫玛莎（Martha），她的课妙趣横生；对泰莎来说，玛莎很酷，她期待着上课，并想给老师留下深刻印象。玛莎真的很相信泰莎，喜欢教她，并对她寄予厚望。当遇到难学的地方的时候，她们总能找到方法快乐面对。玛莎给泰莎的评语是："我知道这很难，但是我也知道你可以做到。"与玛莎一起学习，对泰莎来说是一种享受。良性的学习循环让泰莎沉浸其中。后来，玛莎因为出国深造不能再教泰莎，泰莎就开始跟着学校的一位吉他老师上课，这位老师很高兴能有这样一位前途不可限量的学生。一开始很好，然而慢慢地迈克尔开始注意到泰莎越来越懒得拿起吉他，而且第一次明确拒绝练习吉他，这成为家里气氛紧张的导火索。

一个好的解决办法

当全家外出游玩而且玩得很开心的时候，迈克尔决定开启对话。他知道自己不能唠叨，不能只是告诉她要多加练习或者说为她的课程"花了很多钱"，他知道这一点非常重要。他需要了解行为变化的原因，所以轻声地问了她在学校学吉他的情况。他发现泰莎不像以前那样喜欢吉他课程。她喜欢她的老师，但是曾经和玛莎在一起的日子过得太开心了。更重要的是，新老师强迫泰莎参加吉他乐队，可是她自己并不喜欢，因为乐队里其他孩子都比她年龄小，而且这不仅夺走了她的休息时间，还让她无法与非常重要的朋友共进午餐。迈克尔对她表示理解同情，并表示会和她的老师谈一谈。他觉得这是一个临时阶段，如果允许她有更多选择，而且有一个更适合她的同龄人吉他乐队一起玩，可能就会帮助她感到更加有内在动力来继续弹吉他。

而且，玛莎一年后就回来了，可以再次教泰莎，所以只需要一个短期的解决方案帮她完成中间的过渡就可以了。谈话结束之后，泰莎感到重新有了信念，而且也意识到原来吉他对她来说这么重要。后来，她还加入了学校的西班牙吉他乐队，这对她来说是一个挑战，但是其他队员都很酷，她的动力又回来了。

可能会遇到什么障碍？

换作有的父母，他们可能不会考虑青少年的观点，而以生气和果断要求泰莎继续练习来作为回应。师生关系一直是她喜欢练习吉他的一个关键因素，即使现在她喜欢的老师无法继续教她，父母也需要找到一种方法让她继续前进。如果找不到这种方法，泰莎很可能会停下自己的脚步，毁掉自己的吉他生涯。对于青少年来说，重要的是要审视细节并相信自己的选择。与老师的关系很重要，与他们共度时光的人，即使是集体演奏，也是一个重要的细节。虽然不让年轻人“放弃”很重要，但是与此同时做出一些小的改变以支持他们的需求也很重要。

案例分析：奇普

11岁的奇普（Chip）让他的老师瓦妮莎（Vanessa）很烦恼。奇普是一个聪明的男孩，但是他总是迟到、忘记带课本、作业一团糟，而且在课堂上还不停地开小差说闲话。这门课程的难度很大，班上也有很多需要好好听课的学生。凡妮莎尝试过正面强化的方法——在他按时到校的时候表扬他；也尝试过行为后果法——如果他在课堂上不停说话，就威胁他留堂；她甚至专门为他调换了座位，然而这些方法都是短期有效，时间一长，奇普又回到原形。无计可施的瓦妮莎终于在一次上课时失控了——她的情感大脑占据了主导——她对他吼道："我的老天！你到底什么时候才愿意学习？你到底出什么毛病了？"然而就在这些话脱口而出的一瞬间，她后悔了，部分原因是她看到了学生们脸上震惊的表情。

一个好的解决办法

瓦妮莎知道自己需要一些帮助。她请求与年级组长会面，以帮助自己想通这个问题。她的同事给了她一些时间进行"下载"。教学的压力很大，这个班级也是一个挑战。期末考试在即，她需要集中精力上课，以传授课程的所有内容。瓦妮莎需要有一个能够感同身受的人来倾听，然后两位老师可以开始着手解决问题。他们决定发起一场三管齐下的进攻。每一堂课结束之后，瓦妮莎都会找奇普进行一次简短的谈话，告诉什么进展得比较顺利，以加强他们之间的关系。她以一种善解人意的方式看待奇普的行为，努力理解是什么原因触动了他。她给了他一个"助学"的角色，让他在同伴中享有一定的地位。奇普负责他们班级的"理事会"。在理事会上，学生们和教职员工一起讨论学习的创意并拟定规则。这发挥了他敏捷和富有创造力的思维能力，以及与同伴打成一片的交际能力。理事会每半个学期举行一次会议，让所有学生都能感受到他们在奇普的带领下拥有了一定的自主权。年级组长还和奇普的父母进行了一次谈话，以了解过去这种行为在他身上是否明显，是否需要考虑进行神经多样性的评估。

可能会遇到什么障碍？

在另一种情况下，老师可能会继续采用相同的方法，随着奇普越来越不爱学习，留堂的次数也就越来越多。老师们很难承认他们正在努力挣扎着掌控自己的课堂。向同事寻求建议不能被视为失败，而是拥有解决问题的能力，以便为每个孩子找到某种解决方案。而且，如果不是这种深思熟虑的方法，学生和老师之间的关系将会恶化，而奇普也不会有机会从自己的错误中吸取教训。

案例分析：雅各布

雅各布（Jacob）今年14岁，是玛克辛（Maxine）和艾德（Ed）的儿子。他有一个姐姐，名字叫菲比（Phoebe），今年17岁。菲比患有慢性疲劳综合征（chronic fatigue syndrome），在刚进入青春期的时候经历了一段动荡不安的日子。大约就在同一时间，玛克辛和艾德又向心理学家寻求有关雅各布的咨询。雅各布一直因为上课时注意力难以集中而苦苦挣扎。他初级中学上学经常遇到麻烦。他被诊断出多动症并开始接受药物治疗，这对他在学校的表现和行为起到了非常大的积极作用。雅各布和他的父母感觉这个诊断准确无误，所服用的药物也改变了他的生活。然而，这个家庭刚刚经历了一段艰难的岁月，在雅各布诊断之前的几年里，他的严重情绪压力和行为挑战给所有人留下了阴影。玛克辛感到非常愧疚，她觉得自己让家人失望了，没能提早察觉出儿子的病情，还一直对多动症究竟意味着什么感到困惑。

玛克辛向育儿专家寻求支持，以帮助自己找出加强母子关系的方法。她承认自己试图对雅各布的家庭作业进行管理，然而，雅各布完全拒绝与她对话。玛克辛越是发问“你有什么家庭作业”或者对他的学习态度发表评论——“你今晚只花了半个小时做家庭作业，这远远不够”——他越退避，进入自己的房间，关上房门，拒绝和她说话。尽管雅各布的老师说他还可以，但是玛克辛越来越担心他跟不上进度，导致在两年后的考试中表现不佳。同时，雅各布和他的朋友们开始在晚上见面，去参加派对。艾德和玛克辛很努力地让儿子参与有关毒品和酒精可能造成的损害的讨论。然而，多动症的诊断让玛克辛感到困惑。这对她的儿子意味着什么呢？他难道不会因为这个诊断而更倾向于去冒险吗？她焦虑不安，只想让雅各布待在家里并紧闭大门。玛克辛说她不能眼睁睁地看着雅各布周末放弃学习机会去冒险，而且她知道自己的直觉是正确的。

雅各布逐渐开始逃避他的父母，以应对他们与日俱增的焦虑和试图对他的控制。他感觉父母只在乎他在学校的表现，而对对自己有重要意义的社会生活毫无兴趣。从生物学上来说，他每天大部分时间都在思考自己的朋友以及如何与他们相处。他正在努力赶上学习进度，然而这不是他的驱动力所在。每当他回到家时，他总是尽可能快地进到自己的房间，以摆脱父母的唠叨。

一个好的解决办法

雅各布的父母面临的挑战是如何在给予他保护和支持的同时，让他拥有探索和学习所需的自主权。答案似乎违背直觉。尽管母亲的直觉可能是正确的，但是她不能再像以前那样，只是以指导性的方式告诉儿子应该做什么，并期望他照做。雅各布的大脑告诉他要开始发展自己的观点，并从父母那里获得一些自主权。与此同时，玛克辛不能对眼前的事情坐视不理。请记住，独立自主不是相互关系的对立面。前进的道路不是要发号施令，而是要准备好进行倾听、对话并设定广泛的界限。在一定限度内的一定程度的协商是需要的。玛克辛需要在其他地方管理自己的焦虑症，而不是让焦虑主导自己与儿子的互动。她在一周中找到了一段固定的时间与儿子单独相处。雅各布喜欢烹饪，所以他们决定在周三晚上一起买食材做饭。她保证不会谈论家庭作业和别的琐事，也不会唠叨。随着他们之间关系的加强，雅各布慢慢愿意主动谈论自己的家庭作业，甚至还要求母亲帮忙制定考试时间表。雅各布和母亲之间的信任正在建立。

可能会遇到什么障碍?

首先，对话可能需要按照青少年的条件进行——在他们做好准备并感觉能够进行的时候。如果父母用力过猛，年轻人可能会退缩更多。诊断刚出来的时候，每个人都在试图弄清楚这意味着什么，这可能是一段令人困惑的时间。利用可用的优秀书籍和资源可能是一个好主意，或者，如果对话仍然很困难，请与专业人员预约时间，他们或许能对事情做出一些微小的改变，从而帮助更好地进行对话。

行动要点Ⅰ：永远不要低估你与青少年的关系的重要性

即使青少年在追求独立的努力中不断地突破界限，也永远不要怀疑你作为父母、导师或者老师在他们生命中的重要性。他们的确正在推开你，然而他们并不想让你消失。与关爱照料年轻人的成年人保持密切联系，即使是在大学时代的最初几年，也可以起到保护作用。

行动要点Ⅱ：在与青少年交谈时，请尊重他们对地位和独立性的需求，不要唠叨

随着年轻人的成长，他们对自主、尊重和独立的需求也在不断增长。成年人请时刻准备着反省自己与青少年互动的方式，保持尊重并减少可能造成伤害的威胁。作为负责的成年人，你对所发生的事情绝对拥有最终的决定权，而且界限也由你来设定，但是期望在这个年龄段的青少年盲目顺从是行不通的。请花一些时间与青少年共同解决问题，征求他们的意见，倾听并表达对他们观点的兴趣，即使你不同意。在培养青少年成人的过程中，你有很长的路要走。

行动要点Ⅲ：给予年龄较大的青少年在如何学习和学习什么问题上更多的控制权和自主权

年龄较大的学生有对自主权和在学习中树立个人身份的发展需求。试着松开绳索，让他们拥有更多的自由。举个例子，与其说“现在就去做作业，晚上7点下来吃晚饭”，不如说“今天你打算怎么完成你的作业？有计划了吗？咱们7点吃晚饭，我们希望你10点之前必须完成学校功课，你的计划是什么呢”，来尝试帮助他们规划时间。

行动要点Ⅳ：在学校开展各种活动以吸引更多学生参加

学校应该考虑采用广泛意义上的“成功”定义，以便学生可以选择更多的亲学校角色。例如，在庆祝学习和运动成功的同时，考虑同伴教育者或者同伴导师等角色。对于看似懒散的青少年，让他们肩负一定的责任或者发挥一定的作用，帮助他们不仅在老师而且在同伴中赢得声望和尊重。当他们开始对自己感觉良好时，请对他们的成长拭目以待。

行动要点Ⅴ：如果你经常面对愤怒，请尝试给予更大的自主权

愤怒通常代表着某人的权力或者控制权受到了威胁。虽然不要奖励无理取闹的愤怒或者攻击性行为并管理叛逆行为很重要，然而同样重要的是，不要对愤怒做出过度控制的反应。退一步海阔天空，考虑让年轻人在你的能力范围之内拥有更大的自主权和自制力。

行动要点Ⅵ：仔细考虑在你所处的社会文化中什么最受赞赏和重视

利用年轻人对尊重、钦佩和被重视的感觉高度敏感这一事实，并考虑社会（更广泛的社会、学校或家庭）的广泛价值观。如果你希望青少年变得善良和富有同情心，那么你必须证明这在你所处的社会文化中很受推崇。如果你支持一种极具竞争性和必须胜人一筹的文化，那么请期望青少年能够在击败他人方面表现优秀。为了青少年这一切

都是值得的。

这个故事的寓意

青少年的行为可能具有挑战性。成年人是要对青少年负责的人，但是与青少年互动的方式确实需要改变。这是一个过渡时期，需要不断调整。

下载：准备起飞

当成年人的角色从驾驶员转变成为副驾驶，并坐在青少年的身边与他们一起旅行时，成年人需要改变与青少年的关系和谈话方式。

青少年需要父母、老师和重要人物的尊重。支持青少年的行为需要通过协作、解决问题和讨论来进行沟通，承认他们对尊重和地位的需求。即使他们有时会把你推开，然而他们现在比以往任何时候都更需要关系亲密的成年人。

练习

回想一下你和青少年围绕困难话题进行的两个最重要的交流时刻。你是怎么做到的？

时刻1：

……………………………………………………………………

……………………………………………………………………

时刻 II ：

....

....

请写下你和青少年爆发冲突的三种情况，以及你是如何处理这种情况的。

情况 I

....

....

情况 II

....

....

情况 III

....

....

你在学校或者家庭中采取什么样的行动，秉持什么道德观和价值观？这些将会被青少年参考。

....

....

....

当这件事情发生时	与其这样	不如尝试
青少年一个星期几乎一句话也没有和你说——很难从她口中，了解她到底过得怎么样。	她不再需要我了，她甚至一点也不在乎我，她对我如此冷淡。	她有些不善交流，可是她自己压力也很大。她可能还不知道自己的感受。我打算每天查看她的情况，让她知道我在这里，即使她不愿意说话，也要让她知道，在艰难的时刻，有我陪在身边。
		永远不要低估你与他们的关系的重要性。
你的青少年输掉了一场足球比赛。他没赶上公共汽车，冲着你大喊想让你开车送他到朋友家里，否则他就要错过碰头会了。	无论你怎么对我大喊大叫，我都不会改变主意——不会开车送你过去。你需要学会用文明的方式和我说话。我不是你的员工。	你们队输了比赛，我知道那对你来说很重要，但是即使如此，你也不能那样对我说话。我现在不能开车送你。等你感觉冷静一些的时候咱们再说这件事。
		不允许他们粗鲁，但是可以允许他们生气。
你的继女在讨论和计划结束之后正在整理她的大学申请。500字的限制意味着她必须从众多爱好和活动中做出选择。她开始变得心烦意乱，不知所措。	把这件事交给我，我来帮你做。你现在太过烦躁，根本无法思考。	这是一件棘手的事情。我们先带着狗狗出去一起散个步，呼吸点新鲜的空气，然后再进行一次头脑风暴，集思广益吧。这样一天足够，明天你再动手开始写。
		帮助他们培养解决问题的超强能力。

第四部分

青少年大脑的护理

第十三章
困倦的青少年

长话短说

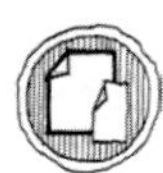

- 睡眠被描述为一种“灵丹妙药”。
- 青少年普遍缺乏睡眠。
- 青少年需要睡眠支持长期大脑发育并管理日常生活。
- 青少年的生物睡眠周期会改变，但睡眠不足更多归咎于社交原因。
- 充足和规律的睡眠有助于学习和记忆。
- 睡眠质量差会损害身心健康。

引言

作为青少年的父母或老师，你会知道，睡眠不足是青少年的普遍现象。极少数青少年能够每晚睡够建议的至少8个小时，这对青少年的影响很大，无论是短期影响还是长期影响。此外，由于缺乏睡眠——导致青少年在课堂上打瞌睡、易怒，或者无法集中精力聆听他人对他们所说的话——而导致的冲突，正在损害青少年与成年人之间的关系。与其接受现状并说“哦，青少年就那样”，不如深入挖掘并了解：发生了什么事？对此我们能做些什么呢？

睡眠是一剂灵丹妙药

人类花很多时间睡觉。如果我们活到79岁，其中26年的时间都在睡觉。人类为什么要花这么长时间睡觉这个问题已经争论了很多年，虽然睡眠给人一种消极和徒劳无益的感觉，然而神经科学告诉我们，当我们睡觉时大脑并没有关闭，而是非常活跃的。睡眠对我们的身心健康至关重要。确实，《我们为什么睡觉》（2017）一书的作者马修·沃克（Matthew Walker）告诉我们，睡眠是一剂灵丹妙药：

> 科学家们发现了一种革命性的新疗法，可以延长你的寿命。它增强了你的记忆力，让你更具吸引力；它可以让你保持身材苗条，并降低对食物的渴望；它可以保护你免受癌症和痴呆症的侵害；它可以预防感冒和流感；它降低了你罹患心脏病和中风的风险，更不用说糖尿病；你甚至会感受到更多的快乐，更少的沮丧和焦虑。你感兴趣吗？

"我要！"我听到你这样说。但是，我们如何将这一信息传达给青少年呢？我们如何帮助他们看到睡眠不足会影响驱动力、难以集中注意力、更易被激怒和反应过度、情绪低落、增加肥胖风险，并让人更容易依赖于咖啡等刺激物才能保持精力继续前进。研究甚至发现，青少年自杀性沉思与睡眠不足有关，尽管两者之间的关系并非如此简单。

而且，这些只是短期效应。神经科学也开始揭示睡眠不足对青少年大脑结构的长期影响。明确的迹象表明，在青春期这个大脑具有高度可塑性的重要发育时期，睡眠比任何时期都需要得更多。换句话说，在人一生中需要睡眠最多的时期，青少年却远远做不到。

科学点：大脑与行为

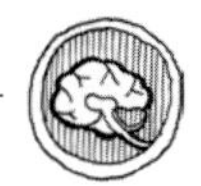

生物钟在青春期发生改变

当我们与老师和父母谈论青少年的大脑，并进行某种神经科学的“是非”类型测验时，大多数人都知道，在青少年时期，昼夜节律会发生变化，从而导致青少年自然而然地晚睡。我们的昼夜节律是受体内24小时生物时钟调节的睡眠和觉醒周期。睡前我们的大脑会释放一种褪黑激素，在黑暗的环境中，给我们的身体发出一个内部信号，帮助我们入睡。对于青少年来说，这个过程发生得比较晚，从而导致青少年在生物学倾向上比他们年幼的弟弟妹妹和父母睡得晚一些。

科学家们用这种方法解释了青少年晚睡的原因。此外，这一发现也为人们提出推迟青少年上学时间的倡议。他们辩论称，青少年的身体告诉他们要晚睡，如果坚持让他们很早起床，就压缩了他们的睡眠时间。在欧洲和美国的一些学校中，正在进行让青少年晚些起床上课的研究。上课的时间推迟之后，青少年可以晚些起床，这似乎对学习成绩和出勤率产生了一些积极影响。这是一个令人兴奋的领域，需要进行更多的研究。

睡眠不足应该更多地归咎于社会环境

但是，罗纳德·达尔和丹尼尔·莱温（Daniel Lewin）（2002）指出，青少年昼夜节律的改变只是问题的一部分。实际上，他们认为褪黑激素的延迟分泌可能只占问题的1%。他们说，另外99%的原因归结于社会环境。社会环境加剧了细微的生物学效应，因此，只是推迟开始上课的时间并不会产生多大效果。

社会环境包括很多因素。举例来说，科学技术很可能导致晚睡，因为电脑和手机发出的光会误导大脑以为是白天。青少年的大脑发出信号，要求个人与同伴产生联系，并感觉自己属于群体的一部分，就导致他们通过手机查阅社交媒体。这就是科学技术对青少年的社会吸引力。除此之外，有一项研究表明，在青春期夜间的反思和忧虑趋于增加，这也导致青少年躺在床上醒着思考的时间更久。所有这些因素都叠加在一个细微的生物学改变之上，对青少年的身心健康潜在地产生更多负面影响。青少年对社会环境的敏感对他们产生了最大的影响。

图13.1 社会环境解释了青少年的睡眠模式

不只是时长，入睡时间的多变性也很成问题

有趣的是，研究表明，如果只是计算睡眠时间并不足以理解问题所在。如你所知，青春期最显著的行为变化之一就是睡眠时间表的变化。当他们开始在网上与朋友聊天、参加聚会、“在朋友家过夜”时，青少年更倾向于在周末和学校假期改变睡眠“时区”，这样他们就可以在周末从凌晨三点半睡到中午，而不像在正常上学的日子那样从晚上十点半到早上七点。睡眠时长是一样的，但是何时入睡却大有不同。

这种有趣的现象被称为“社会时差”（social jet lag，Roenneberg et al.，2004）。与单纯的睡眠时间不足相比，“社会时差”对大脑发育和功能运转的危害更大。这也许令人惊讶，但可能与睡眠周期有关。时区改变会直接改变我们的睡眠周期，使身体变得混乱，功能运转失常。想象一下，如果每个周末你都从世界的一端飞到世界的另一端，该多么精疲力竭。

解读你的青少年

睡眠不足会严重损害心理健康

心理健康对睡眠不足高度敏感。相当有趣的是，对于积极的心理健康而言，“最佳”睡眠时间是8至10个小时，这比在标准化考试中获得高分的最佳睡眠时间（7至7.5个小时）要长一些。而且，心理健康与睡眠之间的关系很复杂，并且相互作用。虽然情绪激动和内心痛苦会干扰睡眠，因为沉思和忧虑会使年轻人保持警觉难以入睡。然而，没有充足的睡眠很快就会让人陷入一个恶性循环，情绪低落难以调节，也让我们疲于应对日常生活中发生的事情。再加上如果睡眠不足，我们对挫折的容忍度就会降低，也更容易被激怒，这可能导致我们与他人发生更多的摩擦和消极互动。我们很快就会发现，较差的睡眠如何使青少年在青春期容易受到调节异常的困扰，而规律的睡眠又如何能够支持年轻人走过情感起伏不定的这段岁月。请参阅下卡莎（Kasia）的案例分析，来看睡眠不足对她的幸福感的影响。

日复一日意味着什么？

睡眠不足的青少年可能会脾气暴躁，因为他们的情感大脑正占据主导地位

晚上睡眠不足（或者彻夜纵情狂欢）之后，我们都会感到自己更情绪化，更有可能说出令自己后悔的话，而且更有可能陷入不良习惯，比如不健康的饮食。所有人都会这样——当我们没有睡好觉的时候，我们更有可能“失控”，因为这时情感大脑占据主导地位，更高级的思维大脑难以足够快地获得主动权（还记得在第二章中我们所讨论的，我们的大脑是如何工作的）。对于青少年来说更是如此，因为他们调节情绪和行为的思维大脑尚未发育完善。如果你的青少年晚上没有睡好觉，即使是因为他们出去玩（这可能会有点激怒你），第二天也要对他们适当放松一点，降低对他们的期望。只有当大脑睡眠不足时，直接冲突才可能会突然爆发。如果你的青少年在情绪上或者行为上出现以上任何迹象或者症状，请首先花点时间帮助他们管理自己的睡眠时间表，确保他们得到充足且规律的睡眠。正如马修·沃克所说，睡眠是一剂灵丹妙药。

夜深人静时，忧虑常常会被放大

我们都有过这样的经历：夜深人静时躺在床上，反反复复地思考着生活中那些让我们感到困扰的事情——我们该如何支付那些账单？我们是否惹朋友生气了？我们如何完成这份工作报告？的确，我们也往往会在夜深人静时辗转反侧，忧虑和担心我们的青少年。然而，对于青少年来说，夜深人静时的这种沉思可能有过之而无不及——就像按下了负面效应的重播键一样。焦虑会增强身体的应激反应能力——或战斗，或逃跑——使其做好准备随时行动。在这种模式下，我们的身体根本无法入睡。罗恩・达尔实验室最近进行的一项研究表明，在受到家庭压力时，父母的支持是青少年睡眠时间更长还是更短的重要预测性指标。父母与青少年的关系对他们的睡眠至关重要。请与你的青少年讨论他们在夜晚的思绪，并帮助他们理解正在发生的事情，提醒他们脑子里的想法并不总是真实的，尤其是在要睡觉的时候（为什么我们晚上10点之后的想法就会变得如此消极呢），然后在白天给他们另一个时间和空间，让他们可以讨论生活中所发生的那些让他们感到困扰的事情，让他们的大脑可以在夜间得到释放，安心睡觉。

青少年很难抗拒晚上放在卧室里的手机

正如我们所了解的那样，有着高度敏感的社会性大脑的青少年被驱动着与同伴融合，而他们这一代的同伴融合大多都发生在手机之中。因此，深夜放在枕边的手机不仅对青少年具有强烈的社交吸引力，而且手机屏幕所发出的蓝光还让他们的大脑误以为仍然是觉醒时间（请记住，褪黑激素的分泌是由黑暗触发的），所以手机对青少年睡眠具有双重影响。我们在第十六章中介绍了社交媒体，但是考虑到睡眠和青少年的时候，首要原则是：睡觉时间卧室里没有手机。如果所有父母都遵守这一规则，那么整整一代的青少年都会受益。

小物件可以大大改善睡眠质量

最近一项研究揭示了一个令人吃惊却很简单的答案。由阿德利亚安・伽罗万（Adriana Galvan）主导的一项研究追踪了14至18岁年轻人的睡眠质量（2018）。经过两周时间的追踪，他们的大脑扫描图显示，那些睡眠质量更好的人，参与自我控制、情绪调节和奖励处理的大脑区域具有更强的联结性。对环境相关因素的更深入研究令人惊讶。那些睡眠更好的人，并非拥有噪声更小、光线更暗的房间，也不是房间里的高科技产品更少，而是对床上用品和枕头的满意度更高。这只是一个小小的发现，一个好的枕头对睡眠质量有着如此大的影响。这传递出一个明确的信息：良好的睡眠与良好的大脑活动有关，然而睡眠时的舒适感也至关重要。

这对学习意味着什么？

良好的睡眠可以增强年轻人进入良性学习循环的能力

我们在第三章中描述了良性学习循环，即青少年的大脑参与一项任务，大脑的回路就会增强。睡眠不足可能会导致注意力持续集中和情绪调节的困难，从而影响学习的良性循环，影响年轻人应对挑战性学习任务的能力。在经过一个辗转反侧、难以入眠的夜晚之后，大脑便不能很好地工作，无法很好地应对学习的难易起伏。这一点对我们所有人来说都是如此，我们相信你知道。然而，这一点对于年轻人来说可能更是如此，因为青少年大脑中的调节注意力和情绪的系统仍在发育之中。很多研究一致发现，睡眠时长与学业成绩息息相关，因此睡眠是帮助年轻人取得学业成功的一个“首要”途径。

良好的睡眠有助于编码青少年的记忆

睡眠被描述为“学习的黏合剂”，因为大脑在睡眠期间会对最新学习的信息进行编码。马修·沃克把学习之后的这个夜晚的睡眠，形象地描述为：为最近新建的文件点上“保存”键。青少年在学校被要求的基于事实的学习在深度睡眠中进行编码，通常是入睡之后的前几个小时。成年人请支持青少年睡眠，告诉他们睡眠对于巩固记忆和学习的重要性。

学业任务繁重会蚕食青少年的空闲时间，从而影响睡眠

我们需要考虑年轻人繁重的学习负担。即使是在结束一整天的学校学习之后，许多年轻人在晚上可能还要继续学习3到5个小时。如果在办公室结束了一整天的工作之后，又被分配了另外3个小时的工作需要做，我们不确定自己会是什么样的感受。但是，这种文化已经嵌入到许多西方社会的教育体系中。这不仅增加了家庭生活的压力感和紧张感，而且也意味着许多年轻人根本没有时间放松、参加社交活动或者发展自己的兴趣。为了在完成家庭作业的同时，拿回属于自己的时间，他们很可能会熬夜，一直到深夜。也许这才是他们唯一能够做自己想要做的事情的时间。许多人写过关于这一代青少年长期睡眠不足，可能会影响他们的大脑发育和心理健康的文章，然而我们不能只是指责青少年，我们可能更需要反思一下自己，把他们的时间表安排得过满。

所以，现在怎么办？

充足而规律的睡眠对青少年大脑正常工作至关重要，然而太多的青少年却无法获得充足睡眠。当我们意识到在青春期这个人生的关键

时期睡眠不足，会对大脑功能和大脑发育造成严重影响时，我们需要尽己所能帮助青少年获得更多睡眠。社会环境在这个问题中起着重要的作用，意识到这些问题的重要性，这样你就可以知道什么时候需要进行干预，以及如何支持青少年获得更多的睡眠。请记住，他们正在学习如何照顾自己，这需要反复实践和试错。请从青少年的角度出发，利用他们的驱动力，按照以下的行动要点行动起来吧。

案例分析：卡莎

卡莎是一个16岁的女孩，即将参加期末考试。她是一个学习勤奋、认真尽责的女孩，而且一直如此。她为自己能够按时完成作业而感到自豪，而且喜欢保持课本干净整齐。她一直都是这样，父母也很欣赏她的这种品质。她的老师总是说她是一个将会成大器的女孩。从托儿所开始，“念大学的料”这一说法就和她的名字如影随形。

考试之前有很多作业要做。因为卡莎尽善尽美的个性，她花了很长时间完成作业——这意味着她经常熬到很晚。当她的父母困了的时候，就经常会把她留在她自己的房间里做作业，相信她会在作业做完之后把手机收起来上床睡觉。他们时常为卡莎不是一个总想参加聚会并时时挑战他们的青少年而感到宽心。她真是一个可爱、勤奋和认真的女孩。

但是，他们最近注意到，卡莎一直在抱怨头痛和胃痛。她一直都有偏头痛的倾向，但是偏头痛正在变得越来越严重，而且频率也更高了。卡莎还说她在上课时经常难以集中注意力。卡莎、她的父母和老师在学校安排了一次会面，讨论她的进步。在那次会议上，老师提出了一个简单而友好的问题："你是如何完成如此繁重的学习任务的？"——却让卡莎感动得泪流满面。卡莎透露说，为了高标准地完成自己的作业，她经常一直学习到凌晨两三点。她的父母震惊了。他们对此一无所知，卡莎每晚平均只睡4至5个小时。难怪她开始头痛，难怪她会感到焦虑和泪流满面。

一个好的解决办法

卡莎的父母需要学校老师的支持，需要老师向他们保证卡莎不必完成所有的作业。卡莎是一个很有能力的女孩，在人生的这个阶段，确保学习成绩、身体健康和心理健康之间的平衡至关重要。卡莎的老师同意减少她的作业量。老师告诉卡莎，在任何情况下，晚上过了10点之后她都可以不用继续做作业，并向她保证不会因为没有完成作业而遇到麻烦。他们帮助卡莎养成良好的睡眠习惯，以帮助大脑放松（泡澡、读书、熄灯）。他们还提早安排了下一次会面，时间在3周之后，以查看计划的执行情况和卡莎的状态。

可能会遇到什么障碍？

父母和老师们非常迫切地想确保年轻人在学业上表现出色。然而我们必须记住，生活的平衡至关重要，我们不仅要保证青少年的身心健康，还必须帮他们认识到保持生活平衡的重要性。即使我们正在为实现某个目标而努力，确保良好的睡眠、饮食和锻炼也至关重要。大脑在身体得到充分的休息、充足的营养和锻炼之后才会工作得更好。

行动要点 I ：想一想什么可以促使他们睡得更多

当涉及睡眠时，尝试思考使用动机学习来帮助激励年轻人的方法。要求一个年轻人早点上床睡觉，以取得更好的成绩，从而能够考上一所好的大学，与他们生命中的重要社会目标并不相悖。当我们考虑让他们早点上床睡觉时，最好先考虑他们重要的社交和情感方面的事情。举例来说，对于一个既重视学习成绩，又在乎与朋友相处时间的年轻人来说，帮助他们看到充足的睡眠将使他们对学习更加专注和高效，从而拥有更多的社交时间，可能会更具驱动力。一个想要早晨的时候皮肤看起来光滑和神采焕发的青少年可能会注意到，一夜安眠之后，皮肤看起来会好得多。通过对话、解决问题、反思、实践和试错的一系列过程，成年人可以帮助青少年找出最适合的方法。

行动要点 II ：永远不要带着未解决的问题上床睡觉

也许不出所料的是，亲密的家庭关系对青少年睡眠特别重要。父母的支持就像避风港或者安全信号，可以让青少年放下忧虑安心睡眠。如果可能，请尝试确保你的青少年不带着未解决的问题上床睡觉。当家人正在经历压力巨大的生活事件时，青少年的睡眠可能会受到很大影响，因此可能需要额外的晚间支持和保证。许多青少年在睡觉前仍然需要一个拥抱。

行动要点Ⅲ：请注意和青少年说话的方式

请记住，青少年需要一种新型的互动方式，这种互动方式不是“居高临下”的，而是用于讨论和解决问题的。我们可以给他们设定很好的界限（比如推荐一个适当的时间上床睡觉）和良好的睡眠习惯（比如，把手机放在楼下，泡澡，然后读书，或者再和父母聊聊天，然后关灯睡觉）。但最终，让他们积极地获得充足的睡眠大有裨益。与他们一起解决问题，反复实践和试错，以帮助他们了解睡眠充足或者不足之后的感觉。

行动要点Ⅳ：当心卧室里的高科技

睡前使用手机对青少年来说有着很强的社会吸引力，让他们难以抗拒，并且可能成为睡眠的负面因素。同样，其他电子设备（比如电视或者电脑）也会影响睡眠。尽管这可能不是一个很受欢迎的话题，但是如果你的青少年还是坚持要把电子设备放在卧室里，请与他们谈一谈，商量着晚上把这些设备放在别的地方。围绕抑制褪黑素分泌的基础科学进行讨论可能会有些帮助，但是鉴于社交媒体在社会上的强大吸引力，这绝非易事。

行动要点Ⅴ：设法减少社会时差

青少年喜欢在周末熬夜，然而社会时差的影响远不止睡眠不足。虽然在周末和节假日稍稍熬夜可能很重要，但是请确保从工作日到周末的时差变化不大，不会引起什么问题，尤其是在具有学业重要性的时刻，比如考试时间。在外过夜是有时间和地点限制的，如果每个周末，尤其还是在学习压力较大的时候，是坚决不可以的。

行动要点Ⅵ：确保青少年有说话的地方

夜深人静时的沉思可能会让人辗转反侧，彻夜难以入眠，青少年更是如此。与青少年讨论此事，并确保青少年有可以定期谈心的人，以减少他们的深夜沉思。

行动要点Ⅶ：请记住，睡眠对保持良好的心理健康至关重要

如果你真的担心年轻人的心理健康（即使他们在学业上表现良好），睡眠是首先寻求改善的方面。如果这意味着要减少他们的作业量以增加睡眠，那就这么做吧。毕竟，如果青少年心理健康状况恶化，即使学习成绩再好，那也是没用的。

这个故事的寓意

许多青少年睡眠不足。尽管他们的生物钟有一些改变，导致他们入睡的时间比儿童或者成人稍晚，然而在很大程度上他们的晚睡行为是由环境驱动的。鉴于缺乏睡眠对年轻人的大脑发育和功能的显著影响，我们需要帮助他们管理生活的这一部分。

下载：困倦的青少年

睡眠是大脑的灵丹妙药，但睡眠不足是青少年的普遍现象。青少年的生物睡眠周期发生变化，社会环境是青少年睡眠不足的主要原因。充足和规律的睡眠有助于学习，而睡眠不足则不利于身心健康。成年人需要支持年轻人拥有充足和规律的睡眠，以帮助他们发挥潜能。

练习

请记下你的青少年在本周内每一天的睡眠模式，包括睡眠时间和社会时差（比如，在周末或者节假日明显的睡眠时差）。

星期一

……………………………………………………………………………………

……………………………………………………………………………………

星期二

……………………………………………………………………………………

……………………………………………………………………………………

星期三

……………………………………………………………………………………

……………………………………………………………………………………

星期四

……………………………………………………………………………………

……………………………………………………………………………………

星期五

……………………………………………………………………………………

……………………………………………………………………………………

星期六

……………………………………………………………………………………

……………………………………………………………………………………

星期日

……………………………………………………………………………………

……………………………………………………………………………………

你的青少年心怀忧虑是在特定的时间吗？你是否注意到，当他们疲倦时行为变得更难管理？他们是否注意到自己的想法变得消极时，容易在深夜辗转难眠？请你每天记录他们的睡眠时间。同时，让你的青少年每天记录他们的心情——担忧和想法。把每天的日记放在一起，看一看是否有规律可循。

你的青少年是否有着繁重的学业任务，以至于几乎没有时间放松，还削减了睡眠时间？你可以做些什么来帮助他们改变状况以找到更好的平衡？

当这件事情发生时	与其这样	不如尝试
你的青少年很少在凌晨一点之前熄灯。	如果你一直睡得这么晚，你就永远不可能考上大学。你的学习会受到影响，脸上也会长斑。你必须很好地通过所有考试。	我能看到晚睡对你的诱惑力有多大，但是睡眠太少真的很不健康。这一周我们来试一试，看怎样做既能不耽误你和朋友们聊天，还可以让你有充足的睡眠？这一周咱们尝试一下每晚8小时睡眠，看看你的感觉有什么不同。
		帮助他们找到能够获得更多睡眠的内在动机。
你的青少年把手机当闹钟，但是社交媒体的铃声似乎整晚都在响个不停。	睡觉的时候把手机拿出卧室的难度不亚于一场战争。她所有的朋友都在手机上——那样的话她会错过聊天，被冷落的。	让她在睡觉的时候把手机留在楼下的难度不啻于一场战争。但是这是值得的，能保护她的大脑发育和心理健康。我会继续说服她，必须保持清晰的边界。
		通过使用技术，设置清晰的规则来保护睡眠。
你的青少年又一次彻夜狂欢熬了通宵，这意味着第二天就整个废掉了。她少言寡语，面色苍白，对自己所说的一切都恍恍惚惚、将信将疑。	她可以在周末熬通宵，然后在周日晚上补觉。她只是有点累，这不会把她怎么样。无论如何，我得让她玩得开心一些，因为她这周学习非常努力。	我想让她玩得开心，所以偶尔一次熬通宵是可以的。但是每个周末都这样，就会影响她的学习和健康。当我们都能冷静思考的时候，我需要找一个合适的场所和她谈一谈，然后制订一个计划。
		尝试减少社交时差。

第十四章
养成健康的习惯

长话短说

- 青少年时期建立健康行为模式很重要。
- 青春期营养不良可能会影响大脑发育和认知技能。
- 运动对学习有益。
- 青春期出现的食物偏好可能会影响终生的饮食习惯。
- 饮食失调通常出现在青春期，最好及早发现，尽早治疗。

引言

青少年时期是养成饮食和运动良好自我管理习惯的重要时期

营养和运动是影响大脑功能和行为的关键环境因素。你的青少年在观察了很多人的饮食习惯和运动态度之后，开始下决心做出自己的选择。众所周知，模仿是一种高效的学习方式。他们观察到的其他人——包括你在内——的行为非常重要。饮食和运动模式与社会互动密切相关，并因家庭和整个社会的文化而异。普遍的情况是，青少年时期是养成良好习惯以支持大脑和身体健康发展的重要时期。

青少年知道应该吃什么才能保持健康，然而他们的饮食习惯往往并非如此

在20世纪后期，被归类为超重和肥胖的儿童人数急剧增长。许多青少年的饮食中某些特定的食物类别（尤其是水果和蔬菜）很少，营养成分（比如铁、锌、叶酸、维生素A、膳食纤维等）不足，并且脂肪、盐和糖的含量极高。青少年知道什么是健康的食物选择，然而他们的行为却并不如此（就像我们许多人一样），或者看起来好像他们对未来的健康并不担心。青少年的饮食习惯倾向于经常吃零食，不吃正餐，吃“垃圾”食品，不经常摄入牛奶、水果和蔬菜。

年轻人可能陷入不良饮食和运动不足的负面循环，从而影响心理健康

美国疾病控制和预防中心建议，青少年每天应该进行60分钟或者更长时间的中强度体育运动。如果你的青少年走路或者骑自行车上学，抑或有规律地参加运动，这一点可能很容易就能实现。然而，对于那些依赖公共交通工具或者喜欢久坐不动的青少年来说，这一点实现起来可能更困难。21世纪随着科学技术的广泛应用，青少年运动水平下降的幅度超过了其他任何年龄段，这导致许多人将其归咎于科学技术。但是，尽管人们认为确实如此，然而不运动与久坐不动并没有必然联系。有些青少年做很多运动，但同时又经常久坐不动，所以我们不能怪罪于各种屏幕。不过，很明显的是，不良饮食和缺乏运动对心理健康的影响可能会引起恶性循环，从而导致无益的应对策略，包括不好的食物选择。正如我们将在第十六章中要进一步讨论的那样，在考虑青少年生活中的健康选择时，请采用整体分析法。

科学点：大脑与行为

营养和认知与大脑研究有关，包括对青少年的特定影响

许多研究（来自低收入国家）显示，生命最初两年的健康和均衡的饮食，与人体随后不断增强的认知功能之间有着紧密的联系。尽管目前的研究较少，但是我们现有的数据表明，青少年时期更健康的饮食和运动水平可以提高成年时期的思维能力。大部分研究反映出了这一结论，在排除了母亲教育、社会阶层和家庭环境的影响之后。

也许在大家意料之中的是，营养在青少年时期尤其重要。安东尼娅·曼杜卡（Antonia Manduca）及其同事（2017）研究了青春期小白鼠营养不良所产生的影响。他们一直给小白鼠提供均衡的饮食，直到青春期早期。随后，他们给其中一部分小白鼠提供的饮食缺乏欧米茄3多元不饱和脂肪酸，以便他们能够具体地观察到青春期饮食变化所产生的影响。饮食缺乏欧米茄-3多元不饱和脂肪酸的小白鼠，在情感大脑和思维大脑中均发生了变化，而且类似焦虑的行为有所增加，在记忆任务中表现变差。这种影响一直持续到成年时期，研究人员认为，这是因为低营养的饮食损害了大脑对这些区域的神经元之间的联结的调节能力。当然，我们不能完全把小白鼠发育完善的大脑和人类的大脑一概而论，但是，一项对瑞典男性青少年的大数据研究表明，认知表现和（欧米茄-3多元不饱和脂肪酸含量较高的）鱼类摄入量息息相关。除此之外，至少有一项针对人类青少年的研究发现，一些营养相关的因素，比如快餐消费量增加、蔬菜摄入量减少、不能按时吃饭等，会导致成年时期语言能力下降。设计此类研究旨在排除遗传方面的影响。

早餐会影响注意力、行为和学习成绩

对于青少年来说，不仅吃什么很重要，什么时候吃也很重要。早餐经常被描述为“一天中最重要的一餐”，其背后有一些科学依据。研究表明，按时吃营养充足的早餐，对年轻人的记忆力和专注力具有直接的积极影响，并为他们学习、运动提供能量。尽管如此，早餐也是一天中最容易被错过的一餐。那些倾向于不吃早餐的人通常来自社会经济状况较差的家庭。当凯蒂·阿道夫斯（Katie Adolphus）和她的团队（2016）在英国对许多研究进行系统评估时，证据显示，吃早餐对学生们在教室里的表现有积极效果。数据表明，规律地在家里或者在学校吃早餐且饮食具有多样性（能够提供足够能量），对年轻人的学习成绩和在教室里的行为有积极作用。他们还发现，不吃早餐对学生最明显的影响是，他们在需要较强专注力和执行功能的数学和算术上表现较差。

结构化和多样化的课外活动与学习息息相关

有令人信服的证据表明，体育运动对各个年龄段的人的大脑功能和认知都有积极作用。艾琳·埃斯特班·科尔内霍（Irene Esteban-Cornejo）及其同事（2015）重点研究了青少年的课外体育活动。他们发现，课外活动的结构和数量与认知表现相关。具体来说，他们的研究表明，参加多项课外活动的青少年，比只参加一项或者根本没有参加任何课外活动的青少年具有更好的认知能力。运动对人体大脑长期功能运转和心理健康的影响的确切机制尚不清楚，但是确实值得深思。每个青少年达到多少运动量才算足够，取决于很多因素，不可能“一刀切”。

解读你的青少年

专注于自我认同，许多青少年对自己的身材感兴趣

青少年的身材体型（身体形象）正在发生巨大变化。无论是男孩还是女孩，年轻人都可以感受到来自同伴以某种方式看低的压力，这可能会影响青少年对食物的选择。青春期的关键发展任务是专注于自我认同，因此这也许不足为奇。请记住，青少年被驱动着花时间来弄清楚自己是谁、自己该如何适应，而其中的一部分便是重新审视自己的身材体型。正如后文哈尼法（Hanifa）案例的分析所示，年轻人有一段时间专注于自己的身体是很正常的，然而这种关注也可能让一些青少年出现饮食失调问题。

少数人会在青春期出现饮食失调问题

人体饮食失调的发病高峰时期是在青春期，一般通过几种方式出现。对于患上饮食失调症的年轻人及其家庭来说，这是一段可怕的经历。患有饮食失调症的人，进食行为以及与之相关的思想和感受都会受到极大的干扰。他们可能明显增加体育运动水平，可能异常强烈地想要变得苗条，近乎病态地害怕体重增加且无法控制自己的饮食。饮食失调可能是一种潜在的心理困扰的外在表现，一旦扎根，会引起严重的身体和心理问题。饮食失调症通常在家族中流行，其中一些病症，比如神经性厌食症（anorexia nervosa），具有很强的遗传成分，而其他一些病症，比如神经性贪食症（bulimia nervosa）和暴饮暴食症（binge eating disorder），个人体验和环境的影响似乎更强烈。饮食失调可以有效地进行治疗，而且治疗开始得越早，康复的可能性就越大。正如我们在本书中反复讨论的，我们始终只把行为视为冰山一角。行为的背后发生了什么？到底是什么让年轻人如此困扰？如果你可以解决潜在的担忧，他们可能就会改变这种行为。

当我们询问而不是告知时，青少年就会回应

正如我们在第十二章中所探讨的那样，如果我们想改变青少年的行为，不能只是直接告知他们应该怎么做。他们有着对地位和尊重的内在需求，并被驱动着自己找到解决办法。心理学家萨米亚·亚迪斯（Samia Addis）和西蒙·墨菲（Simon Murphy）进行了一项研究，研究威尔士的高中学生如何看待新菜单及其对午餐时间进食的影响（2019）。这项研究强调了食物对青少年的重要性。学生更喜欢便携式和零食式的食物，他们拒绝“正餐”的概念，因为这会让他们想起在家里用餐的情形。对于他们来说，午餐时间代表着一个可以放松、与朋友们在一起的地方；在这种情况下，“居高临下”的菜单让他们认为自己几乎没有任何交谈的机会。当我们在考虑饮食对青少年行为的影响时，必须意识到他们对自主性和独立性的需求，询问而不是告知他们，这一点至关重要。

年轻人可能会做出更多更富情感的食物选择

埃洛伊斯·豪斯（Eloise Howse）及其同事在2018年对来自苏格兰和澳大利亚的年轻成年参与者进行了一项有趣的研究，结果显示，与年长成年人或者年幼的孩子相比，年轻人与食物之间的联系更富情感，比如享乐和怀旧。理解食物选择的另一个重要因素是时间和金钱之间的平衡。食物的吸引力影响着食物的选择，而社交媒体和广告则

影响着食物的吸引力。与伦理问题（比如与动物权益相关的素食主义）和道德尺度（比如抵制跨国公司的食品）有关的情感也起着一定的作用。虽然我们可能认为食物只是一种身体需求的东西，需要理性对待，但是对于青少年而言，情感和意义可能发挥着更大的作用。

青少年运动的动机和障碍

说到运动，动机驱动力起着关键作用。安东尼奥·洛佩兹·卡斯特多（Antonio López-Castedo）及其同事在2018年进行的一项研究发现，青少年运动的动机预测因素有竞争、社会认可、挑战、肌肉力量和积极健康，青少年运动的障碍包括疲劳、身体形象或社会躯体焦虑（physical-social anxiety）以及缺乏时间。不幸的是，因体重被取笑或欺负、身体形象差、自尊心低会导致运动量降低。这说明了年轻人的社会脆弱性，也表现出青少年在做出有关生活方式选择的决定时所面临的复杂性。

日复一日意味着什么？

一家人一起吃饭对青少年的心理健康和幸福感有积极的影响

多项研究一致发现，单是一家人一起吃饭，尤其是晚餐，就会改善年轻人的饮食和心理健康状况。这种积极的影响可以扩展到行为、情感状态和更信任的关系。这一发现适用于各种情况，无论性别、年龄、家庭状况等。关键因素不是青少年与父母交谈的难易程度。无论在何种情况下，一家人定期聚餐可以为青少年提供学习的机会，并保护着他们的身心健康。

与青少年在一起时，好的食物选择确实很重要

到了青春期，家庭对青少年的影响力逐渐减弱，同伴对青少年的影响力则不断增强。青少年在同伴的熏陶下，开始在外购买和消费食物。但是，研究发现，家庭环境是影响青少年饮食的关键，饮食习惯很大程度上取决于家庭的喜好和习惯。在拉温·巴塞特（Raewyn Bassett）及其同事（2008）在加拿大进行的一项研究中，来自不同种族背景的青少年会牢记父母的忠告，经常对自己的行为承担责任并反思，但某些状况之下，他们仍然无法遵从父母的告诫。这表明，食物选择是青少年和他们的父母共同做出的，因为他们既相互抵制，又彼此回应。

行为模仿是最强大的学习形式

我们知道模仿在关系中的力量，自我保健也不例外。正如我们在第十二章中所学到的那样，在某种文化中，模范行为和备受尊重的行为会受到青少年的高度推崇，因为他们有着追求声望和地位的驱动力，所以请慎重考虑传递给青少年的有关身体形象、食物和运动的信息。经常运动对保持身体健康非常重要，你是否为他们树立了这样一个榜样？吃完不健康的食品，你是否会感到愧疚，并说："我又要长胖了！"还是不论身材如何，你始终强调健康饮食选择的重要性？《芝麻街》（*Sesame Street*）创造了两个新的名词："有时吃的食物"（sometimes food）和"总是吃的食物"（always food），这是消除吃某些食物所产生的愧疚感的一种好方法，同时也能区分不同的食物类型。陪伴在青少年身边的我们，对于有关食物和运动所做出的行为和情感反应非常重要，可能影响他们终生的行为模式。

避免冲突，鼓励他们识别自己的身体迹象

明智的做法是，在青少年拥有最终决定权的生活领域，比如饮食和运动，避免与他们发生冲突。最好的做法是以身作则，用好的行为做榜样，并鼓励自我反省。耳提面命地指示他们应该吃什么、应该什么时候吃、应该进行多少运动，很可能会迫使他们在能够自主做决定的时候开始反击。正如睡眠和使用社交媒体一样，我们鼓励自我反省。设置一个宽泛的界限（比如，你需要每周进行一些体育运动），但是允许他们在这个界限内自主选择。让你的青少年注意身体发出的信号，比如饿了，累了，还是需要运动放松一下。对他们吃了某些食物或者运动后的感觉表示好奇，与他们进行开放性的讨论，这样他们就会逐渐学会自我调节。这种做法，远比关注那些外部提示——比如时钟、规则、网上看到的一些疯狂的小窍门或者他人的身材等，要健康得多。

在年轻人离开家之前，为他们提供机会发展大脑回路

大学第一年尤其容易与不良的饮食习惯和体重增加产生关联。时间限制可能是年轻人做出更健康的食品选择决定的障碍，然而，刚刚从青春期跨入成年的他们，也是通过社交媒体投放的垃圾食品广告的首选受众。此外，这是年轻人第一次管理预算，有着许多新的无法抗拒的选择。确保青少年在离开家之前，对相关方面有一定的学习是非常有价值的，比如给他们一个预算，要求他们晚上为全家人做一顿晚餐。请记住，我们的大脑是通过重复来学习的，所以我们第一次做任何事情都可能进展得不太顺利。

这对学习意味着什么？

大脑需要食物和运动来支持学习

大脑需要定时进餐和运动。早餐对于支持青少年一天的正常运作和大脑发育尤其重要。当大脑吃饱、喝足，通过运动使血液循环系统畅通无阻的时候，学习会更加高效。请记住，大脑是为了保护我们而存在的，如果大脑饥饿过度，就很难进入良性的学习循环。个体差异确实存在，但请鼓励青少年调整自己的身体。他们在进餐、拉伸或者散步之后注意力更集中吗？他们在运动或者进食之后能够更好地控制自己的情绪吗？答案很可能是肯定的。

对年轻人抵制食物或运动保持好奇

如果年轻人在学校里抵制食物或者运动，请一定要仔细思考这对他们可能意味着什么。我们知道，情感因素会影响食物选择，社会焦虑会影响运动。如果你能弄清楚这些意味着什么，并帮助他们解决问题，那么他们的饮食和体育运动就会逐渐恢复。

所以，现在怎么办？

青少年时期是通过养成良好的饮食和运动习惯，学习自我保健的绝佳时期。了解青少年大脑的工作原理，可以帮助我们在牢记青少年的驱动力和动机的同时，知道怎么做才能最好地支持这一点。

案例分析：哈尼法

哈尼法当时13岁，是一个活泼、对生活充满热情的小女孩。她精力充沛，喜欢唱歌、表演，喜欢给大家带来欢声笑语。她还喜欢烹饪，烘焙也是她最喜欢的消遣之一。哈尼法吃得很健康，但与同龄人相比，她的体形一直偏胖。不过，这从未对她的体育活动造成任何限制。她喜欢打篮球、游泳，是学校曲棍球队的一员。包括哈尼法自己在内，从来没有人为她的外表担心过。然而，在她13岁的时候，她和她的朋友们开始对外表越来越感兴趣，许多人放弃了一起运动的机会。参加聚会时，许多女孩开始穿紧身的衣服。男孩们和女孩们开始以不同的方式互相打量，身材体型有了全新的含义。

哈尼法对食物毫无顾忌的态度发生了变化。她开始对甜食说“不”，有时候当母亲喊大家一起来吃晚饭的时候，她会回答：“我不饿。”母亲简直不敢相信自己的耳朵。这些奇怪的行为，难道就是严重心理健康问题的开端吗？

一个好的解决办法

哈尼法的母亲琼（Joan）从20多岁起就患有轻度的神经性贪食症，并接受了很好的治疗。琼认为，对哈尼法不要反应过度。于是，她决定不对哈尼法的行为给予过多关注。她告诉女儿，即使她不饿，她也必须得和家人坐在一起吃晚饭。她并没有强迫女儿吃一定量的食物，而是说：“如果你不是那么饿，就少吃一点。”她知道，如果对回避性的行为给予过多的关注，可能会起到反作用，反而会强化这种行为。她还知道维持清晰界限的重要性（即使只吃一点点，也要与家人坐在一起吃饭）。她注意到女儿总会在桌上吃一点，不会饿着肚子上床睡觉。几天之后，哈尼法和她的母亲一起出去买了新的泳衣。琼温柔地询问了她有关学校和朋友们的事情，并问哈尼法是否有心事。哈尼法说，她的朋友们都很瘦，和她们相比，自己太大块儿了，想减肥。她一直考虑做更多的运动，然而大多数时候她想放弃。琼认真倾听，对女儿的心情感同身受，然后对她说，如果这对她很重要，她将和哈尼法一起想办法，看怎样才能减少晚餐的热量。哈尼法和母亲沟通之后，感觉好了很多。她感到母亲听进去了自己的话，而且认真对待她的担忧，在身边支持着她。全家人一起找到了精制糖的健康的替代品，并制作各种各样的食物。哈尼法想要变得更瘦的想法慢慢不再那么强烈，而她的饮食习惯依然保持健康。

可能会遇到什么障碍？

随着青少年变得越来越有自知之明和自我意识，而且处于一种以瘦为美的社会文化中，难免会经历一段时间对自己身体的反思。如果年轻人开始调整他们的饮食习惯，请不要反应过度，因为这会强化这种行为。尽量避免评论孩子的体重是否有所减轻，因为这可能会强化他们的减重行为。如果他们体重增加，也请不要评论，因为这会让他们感到难过。通过定期运动和选择健康饮食来养成良好的生活习惯、设置明确界限并共享进餐时间非常重要。如果年轻人出现拒绝进食的迹象，或者你注意到他们的体重明显减轻，请不要视而不见。如果这种情况持续发生，或者你无法与年轻人进行有用的讨论，请寻求医疗建议。

行动要点Ⅰ：养成健康习惯，全家人一起吃饭

你的青少年时刻注视着你，这是他们学习的一种有效方式。全家人定期一起吃饭，不仅可以预防心理健康疾病，而且还可以为你的青少年提供良好的学习机会。注意你在饮食和运动方面的行为，因为你的青少年很可能会模仿。

行动要点Ⅱ：设置界限，但不要告诉他们怎么做

到了青少年时期，你已经过了告诉青少年应该做什么的时候。而食物和运动则是他们具有完全自主权的领域，是你不可逾越的雷区。养成良好的习惯，支持他们做出好的选择，同时帮助他们适应自己的身体。设置一些明确的界限非常重要，举例来说，让他们在吃晚餐的时候必须和你坐在一起，但是不要告诉他们应该吃什么或者吃多少；让他们必须进行某种形式的身体锻炼，但是不要告诉他们什么时候做和怎么做，因为那样很可能会起到反作用。随着青少年的成长，他们的喜好可能会发生改变，这是他们的特权，是对尊重和自主选择的需求。如果疑虑持续存在，请寻求医疗建议。

行动要点Ⅲ：利用青少年的动机帮助他们进行自我保健

利用青少年感兴趣的任何东西来帮助他们学习自我保健。如果他们对科学感兴趣，请采用科学方法（“你需要哪种维生素和矿物质？”）讨论他们对食物的偏爱。如果美学对他们很重要，请谨慎行事，不要

对他们的身体做出任何评价。

行动要点Ⅳ：给他们机会建立有用的大脑回路

在青少年时期帮助青少年学习并养成良好的习惯。有充分的证据表明，检视食品标签有助于促进健康饮食。帮助他们理解自己为什么要摄入膳食纤维、碳水化合物和健康脂肪。讨论“能量摄入和能量消耗”，以便他们理解这种关系。在家里给他们机会购买和烹饪食物，将烹饪变成他们的兴趣。你正在帮助青少年建立重要的大脑回路，对他们来说，能够感受到尊重并且做出自己的选择至关重要。

行动要点Ⅴ：倾听和讨论，不要告诉他们应该怎么做

如果你的青少年在饮食方面行为举止怪异，或者总是为不做运动寻找借口，请保持关注。他们是情绪化的生物，具有自我意识，需要同伴融合，这可能很复杂。如果你能找出他们行为背后的原因，那么你就有更大的机会改变他们的行为。

行动要点Ⅵ：帮助他们看到大脑需要食物和运动来学习

请记住，大脑需要能量，尤其是早餐。如果你要鼓励青少年规律地吃一顿饭，那就是早餐。鼓励他们对食物和运动的效果感兴趣，以便发现注意力集中和大脑功能的好处。如果他们在家里的学习（比如家庭作业）进展不顺利，请考虑他们是否需要食物或者运动休息，这能让情况大不相同。

下载：养成健康的习惯

青少年时期是养成健康生活习惯的重要时期，包括养成良好的饮食习惯和规律的运动习惯。营养不良会影响大脑发育和认知能力。同样地，运动对学习非常有益。青春期可能会出现饮食紊乱的情况，因此，此时养成良好的饮食习惯很可能可以预防以后出现问题。你的行为一如既往地会为青少年做出榜样，因此请确保你的行为可以成为养成健康饮食和生活方式的榜样。

练习

你的青少年在哪些方面比较擅长照顾自己？请写出其中三个。

方面Ⅰ：

……………………………………………………………………………………

……………………………………………………………………………………

方面Ⅱ：

……………………………………………………………………………………

……………………………………………………………………………………

方面Ⅲ：

……………………………………………………………………………………

……………………………………………………………………………………

写出你的青少年让你感到担忧的任何自我保健的习惯。你能找个时间和他们谈一谈你注意到的这些事情吗？专注于习惯而不是对个人进行评价——请记住，你的思想会影响青少年的自我认同。

……………………………………………………………………………………

……………………………………………………………………………………

……………………………………………………………………………………

你的青少年是否会避开规律进餐或者对食物的选择有些改变？你可以在家里或者在学校做些什么来帮助青少年养成规律健康的饮食习惯？

……………………………………………………………………………………

……………………………………………………………………………………

……………………………………………………………………………………

你的青少年会定期进行运动并拥有较好的身体形象吗？如果他们不定期运动，那是为什么呢？请写下运动的三个障碍。你能改变这些吗？

障碍Ⅰ：

……………………………………………………………………………………

……………………………………………………………………………………

障碍Ⅱ：

……………………………………………………………………………………

……………………………………………………………………………………

障碍Ⅲ：

……………………………………………………………………………………

……………………………………………………………………………………

当这件事情发生时	与其这样	不如尝试
你的青少年逃避体育课。她已经停止了放学后的体操课。	我知道自己不运动，因为我从来就不擅长运动。但是我的女儿真的需要运动，不然怎么减掉她的婴儿肥。	运动对我来说一直很难，但是如果我希望女儿能够知道健康对生命是多么重要，我必须做出榜样，做一些运动。我们将从每天傍晚遛狗开始做起。
		以身作则，为养成好习惯做出榜样。
你们年级的青少年已经养成了只吃碳水化合物不吃蔬菜的习惯。	在你吃完盘子里的绿色蔬菜之前不准离开餐厅。	这些绿色蔬菜都很有营养。如果你能在离开餐厅之前至少吃一些就太好了——西蓝花还是卷心菜，自己选。
		设置边界，但也尽可能地提供选择。
在过去的六个月里，你的女儿一直回避和家人一起用餐，而且每天晚上都在做运动。她的体重已经在持续下降，但是她的行为看起来有点极端。	如果你感到担心，就得采取一些行动：在用餐方面设置边界，并且禁止她晚上运动。	你女儿的行为是有点吓人，但是太过强硬地采取严格的规矩可能会让她疏远。本周与你的医生预约一下，征求他的专业意见。
		如果你担心青少年的习惯，请寻求帮助。

第十五章
好的压力，不好的压力

长话短说

- 压力是一种有益的能量，可以提升人的能力，但过度是有害的。
- 人可以应对短期压力。长期和过度的压力可能会造成严重后果。
- 青少年的大脑表现出一种增强的压力反应，具有潜在的益处和脆弱性。
- 提倡“压力即是动力”的思维模式会影响大脑对压力的反应，增强快速恢复的能力。
- 压力将成为每个青少年生活的一部分——你无法完全保护他们免受压力。
- 来自他人的社会支持是减轻压力的绝佳方法。
- 基于威胁的学习环境会降低人的思维能力，阻碍进入积极的学习循环。

引言

“压力”如何有了坏名声

“压力”的名声很不好。心理学家凯利·麦格尼加（Kelly McGonigal，2015）对压力进行了深入广泛的研究。她讲述了匈牙利内分泌学家汉斯·塞利（Hans Selye）的有趣故事。20世纪30年代，汉斯·塞利正在努力研究激素对身体的作用。在继续阅读之前，请注意这是一个非常残忍的动物实验，如果这种实验会让你感到不快，可以跳过以下段落。

汉斯给小白鼠注射了荷尔蒙，发现小白鼠因免疫系统被损害，健康甚至寿命受到重要影响。这似乎支持了他的假设，即激素会破坏动物的免疫系统。但是，他还需要验证这些损害是否就是由激素造成的。为此，他给“对照”组的小白鼠注射了不含毒素的其他物质，比如生理盐水。令他惊讶的是，生理盐水对小白鼠的免疫系统和健康具有相同的作用，也造成了明显的损害。更进一步，他让小白鼠遭受了非侵入性但可能使其痛苦的其他事件，比如极端噪声、强迫长时间运动等。同样地，这些事件对小白鼠的影响与注射激素相同——它们变得不适，免疫系统停止正常运作，寿命缩短。由此他得出结论：导致小白鼠出现各种症状的原因是高强度的“压力”。这就是今天所说的“压力”的起源。

将压力重新定义为有助于提升表现力的有益能量

凯利·麦格尼加指出，问题在于汉斯·塞利如何定义压力。他说，压力是“身体对强迫的任何要求的反应”，而不是对一种极端且持续的环境的反应。这是一种误导。虽然暴露在极端恶劣的环境中绝对会对身体造成损害（请参阅后文），然而，如果把强迫身体和大脑的要求转化成为一种重要的能量，用来帮助我们集中精力、提升表现力的话，我们的身体和大脑也会蓬勃发展。如图15.1所示，最好将这种能量视为“可唤醒的”。根据这个模型，表现与唤醒程度（即压力）直接相关。压力太小，年轻人由于缺乏能量而表现不佳；压力太大，表现也会受到损害。但是你会注意到，表现的峰值出现在最佳压力状态。表现出色并不意味着没有压力。一定程度的压力是有益的。

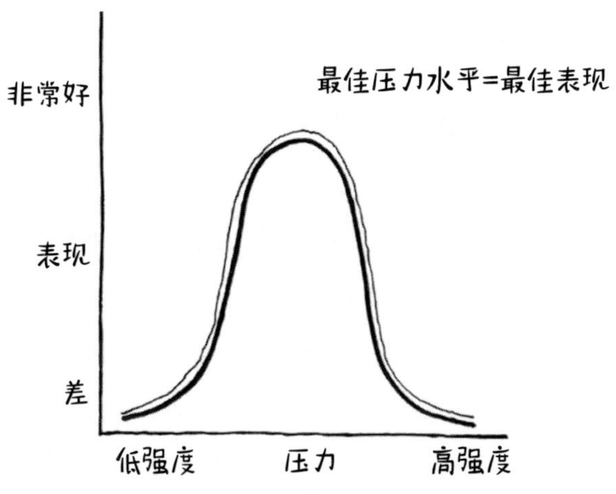

图15.1　最佳表现需要一定程度的唤醒（压力）

科学点：大脑与行为

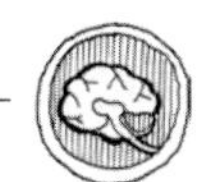

长期高强度的压力是有害的，会增强青少年的压力反应

汉斯·塞利的研究对于显示极端压力对免疫系统以及身心健康的影响非常重要。众所周知，极端压力对人类的影响与对动物的影响相似。过多的皮质醇（在极端情况下会释放到大脑中的一种压力激素）对每个人的大脑都是有害的。更令人担忧的是，荷尔蒙压力反应在青少年的大脑中比儿童或者成年人更剧烈，持续的时间也更长（45至60分钟）。这说明，青少年的大脑表现出一种增强的压力反应。这一点完全可以解释。也许是进化，让人在青少年时期拥有更大的压力反应，

以提供更多的能量应对这一时期所要面对的压力。但是，长期过度压力会对生长和发育产生不利影响，容易导致大脑发育缓慢、记忆功能差，以及对幸福感的其他影响。甚至有早期证据表明，压力诱发的脑部变化与青少年抑郁症有关，这令人担忧。

也许我们可以在不减少压力的情况下改善压力——利用思维模式的力量

思维模式研究（请参阅第三章）也与压力领域高度相关。艾比奥拉·凯勒（Abiola Keller）及其同事（2012）在美国进行的一项研究追踪观察了3万名成年人80年。参与者被要求对他们承受的压力做出评估，并询问他们是否认为压力对自身健康造成伤害。反馈承受了很大压力的参与者，过早死亡风险比一般人高43%，但这仅针对那些认为压力有害的人。那些认为压力无害的人，即使他们过着压力重重的生活，过早死亡的风险也很低。作者将其解释为“个人对健康的看法在决定健康结果方面起着重要作用”。也许我们只需要帮助青少年改变他们对压力的看法。

最佳压力与激素反应有关，激素反应可帮助人们在压力下茁壮成长

为了更仔细地观察压力对大脑成长的影响，请考虑以下内容。在压力之下，我们的肾上腺会释放两种压力激素：皮质醇有助于将糖和脂肪转化为能量，提高身体和大脑利用该能量的能力；脱氢异雄酮（dehydroepiandrosterone，简称DHEA）可通过加速修复和增强免疫功能，帮助大脑从压力体验中发育。两种激素都是必需的，然而释放量

的比例对于确定该体验主要是负面的还是增强适应力很重要。随着时间的流逝，高水平的皮质醇与免疫功能受损有关，高水平的脱氢异雄酮则与焦虑、神经退行性疾病（neurodegeneration）、其他疾病的风险降低有关。脱氢异雄酮与皮质醇的比例被称为压力反应成长指数。压力反应成长指数越高，越有助于人们在压力下茁壮成长，并且已经被证明可以预测在学术方面坚持不懈、顽强不屈的追求精神。

提倡“压力即是动力”的思维模式可以促进对压力的积极反应

艾利亚·克鲁姆（Alia Crum）及其同事在美国斯坦福大学进行了一系列实验，研究压力思维模式对大脑压力反应成长指数的影响（2013，2017）。首先，参与者与机器连接，以测量与压力相关的各项指标（血压、出汗情况、检查唾液中的压力激素）。随后，对他们进行一个模拟访谈。他们被告知两个消息中的一个。一组参与者被告知：大多数人认为压力是消极的，但是研究表明，压力可以提升表现力。然后，进一步讨论压力如何改善表现力、提高幸福感并帮助成长。另一组参与者被告知：大多数人都知道压力是消极的，然而研究表明，压力比你预想的更加能够让人虚弱。然后，访谈进一步讨论压力如何损害健康，削弱幸福感。干预措施对皮质醇分泌没有影响，两组参与者的皮质醇分泌量在访谈过程中都有所增加。但是，看了“压力即是动力”视频的参与者释放出了比被告知压力有害的参与者更多的脱氢异雄酮。这再次证明了头脑在决定压力反应时的力量，即使是在身体层面上。思维模式就像一个过滤器，通过它我们可以看到事物。我们对压力的信念、期望和想法，影响着压力是否是有益的，是否能够提升我们的表现，引导我们发展出快速恢复的能力。

人际关系是应对压力最大的缓冲器

美国心理学家吉姆·科恩（Jim Coan）及其同事进行的一系列研究（2006，2015）表明，调节压力最有效的方法就是和他人在一起。在他们开创性研究中，用核磁共振成像扫描仪扫描参与者的大脑，并给他们的双脚装上电极。电极可能时不时会通电，让参与者遭受痛苦的电击。有两种状况：一种是安全的状况，参与者看到屏幕上出现一个红色的圆圈，表示不会被电击；另一种是他们在屏幕上看到一个蓝色的十字架，表示他们有20%的概率会受到电击。正如人们可能预料到的那样，当参与者看到蓝色的十字架时，他们大脑的恐惧中心（下半脑系统称为杏仁核）就会被点亮——他们很害怕。这是预料之中的。随后，研究人员对实验进行了巧妙的调整。在实验过程中，研究人员要求一个与参与者有着密切关系的人（比如配偶）坐下来并握住参与者的手，在这种情况下，参与者大脑杏仁核的亮度明显降低，表明压力反应减弱。这可以解释为，在压力过大时，来自他人的社会支持可以大大降低参与者的威胁感。重要的是，从大脑层面上来说，“握手”状态与“单独”状态之间的差异并不在于参与者情绪调节的程度，而是情感大脑（杏仁核）的反应降低了，就好像另一个人的存在让他们感觉威胁减少了一样。

许多其他范例也证实了这一发现，即熟悉的其他人的存在可以减轻压力，有助于让环境变得不那么令人感到紧张不安和恐惧。因此，我们在朋友的帮助下，生活会更轻松。

我们把他人的大脑用作减轻压力的源泉

我们在朋友的帮助下减轻压力，意味着我们已经进化到可以把他人的大脑用作减轻压力的源泉，这有助于我们感知特定情况下的风险和威胁，节省自己的大脑资源，减少应对外部环境的精力。吉姆·科恩及其同事认为，人拥有社交资源是大脑的基本假设。在这种情况下，大脑处于休息状态。当这一基本假设被违背、一个人只是孤身一人时，大脑就需要额外的能量来正常运转。

解读你的青少年

青少年需要被要求，以发挥最佳表现力

在本书前面的章节中我们了解到，大脑在对环境和体验的回应中成长。我们还知道，青少年被提出要求所产生的轻度至中度的压力，可以被看作有价值的能量来源。青少年将在充满挑战同时也可得到支持的学习环境中茁壮成长。在这样的环境中，他们可以精力充沛地专注和表现，充分利用大脑的巨大潜力。取得平衡至关重要，但是取消所有要求将削弱表现，阻碍大脑成长。

长期高强度的压力可能会严重损害大脑成长

太多的要求会导致过度的、长期持续的“压力”，阻碍青少年的大脑发育，影响他们的免疫系统、幸福感甚至心理健康。青少年可能比儿童或者成年人更容易受到长期压力的影响。因此，青春期是正确解决这一问题的关键时刻。

青少年感知压力的方式是大脑反应的重要决定因素

你需要谨慎何时和如何使用“压力”一词，以及对压力抱着怎样的心态。如果你强化“压力使人衰弱”的思维模式，那么，你可能正冒着触发青少年大脑中较低压力反应成长指数的风险，而这对青少年有伤害，不能增强其适应力；如果你通过告诉青少年压力可以提升表现力的方式，帮助他们强化“压力即是动力”的思维模式，那么，他们的身体更有可能做出相应的反应，这意味着大脑在成长。

你是青少年一生中减轻压力的最大助力

最后，你需要记住，你是青少年减压工具包中最好的“工具”。当你的青少年感到有压力时，请陪伴在他们身边，他们的大脑会记录下来，从而减少压力体验。你无需说或者做任何事情，他们就可以把你用作帮助自己感觉变得更好，和面对青春期生活挑战的助力。

日复一日意味着什么？

对于青少年来说，社交线索和投入可能会产生很大压力

正如我们一直在学习的那样，社交世界对青少年非常重要，仅仅只是有同伴在观看就会增加他们的皮质醇分泌水平。在生命的这一阶段，年轻人对社交线索的神经敏感性日益增强，社交投入受到高度重视。这是一种正常的转变，然而却为情绪/情感问题的出现创造了环境。正如在同伴中受到重视是一种极大的提升一样，人在这个年龄段，轻微羞辱或者社交上的轻微伤害，便可能会让人崩溃。

你的话可以平息他们的威胁反应

如果你的青少年说“我有压力”，请仔细考虑如何应答。记住我

们在第二章中讨论的三个监管系统。如果我们认为压力有害，那么我们的威胁系统将占主导地位，这将吸引较低的大脑功能并阻止清晰思考。尽量不要只说“冷静”，这既不能与他们产生共鸣，也不能帮助他们知道应该怎么做。花时间与你的青少年交谈，关注他们正在体验的事情，然后告诉他们，他们的心跳加速是因为身体正在为行动做好准备，他们呼吸加快是因为身体需要更多的氧气进入。帮助他们对压力抱有一种更平衡的态度——减少恐惧感，信任他们可以自己处理，并将其用作应对生活挑战的一个资源。

青少年并不需要孤军奋战

询问任何一个青少年，生活中让他们感到有压力的是什么，几乎所有人都会说是学习，然而正如我们所看到的，青少年的生活中有很多潜在的压力源——他们正在形成自我身份认同，会有比其他人更加强烈的情感/情绪，被大脑驱动着站起来面对成年人并质疑公认的规范。大脑科学向我们表明，青少年并不需要孤军奋战，需要的是让生命中最重要的成年人成为自己的减压源泉。当你阅读本书时，你将学会如何解读青少年的行为，以及当他们情绪激动、濒临崩溃时你应该做些什么。努力做到这一点是值得的，这样当你的青少年感觉到压力时便可以利用你的大脑资源。

这对学习意味着什么？

当威胁存在时，小白鼠无法学习

在一项研究中，研究人员为小白鼠在不同条件下提供了一项学习任务，并记录学习速度和错误数量。这项研究的三个不同条件是：小白鼠在家里、一个陌生的房间里、笼子里（外面有一只猫虎视眈眈地看着它）。正如大家所预期的那样，小白鼠在家的时候学得最多，家里的环境它最熟悉，此时它的下脑系统平静而放松；当来到一个陌生的房间时，它学到的稍微少了一点；对所有老鼠都会造成威胁的猫的存在，让小白鼠不仅停止了学习，而且犯了很多错误，而且，在小白鼠的记忆中心（海马体）没有出现通常与学习相关的神经元联结和细胞变化。与任何动物研究一样，我们通过这项研究推导人类表现——在充满压力的学习环境中，学习很可能会受到损害。

图15.2　压力过大的小白鼠无法学习

受到威胁的学习环境不可能获得回报，而且可能会产生意想不到的副作用

许多阅读本书的成年人可能会回想起，自己在孩提时被老师或家长故意制造压力或者惩罚的情景——不幸的是，到了今天这种事情甚至还在某些地方继续发生着。这种惩罚性的教育方式已经过时，当今的绝大多数老师都知道，让孩子们担惊受怕并不能让他们的大脑得到最好的发挥。在任何学习环境中，成年人的负面存在都会触发一种基

于威胁的大脑反应，封锁思考和学习的通路，降低他们进入积极学习循环的可能性。但是，威胁可能是迫使人们采取行动的动机，不过不是作为一种积极的驱动力，而是作为一种寻求安全的保护性反应。举例来说，让人感到害怕的老师有时候也可以让学生取得好成绩。怎么会这样呢？在这种情况下，努力学习和专注的驱动力来自压力和焦虑。

保罗·吉尔伯特（Paul Gilbert）及其同事（2007）的研究发现，让我们努力去做好某事的原因是害怕失败或自卑时，往往会与抑郁、焦虑和压力症状相关。尽管有关青少年学习效率与压力之间的关系尚未探索清楚，但是，当我们知道基于奖励的学习和安全的学习环境能够让人感到高效、自信，从而可以有效地促进学习时，哪个父母或老师不想尝试呢？

学习成绩可能是青少年过度压力的根源

随着年轻人准备离开学校，职业选择迫在眉睫，追求更高成就的压力也越来越大，学习成绩可能会在他们生活中引发一场压力风暴。当年轻人的大脑正以高度敏感的方式经历剧烈变化时，究竟是谁会安排一场如此关键的考试呢？世界各地的教育系统。作为青少年生命中最重要的成年人，你总是在努力为青少年提供一个适当的环境来激发他们，这个环境具有足够的挑战性，但是又不会让他们不堪重负。这并不容易，每个年轻人都各不相同，但是我们希望你能在本书中找到一些能够帮助你达成这一目标的方法。

青少年需要成年人在他们的身边，相信他们，对他们有着很高的期望。在一项研究中，老师给一部分学生的论文以“明智”的语调写道：“我之所以给你这样的评语，是因为我对你的期望颇高，而且我知道你能做到。”给另一部分学生的论文则以中性的语调写道：“我给你写这些评语，是我对你的论文的反馈。”研究发现，收到鼓励性评语的学生比收到中性评语的学生重新审读和改进自己论文的可能性要高50%。而且，一年之后，收到鼓励性评语的学生所犯的纪律问题明显减少。遣词造句的不同会极大地影响青少年接受信息的程度，他们会寻找有关你是否相信他们可以做到的线索。给他们挑战，帮助他们突破和延伸学习的界限，充分利用他们不可思议的大脑。

所以，现在怎么办？

青少年的大脑已经准备好采取行动，但是他们需要成年人来监控自己所承受的压力的程度。鼓励他们，解读来自身体的信号，并在他们感觉压力过大时在身边支持他们。他们并非要孤军奋战。

案例分析：哈努

哈努（Hanu）16岁，渴望成为一名护士。他即将要参加一场重要的公开考试。学校在几个月前举行了一场“模拟”考试，作为对学生学习成绩的摸底。哈努拒绝了父母的帮助或建议。他的姐姐做得很好，而且似乎全靠自己，所以大家对他的期望也很高。随着考试的临近，他开始表现出一些轻微的压力迹象，比如难以入睡、对父母脾气暴躁易怒。他说考试“还可以”，然而实际上他的生物考试没有取得及格分数。这很让人担忧，因为他必须通过生物考试。而且，考试成绩在学校礼堂中进行公开展示，把他与同学们进行直接比较。当他发现这一切的时候，他彻底崩溃了，于是悄悄离开了学校，没有告诉任何人，也没有打卡。老师给他的父母打了电话，说他下午没有签到并提到了他的成绩。哈努失踪了好几个小时，不接听电话，每个人都很担心。当他回到家时，心情似乎很不好。他对父母粗鲁无礼，径直跑上楼，狠狠地关上了门。

哈努的父母很担心，还非常生气。父亲对儿子在学习上不够努力感到厌烦透顶，而母亲更恼怒的是，儿子没有告诉任何人就悄悄离开了学校，她非常担心他的安全。这是家庭危机濒临爆发的时刻，不过他的父母意识到，从长远来看，退后一步并把这一切考虑清楚会更加有益。

一个好的解决办法

哈努的父母花了一些时间来识别他行为举止的种种迹象。他的行为表现出他很愤怒，他们试图弄清楚到底发生了什么。母亲走到哈努的房门前，敲门，推门进去坐在他的床边，哈努脸朝下趴在床上。母亲轻轻地抚着他的背说，他们可以看到他在痛苦挣扎。她向他保证，无论发生什么事情，都没关系的，她已经准备好随时倾听，在他愿意谈论这件事的时候，并提议给他做一杯热巧克力喝。哈努很不情愿地来到了楼下，慢慢平静下来，开始诉说。他哭了一阵子，说出了自己彻底崩溃的原因，一方面是考试成绩，更重要的是，他感觉自己在同学面前受到了公开的羞辱。尽管哈努的母亲很想直接制定复习策略，准备好下一次考试的复习时间表，但是她知道，此时此刻握紧他的手将非常有助于他恢复平静。他们一起做晚餐，并一致同意第二天要制订一套积极的学习计划。

在接下来的几天里，哈努告诉父母，他在考试的时候没有安排好答题时间。他感到压力太大，甚至无法思考。父母认为，这时重要的是，要强化哈努“压力即是动力”的思维模式，让他知道压力在振奋精神和为身体提供能量方面的积极价值。他们讨论了有哪些更好的方法可以用来管理强烈的沮丧感和愤怒感。无声无息就消失和粗鲁无礼是不能被接受的。他们帮助他发现了压力过大、不堪重负的早期预警信号，并制订了相应的行动计划，以便在类似情况再次发生时，他可以自主应对，包括向自己信任的成年人求助。

可能会遇到什么障碍？

哈努的父亲很早就发现自己所从事的职业并非自己的第一选择。他在哈努身上看到了自己的影子，并迫切希望儿子不会犯和自己一样的错误。这让他当时很难控制自己的情绪。当时的情况恶化，不仅他们的关系会受到破坏，而且哈努也会错过学习机会。

案例分析：弗兰科

弗兰科（Franco）13岁，热爱踢足球、玩游戏。他很爱自己的妈妈。弗兰科虽然是个聪明的男孩，但却非常讨厌写家庭作业，每天晚上都有一场战斗。他渴望做好，但却经常感到有心无力、不知所措，每次的家庭作业都在痛苦中结束。他的母亲甚至开始害怕下班回家。她真心向他倾诉，也知道他是一个敏感的男孩。弗兰科讨厌麻烦老师，所以恳请母亲帮他辅导功课，以获得良好的成绩。焦虑常常使他无法入睡，所以他经常感到很疲惫。他的母亲尽心尽力帮助儿子，而弗兰科也一直表现不错，从未错过任何一次家庭作业。曾经有几次他不小心把家庭作业落在家里，但他会打电话给母亲，而她的母亲会立马开车把作业送到学校，所以他从未遇到什么麻烦。然而，随着时间的流逝，这逐渐成了一种模式，他的母亲越来越多地接管着他的家庭作业。

有一天，弗兰科真的感觉很累，但是突然想起那天晚上自己还必须完成一篇长论文。他完全忘记了！无奈之下，母亲让他上床睡觉，替他写了论文。这篇论文是关于第一次世界大战的，是母亲在大学学习的一个主题，她非常喜欢，自己也写得很享受。几天之后，弗兰科的老师告诉全班同学，对弗兰科的论文印象深刻，非常希望他能走上讲台，和大家一起谈一谈他所写的这篇论文。弗兰科怔住了。他不知道论文里写了什么，因为那根本就不是他写的。他崩溃了，瞬间真相大白。

一个好的解决办法

弗兰科的母亲和老师会面了。他的母亲承认，为了减轻儿子的压力，她在越来越多地帮他做家庭作业。老师和她一致同意，她的初衷是好的。她也意识到自己不是在帮儿子。她替儿子做家庭作业、帮他把落在家里的东西送到学校，并没有帮助他去体验生活的自然后果，他也没有从生活中比较艰难的部分学会发展自己的适应力。她还意识到自己应该再做些什么，来帮助儿子应对焦虑。然而事情不会一蹴而就，所以她买了几本非常好的书，希望帮助弗兰科认识到，如果他不按时交作业或者考试成绩比平常低就会发生可怕的事情。在几个月的时间里，他们认真研读了那些有关焦虑的书籍，如果情况仍然不能改善，他们打算寻求专业帮助。弗兰科负责自己的家庭作业，母亲退后一步，坐在他的身边鼓励他，而不是取而代之。老师检查弗兰科的作业进展，并向他保证，他只需尽力而为。当他确实忘记了写家庭作业的时候，会受到小小的惩罚，正如每个学生一样，不过弗兰科挺了过来，而且对并非总是进行得很顺利的事情有了一定的适应力。

可能会遇到什么障碍?

弗兰科的母亲可能很难退后一步，让儿子自己做家庭作业。父母有时会担心自己孩子在学校的表现如何，感觉不能让孩子“失败”。让孩子体验事情的自然后果至关重要，让他们了解生活，知道就算偶尔事情没有做好、自己不是最优秀的、自己的行为不完美也没有关系。实际上，一个没有痛苦挣扎的童年可能会在以后的生活中引发问题。因此，父母退后一步，在需要的地方提供支持，并告诉你的孩子生活可能很艰难，但他们可以挺过来。

行动要点Ⅰ：帮助年轻人将压力视为一种可以利用的能量形式

我们对压力的思维模式，可以预测我们如何“识别”体内的压力信号，甚至我们的身体会如何对压力做出反应。我们在年轻人周围使用的语言，对于帮助他们对自己的经历做出正面解读非常重要。

行动要点Ⅱ：支持平静、拥有最佳压力的学习环境

尽你所能减少对正在学习的青少年的威胁和情绪变化。当本能大脑和情感大脑保持平静时，他们的大脑功能运行最佳，从而让他们能够进入积极的学习循环。不要害怕引入扩展性学习任务，会有点压力，但没关系。

行动要点Ⅲ：利用你的人际关系来缓解过度压力

大脑研究表明，青少年利用社会关系和与他人的联系来降低压力反应。有支持他们的成年人在身边，他们的大脑能够更加有效地应对压力，所以不要在他们需要你的时候抛弃他们。如果他们很粗鲁，请告诉他们，他不能那样和你说话，并持续关注他们。看一看行为的背后，究竟发生了什么？

行动要点Ⅳ：防范社会压力

人在青少年时期的社会敏感性，增加了社会交往的潜在压力和社会孤立的潜在伤害。请记住青少年的发展任务，从他们的视角看待问题并给予支持，同时还要努力支持他们此时的社会融合。

行动要点Ⅴ：确保年轻人不会遭受长期压力

青少年的大脑特别容易感受到压力，这可能会影响他们的免疫反应、幸福感和大脑发育。如果在生命发展的过程中，我们需要在某一时期保护年轻人免受长期压力，那么就是在青少年时期。

下载：好的压力，不好的压力

获得适当的压力很重要。它可以提供提升表现力的能量，但是压力过大会造成伤害，并且可能会对青少年的学习产生负面影响。短期压力可以控制，但长期压力通常是有害的。

压力是每个青少年生活的一部分，但是他们如何理解压力、身边的成年人如何支持压力过大的青少年，对于他们如何应对压力至关重要。对压力抱有成长型思维模式可以帮助青少年将压力当作一种有益的能量。

练习

写出你的青少年感觉压力过大的三种情况。

情况Ⅰ：

………………………………………………………………………………

………………………………………………………………………………

情况Ⅱ：

………………………………………………………………………………

………………………………………………………………………………

情况Ⅲ：

……………………………………………………………………………………

……………………………………………………………………………………

你可以做些什么或者说些什么来帮助你的青少年把高压力的身体信号当作某种形式的能量？

……………………………………………………………………………………

……………………………………………………………………………………

……………………………………………………………………………………

在压力重重的时候你如何与青少年共同面对？

……………………………………………………………………………………

……………………………………………………………………………………

……………………………………………………………………………………

当这件事情发生时	与其这样	不如尝试
你的青少年正在申请名校奖学金。她很认真，并且非常清楚申请到之后能够获得的经济利益。家里的钱很紧张，她已经一个月没出去见朋友了。	生活充满了竞争。她需要学会应对压力。我做到了，也正是这成就了现在的我。	她很年轻，她的大脑特别容易受到过度压力的影响。虽然接受挑战很重要，但是要获得这项奖学金必须要有正确的认识。家庭的经济问题不是她的责任，重要的是在她的生活中各项活动要全面平衡。
		预防长期压力。
学校网球队必须要赢得这场比赛，不然的话就会以一分之差与冠军失之交臂。你的青少年是队长，她在比赛之前泪流满面。	冷静。天哪！情况没有那么糟糕——你们最差也是第二名！	我能看得出来你对比赛非常紧张。最让你担心的事情是什么呢？我们可以为此做点什么吗？请记住，你可以利用压力——这种令人惊叹的能量来帮助你集中精力应对比赛。
		对于压力，培养一种成长型思维模式。
乐队彻底解散了。你的青少年狠狠地甩着家里的门，歇斯底里地吼叫。	你为什么不去自己的房间，直到你感觉好一些？	和我在一起，即使你不想说话，我们也可以安静地看一会儿电视。当你觉得自己准备好了，我们可以好好谈一谈。
		当青少年感到有压力时，请陪伴在他们身边。

第十六章
社交媒体和技术

长话短说

- 对青少年使用社交媒体和技术的恐慌无处不在。
- 智能手机是青少年的社交生命线。
- 几乎没有证据可以表明社交媒体会导致青少年心理健康问题。
- 社交媒体的使用与青少年的发展驱动力相互作用，因此需要谨慎。
- 与青少年就技术进行交流需要思虑再三。
- 考虑青少年的总体生活方式，而不是只聚焦于他们的“屏幕时间”。
- 在家庭中设置明确的技术界限，而且自己也要严格遵守。
- 引人入胜且好玩的人机界面可以极大地激发积极性，帮助青少年进入积极的学习循环。

引言

《每日新闻》——1938年6月29日，星期三

《过多的阅读是有害的》[作者：安吉洛·帕特里（Angelo Patri）]

克莱尔（Clare）手里捧着一本书。她一直在看书。我从没见过一个孩子会对读书如此痴迷。她不是要去参加派对吗？我以为镇上的每个孩子都在那里。他们将看到这样的画面，所有人都激动万分。她是身体不舒服吗？你只是无法将她与书分开而已。她宁愿阅读，也不愿意做其他任何事情！

青少年对社交媒体和技术的使用引起了广泛恐慌

纵观历史，新发明，尤其是吸引年轻人的新发明，都曾被视为“洪水猛兽”。以上引述描述了一种社会恐惧，即读书的孩子会错过发展体验。如今，这对我们来说似乎很荒谬。鉴于学习成绩与阅读之间的明确联系，父母们常常花费大量时间说服他们的孩子读书。我们正面临着一场社交媒体和技术使用的全球化革命，而且青少年通常是新技术的最早使用者，网络世界已经成为他们生活的重要组成部分，我们对这其中的意味感到担忧。鉴于尚未发展完善的技术和瞬息万变的网络世界，父母和老师对这一领域缺乏信心。我们所知道的是，技术可以放大非虚拟世界的积极和消极方面。

一小部分年轻人面临着网络使用风险

互联网使用和年轻人在线体验变化迅速，因此需要最新的调查。在本书英文版出版时，伦敦经济学院进行的一项调查发现，一小部分年轻人面临网络使用风险，但是这一数字并没有增加，而且并非所有风险都会造成危害。任何伤害对于年轻人来说都不是小事，都需要消除——我们需要对社交媒体进行更严格的监管，这一点毋庸置疑。但是，我们确实希望对有关社交媒体和技术的危害的证据进行平衡的审查，因为可以进行更审慎的讨论。社交媒体和技术将留在这里，成年人需要迅速上手并研究出保护年轻人的方法，使他们能够发展适应力来应对网络世界的负面影响，尤其是考虑到社交媒体和技术的使用带给年轻人的巨大好处和机遇。

科学点：大脑与行为

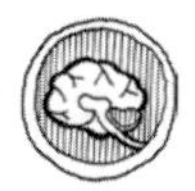

没有一致证据表明社交媒体会导致青少年产生心理健康问题

新闻告诉你，当今年轻人对技术的过度使用导致心理健康问题有所增加。然而，通过对研究证据的严格审视，却发现了一个不同的故事。研究发现，屏幕使用与心理健康之间有着细微的联系，但是大规模的研究却发现这种影响很小，肯定不足以造成影响。在撰写本书时，笔者对与青少年幸福感相关联的因素做了全面的综述，结果显示，许多其他因素与幸福感之间存在较大的负相关性，比如欺凌、睡眠不足、经常不吃早餐。这种关联的性质很难在研究中捕捉到，这种研究会产生无意义的发现，比如，青少年吃土豆和幸福感之间的相关性，比使用社交媒体和幸福感之间的相关系更大。而且，任何联系都是互为相关的，因此无法说出前因后果。举例来说，如果高频率使用屏幕和心理健康状态不佳同时在同一个人身上发现，那么，我们就无法分辨究竟哪个是因哪个是果。只有先测量其中一个（高频率使用屏幕），然后再测量另一个（心理健康状态），我们才可能说高频率使用屏幕引起了心理健康问题。

有些研究可以长时间追踪观察同一个人，从而推断出相关原因。一些研究发现，患有心理健康疾病的人使用社交媒体较少。而另一些研究则发现，使用社交媒体是一个保护因素，可以让年轻人产生较强的归属感，并拥有更多的社会支持。确实有证据表明，线下的脆弱性预示着线上的脆弱性，说明网络世界可以加剧年轻人的问题。欺凌就是一个例子，社交媒体24小时可用，这意味着年轻人无处可逃。当然也存在不同的声音，然而目前尚无明确证据能够支持围绕年轻人使用社交媒体和心理健康而产生的这种表面上的大规模恐慌。

尚未证明技术会影响青少年的大脑发育

尽管已经进行了数百项研究，然而迄今为止尚无令人信服的证据表明，使用社交媒体或技术会直接影响大脑发育。个体差异是大脑发育的准则，然而正如你在本书第一部分读到的那样，体验也在塑造着大脑，目前没有发现与年轻人使用技术相关的可衡量的群体差异。我们需要把恐慌从谈话中剔除，然后根据对青少年大脑发育的了解，仔细考虑使用社交媒体可能带给年轻人的风险。我们还应该考虑，通过对青少年大脑工作方式了解的加深，如何能够进一步利用社交媒体和技术。

社交媒体的使用与青少年对社会融合和社会地位的需求相互影响

社交媒体是青少年与他人联系的一个关键方式。与成年人不同，年轻人没有两分法的概念，即同时拥有一个“线上”世界，一个“线下”世界。对于他们来说，两个世界是融为一体的，因此他们的同伴融合发生在手机上。正如我们在前面几章中所了解的那样，青春期是人学习和融入社交世界，并与同伴融合的敏感时期。花时间与同伴在一起对青少年来说有着磁铁一般的吸引力，这可以帮助我们理解为什么青少年一有机会就会捧着手机，爱不释手，为什么当你要求没收他们的手机时，会遭遇他们难以置信的表情和“你要拿走我的手机，我就死给你看”的豪言壮语。请原谅他们如此极端的言辞，对于青少年来说，收走他们的手机无异于终结了他们的世界，因为他们的社交世界在手机上，大脑告诉他们，同伴融合对他们至关重要。

社交媒体的影响可能伤害青少年

青春期这个敏感的发展时期，决定了青少年与生俱来的想要加入并成为群体的一部分的需要。成年人也容易患上错失恐惧症（Fear of missing out，FOMO）。请记住第五章中的“数码球”游戏，这个游戏表明：大脑记录社交痛苦的方式与记录身体疼痛的方式相同，而且社交痛苦对青少年来说影响更深。我们很快就会看到，线上世界如何给青少年带来更大的脆弱性。我们知道，线上社会排斥会像面对面排斥一样产生负面影响，青少年的大脑对这种排斥的反应特别强烈。同样，通过点赞和评论在网上获得社会认可，为青少年提供了强大的社会奖励资源，而这正是青少年的基本需求，他们的大脑对这种强化剂尤其敏感。理解这一点可以帮助我们与青少年产生共鸣，比如，他们会对自己发布的图片只收到寥寥几个点赞而感到沮丧。这很重要，因为他们的大脑告诉他们这很重要。

社交媒体可以改变青少年对世界的看法

社交媒体也可以改变年轻人看待世界的方法。线上世界经常充满偏见，因此大家只展示最积极的一面——最好看的照片、最有趣的派对、庆贺性的新闻，等等。诸如精修过的照片和有针对性的滤镜之类的其他因素可能会导致感知改变，从而觉得别人的生活如此精彩，而相比之下，自己的真实生活每天都磕磕绊绊、起起伏伏。我们知道这与情绪低落相关，尤其是在年轻人中间。

社交媒体的使用与青少年发展自我认同的需求相互影响

青少年正在发展一种复杂且一致的自我认同。在这一方面，线上世界既提供了机遇，也增加了脆弱性。对于某些年轻人来说，线上世界可能是一个可以在同龄人中提高和彰显自己身份的地方，然而对于另外一些年轻人来说，那里则是一个自信心很容易被打破，自我认知也很容易受到损害的地方。

线上同伴反馈对青少年如何看待自我有很强的影响力，尤其是对于追求身体形象和承受着减肥压力的女孩来说。研究还表明，青少年对于偏离正常标准的理想身体形象的反馈与青少年大脑情感中心的活动增多有关，这意味着它具有很高的价值，而且可能影响青少年自己的身体知觉。尽管这可能是积极的，但潜在的危险也很明显，从而让这一领域成为需要我们帮助青少年管理的领域。

线上世界会引起青少年强烈的情感体验

我们知道，在青少年时期，情感大脑区域非常敏感，从而使青少年的情感体验更加强烈。这会起到积极的作用，也会产生消极的影响。受情感强烈引导的青少年可能会更喜欢电子游戏，让他们难以抗拒，而收起游戏时也会更加痛苦。我们都可以想象得出那个似乎沉迷于游戏的青春期男孩，知道他的下部大脑已经马力全开，而他的前额叶皮层正在努力跟上，这有助于我们理解他们放下游戏机来吃晚餐究竟多么困难。这不是借口，也不是自由玩游戏的建议，可是它给我们提供了一些解释。而且，青少年在线上世界中找到慰藉和自在也是一个不争的事实。线上世界可能是年轻人真正感受到自己所属的唯一场所——可以与其他同病相怜的人惺惺相惜，也可以与他人分享更多的积极内容。在这里我们再次看到，线上体验如何在青少年大脑的驱动下被增强，尽管潜在的脆弱性和机遇也同时增加。

解读你的青少年

线上线下对于青少年来说是同一个世界

人们进行联系、交流和共享内容的网络有线上的，也有线下的，对于青少年来说没有区别。如今，即使是电子游戏，也具有社交网络功能，而且社交媒体仍在不断进化，而青少年通常就是开路先锋。社交媒体不断推陈出新的功能，成为父母焦虑和挫折的诱因，但是我们需要记住，线上世界吸引着青少年的大脑，因为青少年大脑的发展性任务正是在线上进行的。父母和老师可能认为年轻人总是手机不离手或者眼睛盯着屏幕，没有生活在现实世界中，然而对于年轻人来说，那正是他们彼此联结的世界。

风险和机遇在线上相互关联

青少年大脑的发展驱动力（比如朋友、自我认同、冒险）将青少年吸引到线上世界里。青少年大脑的高度敏感性意味着他们受到的影响也会增强，不论是积极影响，还是消极影响。也就是说，他们很脆弱，需要帮助他们来管理自己与使用社交媒体之间的关系。而且，单方面禁止使用社交媒体并非正确的途径，因为线上世界的风险和机遇是相互关联的。青少年在越来越多地使用互联网的同时，也提高了自己的数字技能，这将使他们受益匪浅，也有利于发展对未来的适应力。

无论你是否在看着，都要教会年轻人做正确的选择

作为青少年生命中最重要的成年人，为了保护他们，无论你是否在旁边看着，都需要支持他们自己做出明智的选择。你不可能一天24小时都在他们的生活中，你需要帮助他们设立自己的界限。有证据表明，大多数青少年是有能力自主做出很好的选择的。年轻人围绕社交媒体使用发展适应力的关键在于，教会他们对自己的体验进行反思，并管理自己的社交媒体使用习惯。请记住，大脑从体验中学习，重复是成功的关键，所以这不会一蹴而就。更重要的是，考虑到青少年大脑驱动方式与社交媒体使用之间的交互作用，青少年将需要外界帮助他们解决这一问题。你的社交媒体使用策略需要长期稳定和一致，需要经过大量的讨论和反思，需要设定明确的界限并以身作则。如果你从他们很小的时候就开始这样做，那么等到他们成年——也就是20多岁的时候，他们就会完全自律。

大多数年轻人线上行事可靠

好消息是，研究表明，大多数青少年正在忙于思考如何解决自己的社交媒体使用难题。研究结果显示，大多数年轻人能够深思熟虑，以负责任的态度行事，并有保护自己的策略。他们需要支持、技能和一些明确的界限，但是不要自己陷入固定的思维定式中。有的父母一看到自己的孩子拿着手机就会勃然大怒，或者，他们如果对任何事情

感到恼怒，就会把没收手机作为惩罚。这对青少年学习自我调节毫无裨益，反而更有可能将他们推向困难的一面。在你的支持下，所有青少年都有学会如何进行自我管理的潜力。

日复一日意味着什么？

技术有可能会影响你与青少年的关系

当你努力想知道如何处理技术与青少年成长的担忧时，你可能是以保护他们为初衷，却过度控制了他们对社交媒体的使用。“屏幕时间”已经成为一个广泛使用的名词，在全世界的家庭中，关于“屏幕时间”的争夺战一直在不断上演：父母和老师试图限制或者禁止它，而青少年为了夺回被自己视为生命线的“屏幕时间”而斗争、谈判甚至欺骗。这种方法存在的风险是，你与青少年的关系将陷入僵局，你将失去至关重要的信任和沟通渠道，而这些对于确保他们的安全必不可少。为了使对话从紧张和愤怒中解脱出来，你需要从换位思考和观点接纳开始；你需要改变解决问题的方法，而不是假设青少年没有能力管理技术、容易“上瘾”、正在而且永远都会觉得困难；你需要帮助他们发展技能以便进行管理。了解他们如何度过自己的时间并与他们进行讨论。

青少年需要对屏幕使用具有元认知和反思能力

鼓励青少年从线上体验中后退一步进行反思。心理学家把这种对自己的行为进行的认知和理解称为元认知。只有当青少年不觉得自己陷入困境或者手机不会被从他们身边拿走的时候，这种情况才能成功发生。鼓励他们注意自己拿起手机时和看手机时的感受。有证据表明，青少年在浏览完脸书后，情绪会有些低落，因为这可能会引起一种错失恐惧感或者他人生活更精彩的感觉。询问他们是什么让他们很难放下手机，是担心如果自己没有立即回复就会显得粗鲁无礼吗？询问他们诸如此类的问题："手机上的哪些内容会让你感觉精神百倍？又是哪些东西会让你觉得筋疲力尽？你在玩电子游戏的时候感觉放松吗？如果玩的时间太长会有什么消极的影响吗？你上一次感觉上网很开心是在什么时候？"尽量不要说"我对你说过"这样的话，听听他们怎么说。支持他们对自己的行为进行反思本身就是一种强大的干预措施，可以帮助他们更好地管理自己。

青少年需要学会自我管理

青少年时期正处于学习自己解决问题的关键时刻。如果我们对他们如何管理生活采取强硬手段，他们不仅会抵触，而且一旦我们移除限制或者没有看着他们，他们就会不知所措。增强他们的自我管理能力，保护他们免于以后遭遇更大的麻烦、遭受更多的伤害。技术应用、互联网使用和社交媒体是几代人之间最具争议的领域之一，也是你们开始谈判关系和共同解决问题的理想场所。请记住，青少年的大脑已经准备好学习解决问题的方法，发展大脑额叶通路中所有重要的自我管理的路径。你可以将其视为他们需要长的"肌肉"。有一些很好的应用程序可帮助青少年建立自我意识并分隔生活，帮助他们创造空间并考虑节制。当每个人都有数字空闲时间时，向他们展示数字排毒（digital detox）的价值，并确保这是一个好玩的、可以与他人建立联系共享欢乐的时光。而且，请记住榜样的力量，你也必须这样做。

青少年需要用批判性的眼光看待社交媒体内容以确保安全

有固定的空间和时间鼓励青少年用批判性的眼光看待线上内容和体验。这是利用他们不断发展的大脑和不断增强的批判意识，帮助他们对线上海量内容进行筛选的大好时机。讨论你是如何知道某事是否真实，询问他们网上什么让他们感到安全，什么让他们感到不安全，或者他们认为什么是合适的，什么是不合适的。你们还需要商定一个计划，如果事情没有按照计划进行，他们可以做什么或者他们可以向谁求助。重要的是，他们能够确定一个可以安心求助的人，可以向他/她倾诉关于自己和自己朋友的所有忧虑。询问他们："如果你觉得朋友在网上遇到了麻烦，你会怎么做？如果你看到了一些让你感到不安的内容并且需要谈论一下时，你会怎么做？"你甚至可能需要与他们谈论色情短信和色情作品对个人的影响。年轻人在年龄尚幼时就能够接触到的东西令人震惊，尽管我们把如何管理这一点作为公共政策的一部分制定了出来，但是我们还是应该确保青少年有一个可以畅所欲言而不担心会产生任何负面影响的地方。

在考虑青少年社交媒体的使用情况时，采用整体分析法是最重要的

需要记住的另一件重要事情是，"屏幕时间"是一个无济于事的笼统术语。它很容易成为父母紧抓不放和最担心的事情，也许是因为它相对来说容易监控。但是，计算屏幕时间是有问题的，因为技术的用途如此之多，而且其中许多是有益的（比如编码或者创作）或者是在充实生活之余进行的（比如，一个对生活积极努力的孩子为了放松玩一会儿电子游戏）。更为重要的是，提出这些更棘手的问题，比如，

他们上网做什么。公共卫生组织和协会根据公开发布的研究结果，为父母和专业人士提供了行动指南。这些规定并非盲目地提出“一刀切”的建议，比如一定量的“屏幕时间”，而是倾向于个体差异，建议采用整体分析的方法。他们专注于确保年轻人过上平衡的生活，重点聚焦于他们如何使用自己所有可支配的时间，并提出一些问题，看他们是否被剥夺了属于睡眠、娱乐、聊天和体育运动的时间。美国儿科学会（Yolanda Chassiakos et al.，2016）建议成年人在考虑技术对青少年生活的影响时提出以下问题：

· 年轻人是否身体健康且睡眠充足？
· 年轻人与家人和朋友进行社交联系吗（以任何形式）？
· 年轻人在学校学习是否努力？学习成绩如何？
· 年轻人是否在追求兴趣和爱好（以任何形式）？
· 年轻人在使用数字媒体时是否觉得有趣并且有所收获？

这些问题所传达的信息，并未着眼于屏幕对年轻人来说是“好”还是“坏”，而是评估他们的社交、认知和体育活动对他们来说是否处于一个良好的层面。

这对学习意味着什么？

从手掌之上获取知识和内容对青少年来说是一个绝佳机会

对于在互联网时代之前长大的我们来说，如今的青少年可以从手掌之上获取知识和信息简直让人叹为观止。20世纪90年代，正在伦敦一起参加培训的我们清楚地记得，整个研究团队挤在一台电脑前，看一个人演示刚刚发布的全新“万维网”。输入搜索词之后，机器开始慢慢查找信息，我们中的许多人翻了个白眼，说道：“这永远不会流行，太慢了。”我们几乎完全不知道接下来会发生什么。我们还记得必须乘坐公共汽车去图书馆，踩着图书馆的梯子找到期刊，然后走下梯子阅读期刊，或者排队复印要参考的文章，用以写论文。如今，我们几乎可以在3分钟之内从手掌上获取任何需要的文章。对于这一代年轻人来说，这是崭新的、无与伦比的特权和机遇。他们拥有着比20世纪90年代的我们梦寐以求的还要多得多的知识和信息，能够制作高质量演示文稿、照片、音乐和电影，这是一个千载难逢的机遇。

技术可以成为学习任务中一股好的或者坏的力量

毫无疑问，智能手机会分散学习的注意力，阻碍年轻人集中精力、思考并让他们脱离积极的学习循环。老师们正在努力管理这一问题，许多学校现在禁止学生在学校使用智能手机。然而，这确实与技术为提高学习所带来的巨大机遇相冲突。线上界面对年轻人非常具有吸引力，可以激发他们的积极动机，支持他们建立大脑神经回路。有人认为，正如我们上面所概述的那样，学校在支持学生学习对技术使用的自我管理方面应该发挥作用，但是这并非没有挑战。

家庭和学校在技术使用方面的规则必须保持一致

清楚的一点是，青少年技术使用的规则，在家庭和学校必须保持一致。如果学校告诉青少年不能在学校里使用手机，但是如此一来父母就无法联系到他们，也无法对他们进行管理，那么青少年就会陷入混乱。这不仅不利于他们弄清楚究竟怎样才最有利于自己的学习和发展，而且还留下了摇摆不定、模棱两可的空间，让他们可以打破规则，突破界限。

所以，现在怎么办？

青少年因发展驱动力而受到数字媒体和技术的吸引。虽然有一些风险需要谨慎考虑，但是技术也为年轻人提供了巨大的机会。成年人需要从整体上考虑青少年的生活方式，找到与青少年讨论和解决问题的方法，最大限度地帮助他们管理好自己的生活。

案例分析：扎伊纳布

15岁的女孩扎伊纳布（Zainab）情绪很低落。她与母亲同住，因为她的父母离异了，自己与父亲和几个兄弟姐妹没有任何联系。在过去的几个月里，她一直因为友情而痛苦挣扎，总是在放学回家之后拿着手机一个人待在自己的房间里。她的母亲一直很关心她，不想让她承受额外的压力，于是就放松了扎伊纳布晚上不能带着手机上床睡觉的规定。母亲注意到她看上去很疲惫，而扎伊纳布经常暴躁容易发怒，也不想参加以前喜欢的活动。一个周末，扎伊纳布的母亲问她是否打算像往常那样和朋友们一起出去，谁知道扎伊纳布直截了当地回答："不"，然后径直回到了自己的房间。尽管母亲多次尝试想和她聊一聊，然而扎伊纳布不想与母亲待在一起，也不想和她说话。一天夜里，母亲起身听到从扎伊纳布的房间传来一阵微弱的抽泣声。

她推门走进去，发现女儿在哭，手里拿着手机。当时已经凌晨3点。是时候做些什么了。

那天夜里，扎伊纳布和母亲走下楼去喝杯热饮。她们坐在壁炉旁边，扎伊纳布开始倾诉。原来，扎伊纳布和几个曾经很亲密的朋友闹翻了。现在，这几个朋友在社交媒体上对她非常不友善。她在学校里被奚落，但更多的是被孤立，然而尤其是到了夜里，就会有人发很多帖子，开很多恶意的"玩笑"，嘲笑她落单了。她独自一人待在自己的房间里不知道何去何从。她握着手机祈祷情况会有所改善，而实际上可以24小时使用手机让事情变得更糟。

一个好的解决办法

扎伊纳布的母亲能够在深夜里安慰、倾听、同情并帮助女儿。她很想抓起手机给其他女孩打电话，大声呵斥她们，指责她们不友善，但是她知道这于事无补。她帮助扎伊纳布重新入睡，她们商量好先睡一会儿，等脑子可以更清晰地思考问题的时候再进行交谈。

她们决定向学校辅导员寻求帮助，这位辅导员非常了解年轻人的动态。扎伊纳布需要母亲和学校辅导员向她保证，他们不会代表她发声，也不会在采取任何行动前就任何策略达成共识。辅导员推出了一项干预措施，使扎伊纳布不再受到进一步的排斥，而且与朋友们的友情也逐渐回归正常。他们对全班同学进行了一次关于网络欺凌的干预，这让所有人都感到被包容其中。同学们了解到社交痛苦会多么地伤人，也知道了深夜独自一人时被排挤被嘲笑会有多么难过。他们都承诺会停止这种行为。

扎伊纳布和母亲同意恢复以前的家庭规则，即晚上不能带着手机上床睡觉。她和母亲都在晚上9点之后把手机放在楼下充电，并发现她们可以在那之后共度一段特别的时光，看看电视或者聊聊天。扎伊纳布有了更多的睡眠时间，因此也能更好地应对青少年生活的压力和负担。

可能会遇到什么障碍?

年轻人需要知道，对友情问题进行的任何干预都必须小心处理。如果成年人贸然介入（比如当场没收手机），可能会让青少年的处境更加艰难。扎伊纳布可能还没有准备好向母亲敞开心扉，在这种情况下，她的母亲必须要有耐心，而且要能找到其他人与她交谈。

行动要点Ⅰ：创建结构化的讨论和问题解决空间

我们建议你在与年轻人进行有关如何更好地使用社交媒体的对话时，能够结构化地分次安排时间。邀请他们进行有关如何管理在线体验的对话。这些对话应该由年轻人带头，给他们一种参与感和对他们知识的尊重感。倾听与设置界限同等重要。讨论的主题应该鼓励自我反省，并对以下问题作出解答，例如：

- 他们是否把社交媒体用作情绪调节器，当他们感觉不好时就求助于手机?
- 他们在使用社交媒体后感觉如何？这会让他们对自己感觉更好

还是更糟？

- 他们过度使用互联网想要补偿什么？
- 如果遇到令人不快的内容，他们会怎么办？他们会和谁谈论这件事？他们会害怕遇到麻烦吗？
- 有什么他们只会在网上说而不会在现实生活中说的话吗？

你的目标是让他们能够进行自我反省、制定自我管理策略、用批判性的眼光看待内容，并且知道如果在网上遇到麻烦应该怎么办。请记住，由于他们的大脑具有追求自主权的驱动力，因此来自自己的解决方案可能更有效。倾听，保持好奇，不要说教。

行动要点Ⅱ：采用整体分析法来判断青少年的身心状况

青少年做或者不做某件事都容易陷入僵局，尤其是在涉及你的情况下。试着看看你的青少年整体做得如何，而不要担心某一件具体的事情。如果他们有朋友，有兴趣爱好，睡眠良好，玩耍运动两不误，可以与你沟通交流，学习成绩也不错，那么花时间上网放松、玩游戏对他们就没有任何危害。实际上，这可能是他们放松身心和独处时间的主要来源。尽量不要认为所有的屏幕使用都是有害的。这是青少年生活的一部分。

行动要点Ⅲ：以身作则

请记住，成年人和青少年之间最有效的学习形式就是模仿。检查自己使用手机和平板电脑的情况，确保你在社交媒体的合理使用方面做出了好的榜样。时刻准备着对自己痛苦挣扎的事情进行反省。网络世界引人入胜，我们每个人都需要制定策略，小心谨慎地使用。

行动要点Ⅳ：共同商定一些明确的技术界限

在家里使用屏幕必须要有明确的界限。共同决定规则。不要通过召集家庭会议来惩罚使用不当的人，否则年轻人可能会竭尽所能斗争争取。举例来说，在家里，我们建议在饭桌前至少不要使用屏幕，并且在睡前30分钟把所有设备从卧室移除。这一规则必须适用于所有成员。努力尝试，不要违反规则，否则你的青少年就会知道原来这些规则是可以谈判的。使数字排毒成为日常生活的一部分。

行动要点Ⅴ：倾听并尝试从他们的角度出发

如果你在互联网或者游戏使用领域苦苦挣扎，请在提出解决问题的策略之前，保持关注并充满同理心。你很有可能要带领一个年轻人来一起研究如何对这种情况进行管理。举例来说，如果一个年轻人一直被游戏《我的世界》(*Minecraft*)所吸引，那么请尝试了解一下它的吸引力来自哪里。也许你会想到如何把线上兴趣与线下世界联系起来，比如邀请他们一起玩游戏或者加入《我的世界》俱乐部。最新推出的一些游戏巧妙地包含了社交元素，因此，年轻人便与朋友们一起沉迷在游戏中，如果他们突然下线，他们的朋友可能就会失去比分地位。准备好去了解游戏的这些方面，并围绕它们进行谈判。然后，一起设置一个清晰的边界。

行动要点Ⅵ：父母和老师需要通力合作

年轻人很难跨越两个完全不同的管理系统。作为青少年生命中重要的成年人，父母和老师需要通力合作，尽量采用相似的系统。

行动要点 Ⅶ：保护青少年的睡眠

正如你在第十三章中所读到的那样，青少年的睡眠至关重要。智能手机是青少年大脑不太可能抗拒的一个诱惑，因此我们建议制定夜间“禁止在房间内使用手机”的规则。闹钟自18世纪就已经问世，你的青少年可以使用闹钟在清晨唤醒他们。

行动要点Ⅷ：因人而异地制定规则

请记住，所有青少年在大脑如何联结和他们如何体验世界这两个方面都有所不同。当涉及社交媒体和技术的使用时，就像生活的其他任何方面一样，不同的青少年也需要不同的方法。在制定有关社交媒体和技术使用的规则之前，请因人而异，对每个青少年采取整体分析的方法逐一分析。

下载：社交媒体和技术

恐慌围绕着青少年对社交媒体和技术的使用，然而几乎没有证据表明，社交媒体会导致青少年产生心理健康问题。访问社交媒体意味着与同伴建立联系（这是青少年的一个发展驱动力），因此需要谨慎管理。与青少年交流的方式至关重要。设置明确的技术界限，但是也需要花时间进行讨论，以帮助他们了解社交媒体和技术的利与弊。

练习

回想一下，上周你的青少年使用社交媒体和技术的习惯是什么？在家里，青少年使用社交媒体有什么限制吗？在家或者学校是否有特定的使用时间和使用区域限制？手机充电器放在哪里？你是否遵循相同的规则？

……………………………………………………………………………………

……………………………………………………………………………………

……………………………………………………………………………………

社交媒体和技术的利与弊分别是什么？你和你的青少年讨论过这些吗？如果他们持有不同的看法，你的反应是什么？

……………………………………………………………………………………

……………………………………………………………………………………

……………………………………………………………………………………

你的青少年如何知道他们在社交媒体上犯了错（比如上传了一张让他们感到后悔的照片）？你会如何反应？你如何支持青少年在社交媒体和技术使用方面作出明智的选择？

……………………………………………………………………………………

……………………………………………………………………………………

……………………………………………………………………………………

当这件事情发生时	与其这样	不如尝试
学校夏令营快到了，手机被禁止使用。你的青少年觉得如果她不能和你通电话就会想家。	我不管你们老师让不让带着手机参加学校旅行。我想能联系到你，所以你把手机藏在包里好了。如果你需要我，就给我打电话，我接你回家。	你参加学校旅行，我会很想很想你的，我会每天从老师那里了解你的情况。你会发现很多令自己感到惊异的事情，你会发现原来自己也可以。如果你做到了，会为你自己感到骄傲的。
		试着在不同的环境中给青少年传达一致的信息。
不允许青少年在课堂上使用手机。你正在讲课，但是你需要快速查一些东西。	这是我的课堂，我就可以破例，因为我经常需要尽快回复我的信息。	如果我希望青少年养成好的习惯，我需要以身作则，为他们做出榜样。
		示范良好的技术使用习惯。
当游戏操作台被关掉的时候，你的青少年变得非常生气，即使你已经在10分钟之前警告过他。	每次关掉游戏操作台，你都非常生气。如果你下一次还发脾气，我就把那东西扔进垃圾桶里。	在他冷静下来之后，问他："你有没有注意到每次到时间关控制台的时候，你总是会生气？我们可以做点什么来改变这一点吗？你有什么计划吗？我们可以按照你的想法试验两个星期，然后再看。"
		鼓励反思、辩论和对话。

第五部分

写在最后的话

第十七章 愿力量与你同在，卢克

作者把这一章作为整本书中所讨论的原理和与青少年互动的一些核心技巧的执行摘要。请花一些时间阅读本章，因为它会改善你与青少年之间的交流。与青少年交流，释放他们的惊人潜力。

随着青少年大脑的启动，他们被驱使着探索世界，并倾向于学习独特的事物。我们可以提供合适的环境，让青少年进入非凡的智力、社会和情感学习的良性循环。他们拥有一生仅有的一次机会来塑造自己的大脑，为未来做好准备。重要的是，他们广泛的学习意愿意味着积极的和消极的体验，都将在此时对他们产生深远的影响。青少年需要成年人陪伴着他们，指导他们，保证他们在积极的轨道上前进。青少年需要稳定和相互联系的关系以保持学习顺利进行。

在本书的学习过程中，我们讨论了青少年生活中许多有助于其大脑学习的因素。遗传因素和环境因素虽然各自发挥作用，却共同促进了青少年大脑的发育，使其成为最有效的大脑。我们认为，对青少年具有积极支持作用的关系，是学习机器上最大的齿轮，尽管所有因素都在发挥作用。这是一个强有力的信息——你可以给青少年创造积极的改变机会（见图17.1）。

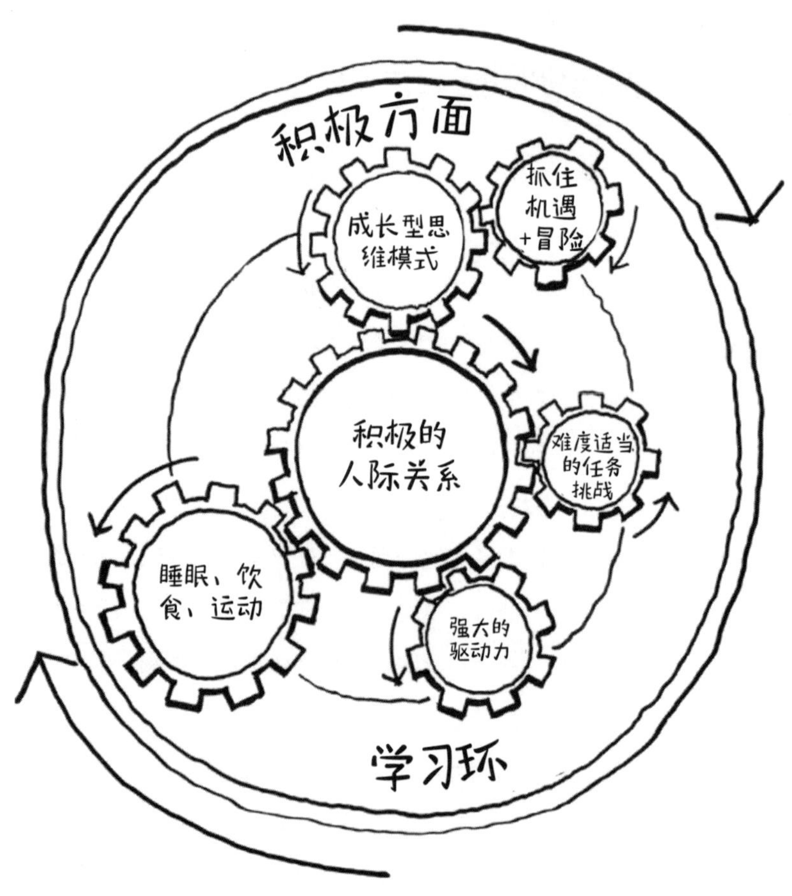

图17.1　解锁青少年的大脑

青少年的大脑正在建设之中，成年人是脚手架

你可能不会感到惊讶，科学告诉我们，实际上，我们在生活中所需要的全部，就是知道当事情变得艰难时，有人会在那里陪着我们。这听起来足够简单，但是对于青少年和那些照顾他们的人来说，存在

两个挑战。第一，你的青少年现在比以往任何时候都更加需要你，但是他们如何表达对你的需要呢？第二，怎样在不侵入他们的空间的前提下让他们知道，你陪伴在他们身边？年幼的孩子更容易读懂——他们在需要拥抱时会高高举起自己的双臂，让你把他们抱起来，便驱散了自己的担忧。对于年幼的孩子来说，一切都是为了与成年人亲近，以受到保护和庇护。但是对于青少年来说，一切是为了独立和保持自己的地位，因此沟通和结果也更加复杂。幸运的是，帮助就在手边。

七步计划——愿力量与你同在，卢克

- 也许是这种情形激怒了你？（MAY be this situation pushed your buttons?）
- 行为需要解码，它们究竟在告诉你什么？（THE behaviour needs decoding, what are they really telling you?）
- 强迫自己等待情绪稳定下来（FORCE yourself to wait while the emotion settles）
- 陪伴在青少年身边，和他们在一起（BE alongside, be with your teen）
- 暂时保留自己的意见，只是倾听（WITH hold your advice for now and just listen）
- 如果你的青少年无法描述这种情绪，你来（YOU describe the emotion if your teen can't）
- 稍后寻找合适的时机再谈，思考解决方案和学习要点（LUKE (Look) for a suitable time to talk it out later, think about solutions and learning points）

图17.2　愿力量与你同在，卢克

借助于大脑科学和心理学研究，我们制定了一个七步计划。当你的青少年情绪很激动，而你又想为他们提供帮助时，这个计划会指导你“当时”应该做些什么。这是一个情绪调节的进修班。当情绪高涨时，你和你的青少年都不大可能使用思维大脑（请参阅第二章）；而且我们知道，在压力很大的时候，也很难采用一种新的方法（请参阅第三章）以应对问题，因此我们开发了一套容易记忆的方法，帮助你立即做出反应。

我们用指导步骤的第一个单词组成一个熟悉的短语——May The Force Be With You, Luke（愿力量与你同在，卢克）——作为备忘录，但是对于想传达的信息，我们不想漏掉一个字。我们所描述的观点是严肃的，你很可能会在情绪低沉或者心烦意乱的情况下应用，因此我们希望你采纳这一观点。我们的目标是让你开动思维大脑，从而帮助你的青少年也能够冷静思考。

步骤一：也许是这种情形激怒了你？

（MAY be this situation pushed your buttons？）

我们通常认为自己是理性的，毕竟我们已经是成年人了，然而过往的体验会对我们的交流方式产生重大影响。我们带着自己的人生过往与下一代进行互动，有时候是有意识地，但通常情况下是无意识地。我们抚育一个青少年，时常可能会觉得费心费力、容易情绪激动，在某些情况下尤其如此，比如惹我们生气的时候。所以，首先要放松，承认我们在关系中都有模式和倾向，然后要承认这些倾向。调整并关注你对青少年的反应。当你对年轻人的言论或者行为产生强烈的情感反应时，那很可能就是一个线索。如果青少年在你的有机化学课上高谈阔论，这是否会导致你对教授这门课缺乏信心？房间乱七八糟会让你生气吗？那是因为你自己的母亲习惯把东西堆放成山，让家里无从下脚吗？请注意触发你情绪的导火索是什么，并进行反省。随着一步步深入，你逐渐可以控制自己的第一反应，剔除由过往经验造成的冲动，因为只有这样你才能弄清楚什么对你面前的这个年轻人最好。不要对自己太过苛刻，给自己一点时间，一切将变得更加容易。

练习

写出你的青少年触发你强烈身体或者情感反应的三种情况（比如，当他们生气时，当他们被朋友孤立时，当他们学习不用功时）。

情况Ⅰ：

……………………………………………………………………………………

……………………………………………………………………………………

情况Ⅱ：

……………………………………………………………………………………

……………………………………………………………………………………

情况Ⅲ：

……………………………………………………………………………………

……………………………………………………………………………………

你认为这与你童年时期的体验或者家庭经历可能有什么关系吗？

……………………………………………………………………………………

……………………………………………………………………………………

……………………………………………………………………………………

当这件事情发生时	与其这样	不如尝试
你的青少年打算和朋友们一起出去玩，但是你想要劝阻他——即使你的朋友指出，那没有什么风险。	他为什么如此坚持要和朋友们一起出去玩？这会影响全家人，他不回来谁也睡不着觉。	我想知道自己为什么对这件事反应这么大？辗转反侧，让我难以入眠。当我还是个小孩子的时候，曾经有好多次觉得夜里不安全。这可能会阻碍青少年的成长和发展。
		设身处地进入激怒你的情境。

步骤二：行为需要解码，它们究竟在告诉你什么？

（THE behaviour needs decoding, what are they really telling you？）

所有的行为都是一种交流，然而这门语言在青春期更加复杂难懂。事情并不总是像看起来那样。如果你的青少年某一天突然不喜欢自己的发型，他们可能会在整个上午暴躁易怒，动不动就对你发脾气（个人经历）。如果我们直接对这种行为的“表面现象”做出回应——让他们收敛自己的坏脾气——我们将失去为他们提供实际所需的支持的机会。在这种情况下，他们真正需要的可能是让他们不再担心自己的相貌，或者有自信邀请喜欢的女孩出去约会。陪伴青少年一起成长的成年人需要发展读懂青少年需求的能力。

练习

写出本周内你的青少年与以往表现大相径庭甚至做出极端行为的三种情况。

情况Ⅰ：

……………………………………………………………………………………

……………………………………………………………………………………

情况Ⅱ：

……………………………………………………………………………………

……………………………………………………………………………………

情况Ⅲ：

……………………………………………………………………………………

……………………………………………………………………………………

你认为在这种行为的背后可能发生了什么？

……………………………………………………………………………………

……………………………………………………………………………………

你觉得下一次你会如何做出反应，以帮助他们对这次体验进行反思？

……………………………………………………………………………………

……………………………………………………………………………………

……………………………………………………………………………………

当这件事情发生时	与其这样	不如尝试
你的青少年性情暴躁，粗鲁无礼，这很不寻常。	我不会容忍这样的行为。我要让她面壁思过，让她因为自己的无礼受到惩罚。	我想知道到底发生了什么，因为这很不像她。我想知道她是否正在因为什么事情痛苦挣扎。我将开启这个对话，让她知道我在她身边。
		读懂需求。

步骤三：强迫自己等待情绪稳定下来

（FORCE yourself to wait while the emotion settles）

当青少年正在经历强烈的情感时，他们的情感大脑占据主导地位，占用了绝大部分脑力，这意味着他们没有多余的脑力进行理性的逻辑思考。当一个青少年说出“我痛恨我的生活”这样极端的话语时，此时的强烈情感是正常的，实际上也是成长的重要部分。

还记得第十章中的雪景球干预吗？请耐心等待雪花落定，在此之前不要尝试任何推测。等待的时候不要无所事事，你可以花一些时间来反思自己的情绪反应（请参阅步骤一）。只有当青少年情绪稳定下来，思维大脑开始运转的时候，他们才能够反思和交流。

练习

写出在本周内你的青少年出现极端情绪的三种情况。在他们做好准备开口谈论之前花了多长时间（可能是几分钟、几个小时或者好几天）？

情况Ⅰ：

……………………………………………………………………………………

……………………………………………………………………………………

情况Ⅱ：

……………………………………………………………………………………

……………………………………………………………………………………

情况Ⅲ：

……………………………………………………………………………………

……………………………………………………………………………………

当这件事情发生时	与其这样	不如尝试
你的青少年的考试成绩比她希望的分数低了很多。她心烦意乱，一句话也不说。	我知道这是因为她学习不够努力。忠言逆耳，我知道这话很难听，但是她必须听到——否则她怎么学习?	我知道这是因为她学习不够努力，但是现在不是谈论这个的时候。我可以先让她好好睡一觉，明天放学回来再说。
		让情绪平静下来。

步骤四：陪伴在青少年身边，和他们在一起

（BE alongside, be with your teen）

在自己信任的人的陪伴下，人的大脑会压力减轻——还记得第十五章中的握手实验吗？只要陪伴在青少年的身边，世界对他们的威胁感就会减少。虽然你的青少年可能不会真的握着你的手，然而坐在他们身边，花时间倾听并感同身受，可能会产生相同的效果。向年轻人传达一个信息，即与他人分享情感经历——不论是好的，还是不好的——是个好主意。这种分享能力对他们的情感健康非常重要。

在某些特定的情况下，如果你不是陪伴青少年的最佳人选，请帮助他们找到合适的人。无意冒犯，即使不是你，但这也并不意味着他们不在乎你。在某些特定情况下，父亲或者母亲、某位老师或者某个特定的成年人，可能会比其他人更有帮助，这取决于他们的能力特长和行事方式。在理想的状况下，可以召集好几个值得信赖的成年人，为年轻人提供一个可以放心袒露自己情感经历的庇护所。

当与其他人在一起的时候，我们能够更好地应对，所以把这一点教给青少年。

练习

每个青少年都是独一无二的。当你的青少年感觉到有压力时，他/她会如何应对？你怎样来到他的身边，给予他支持？当每个人都在用自己的思维大脑冷静思考的时候，你会询问你的青少年在他感到压力巨大的时候，你可以说些或者做些什么对他最有帮助吗？

………………………………………………………………………………………

………………………………………………………………………………………

………………………………………………………………………………………

当这件事情发生时	与其这样	不如尝试
你15岁的儿子放学像向旋风一样冲进了家门，径直奔向饼干罐，并冲着你大喊：怎么没有蛋糕了？为什么妹妹都吃光了？	如果你再用那种语气和我说话，就罚你下周不准出门。	我想知道在学校里是否发生了什么。肯定和蛋糕无关。到底发生了什么事情？我会提醒他大喊大叫是不行的，然后等待"雪花落定"。当他准备好（而且他的思维大脑开始工作）的时候，我将尝试弄清楚到底是什么让他如此烦躁。我会设法帮助他找到另一种管理情绪的办法，以便下次应对。
		当他们感到压力的时候，陪伴在他们身边。

步骤五：暂时保留自己的意见，只是倾听

（WITH hold your advice for now and just listen）

当我们在乎的人正在悲伤或生气时，真正停下来、真正深入地聆听而不做出任何反应是很难的。为了帮助他们管理这些强烈的情绪/情感，我们必须首先聆听。当我们大声说出来的时候，就可以更有效地解决问题，因此，给你的青少年一个开口的机会很重要——即使一开始可能会有些语无伦次、自相矛盾。

如果太快给出你自己的理论（你确定不是因为太专横他们才无视你？），责备他们（我以前告诉过你不要和那个朋友在一起，他是个令人讨厌的人）或者尝试挽救他们（如果感到害怕，就不要去参加学校旅行了），他们将不能自己解决问题。可以稍微等一会儿再发表你的意见，也请一定要先聆听。

如果他们把你推开，请告诉他们，稍后你会再回来查看，而且只要他们愿意，你时刻准备着聆听。

你可能会尝试着把他们所说的内容转述回去（有时称为反应性聆听），因为这的确是一种非常有效的让他人知道你已经听到他们所说的话的方法。仅此一点就会产生积极的影响。

练习

你用什么方式告诉你的青少年自己真的在认真倾听他们所说的话？注意你的话语和身体语言，注意你对他们正在诉说的事情的反应。

………………………………………………………………………………

………………………………………………………………………………

当这件事情发生时	与其这样	不如尝试
你的青少年在看完一个老朋友发给她的短信之后，把这个朋友从派对邀请名单上划掉了。	我认为你不邀请你的朋友对她很不友善。你需要学会善待朋友。	我觉得你说的是，你看了她发给你的短信之后感觉非常烦恼，那也是你不邀请她来家里参加派对的原因。但是现在，你又因为没有邀请她而感觉不好，是吧？
		先倾听，不要急于发表自己的理论或者建议。

步骤六：如果你的青少年无法描述这种情绪，你来

（YOU describe the emotion if your teen can't）

给青少年的情绪“贴上标签”——这可以帮助他们稍稍冷静一些。当自己的情绪由一位可信赖的成年人描述出来时，大脑的反应强度就会减弱，思维大脑也会开始工作。这是支持情绪调节的一种重要方式，

不过时机很关键。尽量不要介入太早，请牢记这个步骤之前的所有步骤；随着时间的流逝，你可以试探性地发表评论：“看来你现在真的很生那个朋友的气。”如果你听到的是一声响亮的拒绝，那么你很可能已经完全正确地描述了他们的情绪，不过这也可能是你介入太早，他们的情感大脑仍占据主导地位的表现，如果是这样，请就此打住，稍候再试。

练习

每天和你的青少年一起有意识地说出三种情绪——当这种情绪产生的时候，无论好坏，而且尽可能地具体。鼓励你的青少年也这么做，尽管当他们情绪激动的时候要做到很难。

情绪Ⅰ：

……………………………………………………………………………………

……………………………………………………………………………………

情绪Ⅱ：

……………………………………………………………………………………

……………………………………………………………………………………

情绪Ⅲ：

……………………………………………………………………………………

……………………………………………………………………………………

当这件事情发生时	与其这样	不如尝试
你的青少年说他胃疼，所以干脆就不去朋友家了。	我认为你不是生病了。胃疼只是因为你害怕。你的身体没有任何问题。	我想知道你的胃怎么了。你可能真的有一点不舒服，但是我也想知道，是不是因为你不想去朋友家。我记得上一次你去玩得不开心，因为被迫做了一些让你感觉不舒服的事情。
		如果你的青少年无法描述这种情绪，你可以尝试着描述——不过一切在于时机。

步骤七：稍后寻找合适的时机再谈，思考解决方案和学习要点

（LUKE (Look) for a suitable time to talk it out later, think about solutions and learning points）

严格来说，这并非“当时”就要实施的一个步骤，而是一段时间之后。等待几个小时甚至几天之后，寻找一个平静的、不会被打扰的时间进行交谈。尊重他们的恢复节奏。

青少年想要而且需要我们的指导，但是他们希望成为对话的伙伴，因此请等待他们，在合适的时机再开启对话。

尝试将困难时刻视为学习机会，并为下一个困难时刻制订计划、未雨绸缪。

授人以鱼不如授人以渔。不要只给青少年一条鱼，教会他们如何钓鱼。

目前的状况可能需要解决，但是从这些体验中所吸取的广泛教训弥足珍贵。青少年对参加街舞团的试镜是否过度投入？你的青少年将来打算怎样避免可能随之而来的成绩下降？他们能否把街舞团安排在一年中学习任务比较少的某个时间？

尝试支持年轻人阐明以解决方案为中心的原则，这些原则可以继续在他们以后的生活中发挥作用——而不只是当下。

如果青少年做出了错误选择或者感到羞耻的事情，和他们谈论这些情况。这一点尤其重要，因为这很可能是重要的学习机会。即使你无法容忍他们的某种行为，或者正在因为他们跨越界限而考虑后果时，你对他们的热爱、支持和理解仍然可以保持不变。感同身受与坚守界限并不相悖。

练习

想一想在你年轻的时候，在经历了一段艰难的情感体验之后，你做好了谈论那件事情的准备，那是几个小时或者几天之后？在这方面每个人都各不相同。你的青少年呢？你觉得什么方法对他们最有效？

……………………………………………………………………………………

……………………………………………………………………………………

……………………………………………………………………………………

当你年轻的时候，你最愿意对哪些人敞开心扉？是那些能够认真倾听并及时回应需求的成年人吗？他们怎么让你做到了这一点？

……………………………………………………………………………………

……………………………………………………………………………………

……………………………………………………………………………………

当这件事情发生时	与其这样	不如尝试
上个星期你的青少年和朋友一起喝了太多的酒，最后吐在了地板上。你不得不去把她接回来。第二天早上她真的觉得特别惭愧。她已经给朋友的父母写了道歉信，但是拒绝谈论这件事情。	回想起来那天晚上一定非常糟糕。关于那天晚上的谈话对她来说肯定很难，就先这样算了吧，希望她能吸取教训。	那是一个糟糕的夜晚，有关那个夜晚的谈话肯定很困难，但我必须找个时间和她谈一谈。她肯定会觉得尴尬，所以我不能操之过急。开启对话的时间就由她选择吧。我们需要一起来解决这个问题，以防这样的事情再次发生。
		稍后再进行谈话。

保持冷静并坚持下去，学习新技能需要时间

万事开头难。如果一开始觉得举步维艰，那完全在意料之中，因为你和你的青少年正在学习一项新的技能——坚持以上七步计划，并定期实践。

正如你所知道的，建立新的大脑回路需要时间。

保持成长型思维模式。

有时你也会犯错，但是如果你愿意反思，或许会说，“我觉得今天上午对某种状况的反应不好”，你的青少年会相信你对他们的承诺并茁壮成长，你们之间的亲子关系也会越来越好。

一开始青少年可能会提出抗议，但是请透过表面现象关注他们行为的背后原因，你会发现建设性的交流正在逐渐展开，而且时机到了，他们会向你走来。

到此结束

撰写这本书让我们重新对青少年心怀敬意，我们希望阅读这本书对你也有帮助。青少年大胆、情感充沛、体贴、勇敢、敏感、具有创新开拓精神、励志、有探索精神、有趣。他们以令人目眩的速度体验着人生诸多的第一次，同时不断把学术学习和生活学习的界限推向新的高度。两者完成其一便令人印象深刻，两者同时做到绝对是了不起的，不可思议，真的！

就这样，到此结束。

延伸阅读

序言

Fuhrmann, D., Knoll, L.J. and Blakemore, S–J. (2015) 'Adolescence as a sensitive period of brain development.' Trends in Cognitive Sciences 19, 10, 558 – 566.

Tamnes, C., Herting, M., Goddings, A–L., Meuwese, R. et al. (2017) 'Development of the cerebral cortex across adolescence: A multisample study of interrelated longitudinal changes in cortical volume, surface area and thickness.' Journal of Neuroscience 37, 12, 3402 – 3412.

第一章　升级在即的大脑

Aslin, R.N. and Banks, M.S. (1978) 'Early Visual Experience in Humans: Evidence for a Critical Period in the Development of Binocular Vision.' In H.L. Pick, H.W. Leibowitz, J.E. Singer, A. Steinschneider and H.W. Stevenson (eds) Psychology: From Research to Practice. Boston, MA: Springer.

Barry, S. (2008) The Secret Scripture. London: Faber & Faber.

Bryan, C., Yeager, D.S., Hinojosa, C., Chabot, A.M., Bergen, H., Kawamura, M. and Steubing, F. (2016) 'Harnessing adolescent values to motivate healthier eating.' Proceedings of the National Academy of Sciences of the USA 113, 29, 10830 – 10835.

Dahl, R. (2004) 'Adolescent brain development: A period of vulnerabilities and opportunities.' Annals of New York Academy of Sciences 1021, 1 – 22.

Dahl, R.E., Allen, N.B., Wilbrecht, L. and Suleiman, A.B. (2018) 'Importance of investing in adolescence from a developmental science perspective.' Nature 554, 7693, 441.

Department for Education, UK (2017) Transforming Children and Young People's Mental Health Provision: A Green Paper (Secretary of State for Health and Secretary of State for Education). Retrieved from https://assets.publishing.service.gov.uk/government/uploads/system/uploads/attachment_data/file/664855/Transforming_children_and_young_people_s_mental_health_provision.pdf, accessed on 08 May 2019.

Foulkes, L. and Blakemore, S–J. (2018) 'Studying individual differences in human adolescent brain development.' Nature Neuroscience 21, 3, 315 – 323.

Fuhrmann, D., Knoll, L.J. and Blakemore, S–J. (2015) 'Adolescence as a sensitive period of brain development.' Trends in Cognitive Sciences 19, 10, 558 – 566.

Giedd, J.N., Blumenthal, J., Jeffries, N.O., Castellanos, F.X. et al. (1999) 'Brain development during childhood and adolescence: A longitudinal MRI study.' Nature Neuroscience 2, 861 – 863.

Gogtay, N., Ordonez, A., Herman, D.H., Hayashi, K.M. et al. (2007) 'Dynamic mapping of cortical development before and after the onset of pediatric bipolar illness.' Journal of Child Psychology and Psychiatry 48, 9, 852 – 862.

Immordino–Yang, M., Darling–Hammond, L. and Krone, C. (2018) The Brain Basis for

Integrated Social, Emotional and Academic Development: How Emotions and Social Relationships Drive Learning. Washington, DC: The Aspen Institute.

Kessler, R.C., Berglund, P., Demler, O., Jin, R., Merikangas, K.R. and Walters, E.E. (2005) 'Lifetime prevalence and age-of-onset distributions of DSM-IV disorders in the National Comorbidity Survey Replication.' Archives of General Psychiatry 62, 6, 593 - 602.

Lee, F.S., Heimer, H., Giedd, J.N., Lein, E.S. et al. (2014) 'Mental health: Adolescent mental health- opportunity and obligation.' Science 346, 547 - 549. Special Issue on the Teenage Brain (2013) Current Directions in Psychological Science.

Tamnes, C., Herting, M., Goddings, A-L., Meuwese, R. et al. (2017) 'Development of the cerebral cortex across adolescence: A multisample study of interrelated longitudinal changes in cortical volume, surface area and thickness .' Journal of Neuroscience 37, 12, 3402 - 3412.

第二章　思考和感觉

Gilbert, P. (2010) The Compassionate Mind (Compassion Focused Therapy). London: Constable Books.

MacLean, P.D. (1990) The Triune Brain in Evolution: Role in Paleocerebral Functions. New York: Plenum Press.

Senninger, T. (2015) The Learning Zone Model. Retrieved from www.thempra.org.uk/social-pedagogy/key-concepts-in-social-pedagogy/the-learning-zone-model, accessed on 08 May 2019.

Vygotsky, L.S. (1978) Mind in Society: The Development of Higher Psychological Processes. Cambridge, MA: Harvard University Press.

Willis, J. (2009) How Your Child Learns Best: Brain-Friendly Strategies You Can Use to Ignite Your Child's Learning and Increase School Success. Naperville, IL: Sourcebooks Inc.

第三章　学习和相信

Boaler, J. (2016) Mathematical Mindsets: Unleashing Students' Potential through Creative Math, Inspiring Messages and Innovative Teaching. San Francisco, CA: Jossey-Bass.

Dweck, C. (2012) Mindset: How You Can Fulfil Your Potential. London: Robinson.

Ericsson, K.A., Krampe, R. and Tesch-Romer, C. (1993) 'The role of deliberate practice in the acquisition of expert performance.' Psychological Review 100, 363 - 406.

Gladwell, M. (2008) Outliers: The Story of Success. London: Little, Brown and Company.

Mosner, J.S., Schroder, H.S., Heeter, C., Moran, T.P. and Lee, Y.H. (2011) 'Mind your errors: Evidence for a neural mechanism linking growth mind-set to adaptive post-error adjustments.' Psychological Science 22, 12, 1484 - 1489.

Obama, M. (2014) 'Remarks by the First Lady at San Antonio Signing Day Reach Higher Event.' University of Texas, San Antonio, Texas.

Okonofua, J.A., Paunesku, D. and Walton, G.M. (2016) 'A brief intervention to encourage empathic discipline halves suspension rates among adolescents.'Proceedings of the National Academy of Sciences.

Shatz, C.J. (1992) 'The developing brain.' The Scientific American 267, 60 - 67.

第四章　联结、观察和吸收

Bandura, A. (1976) Social Learning Theory. London: Pearson.

Dawson, P. and Guare, R. (2008) Smart But Scattered: The Revolutionary 'Executive Skills' Approach to Helping Kids Reach Their Potential. New York: Guilford Press.

Pavlov, I.P. (2011) Conditioned Reflexes and Psychiatry - Lectures on Conditioned Reflexes, Vol 2. New York: Cullen Press.

Skinner, B.F. (1998) About Behaviourism. New York: Random House.

第五章　爱他人

BBC (2018) The Anatomy of Loneliness. Retrieved from www.bbc.co.uk/programmes/articles/2yzhfv4DvqVp5nZyxBD8G23/who-feels-lonely-the-results-of-the-world-s-largest-loneliness-study, accessed on 08 May 2019.

Blakemore, S-J. (2012) 'Development of the social brain in adolescence.' Journal of the Royal Society of Medicine 105, 111 - 116.

Casey, B.J., Heller, A.S., Gee, D.G. and Cohen, A.O. (2019) 'Development of the emotional brain.' Neuroscience Letters 693, 29 - 34.

Eisenberger, N.I. (2012) 'The neural bases of social pain: Evidence for shared representations with physical pain.' Psychosomatic Medicine 74, 2.

Eisenberger, N.I., Lieberman, M.D. and Williams, K.D. (2003) 'Does rejection hurt? An fMRI study of social exclusion.' Science 203, 290 - 292.

Hamilton, D.I., Katz, L.B. and Leirer, V.O.V. (1980) 'Cognitive representation of personality impressions: Organisational processes in first impression formation.'Journal of Personality and Social Psychology 39, 6, 1050.

Harari, Y.N. (2015) Sapiens: A Brief History of Humankind. New York: Vintage Press.

Lieberman, M.D. (2012) 'Education and the social brain.' Trends in Neuroscience and Education 1, 1, 3 - 9.

Lieberman, M.D. (2015) Social: Why Our Brains Are Wired to Connect. Oxford: Oxford University Press.

Lieberman, M.D. and Eisenberger, N.I. (2009) 'Pains and pleasures of social life.' Science 323, 890 - 891.

Raichle, M., MacLeod, A.M., Snyder, A.Z., Powers, W.J., Gusnard, D.A. and Shulman, G.L. (2001) 'A default mode of brain function.' Proceedings of the National Acadamy of Sciences of the USA 98, 676 - 682.

Rilling, J.K., Gutman, D.A., Zeh, T.R., Pagnoni, G., Berns, G.S. and Kils, C.D. (2002)'A neural basis for social cooperation.' Neuron 35, 2, 395 - 405.

Sebastian, C., Viding, E., Williams, K. and Blakemore, S-J. (2010) 'Social brain development and the affective consequences of ostracism in adolescence.' Brain & Cognition 72, 134 - 145.

Slavin, E.R., Lake, C., Inns, A., Baye, A., Dachet, D. and Haslam, J. (2019)'A Quantitative Synthesis of Research on Writing Approaches in Years 3 to 13.'London: Education Endowment Foundation.

Valliant, G.E. (2012) Triumphs of Experience: The Men of the Harvard Grant Study. Cambridge, MA: Belknap Press.

第六章　不知所措

Masten, A.S. (2014) Ordinary Magic: Resilience in Development. New York: Guilford.

National Institute for Health and Care Excellence (2017) Clinical Guideline 28.

Depression in Children and Young People: Identification and Management in Primary, Community and Secondary Care. Retrieved from www.nice.org.uk/guidance/cg28, accessed on 06 June 2019.

Department of Health and NHS England (2017) Mental health of children and young people in England. Retrieved from https://digital.nhs.uk/data–and–information/publications/statistical/mental–health–of–children–and–young–people–in–england/2017/2017, accessed on 08 May 2019.

Volkow, N.D., Koob, G.F., Croyle, R.T., Bianchi, D.W. et al. (2018) 'The conception of the ABCD study: From substance use to a broad NIH collaboration.' Developmental Cognitive Neuroscience 32, 4 – 7. Retrieved from www.sciencedirect.com/science/article/pii/S1878929317300725?via%3Dihub, accessed on 08 May 2019.

第七章　神经多样性与茁壮成长

Cancer, A., Manzoli, S. and Antonietti, A. | Besson, M. (Reviewing Editor) (2016) 'The alleged link between creativity and dyslexia: Identifying the specific process in which dyslexic students excel.' Cogent Psychology 3, 1.

Geschwind, N. (1982) 'Why Orton was right.' Annals of Dyslexia 32, 13 – 30.

Kapp, S.K., Gillespie–Lynch, K., Sherman, L.E. and Hutman, T. (2013) 'Deficit, difference, or both? Autism and neurodiversity.' Developmental Psychology 49, 1, 59 – 71.

Mandy, W., Murin, M., Baykaner, O., Staunton, S. et al. (2016) 'The transition from primary to secondary school in mainstream education for children with autism spectrum disorder.' Autism 20, 1, 5 – 13.

Mannuzza, S. and Klein, R.G. (2000) 'Long–term prognosis in attention–deficit/hyperactivity disorder.' Child and Adolescent Psychiatric Clinics of North America 9, 3, 711 – 726.

第八章　破解社交密码

Blakemore, S–J. (2008) 'The social brain in adolescence.' Nature Reviews Neuroscience 9, 267 – 277.

Blakemore, S–J. (2018) Inventing Ourselves: The Secret Life of the Teenage Brain. New York: Doubleday.

Blakemore, S–J. and Mills, K.L. (2014) 'Is adolescence a sensitive period for sociocultural processing?' Annual Review of Psychology 65, 187 – 207.

Bowlby, J. (2005) Attachment Theory. Abingdon: Routledge.

Foulkes, L. and Blakemore, S–J. (2016) 'Is there heightened sensitivity to social reward in adolescence?' Current Opinion in Neurobiology 40, 81 – 85.

Gunther Moor, B., van Leijenhorst, L., Rombouts, S., Crone, E. and Van der Molen, M.(2010) 'Do you like me? Neural correlates of social evaluation and developmental trajectories.' Social Neuroscience 5, 5 – 6, 461 – 482.

Guyer, A.E., Choate, V.R., Pine, D.S. and Nelson, E.E. (2011) 'Neural circuitry underlying affective response to peer feedback in adolescence.' Social Cognitive and Affective Neuroscience 7, 1, 81 – 92.

Maslova, L.N., Bulygina, V.V. and Amstislavskaya, T.G. (2010) 'Prolonged social isolation and social instability in adolescence in rats: Immediate and long–term physiological and behavioral effects.'

Neuroscience and Behavioral Physiology 40, 9, 955.

Nelson, E.E., Jarcho, J.M. and Guyer, A.E. (2016) 'Social re–orientation and brain development: An expanded and updated view.' Developmental Cognitive Neuroscience 17, 118 – 127.

Ruggieri, S., Bendixen, M., Gabriel, U. and Alsaker, F. (2013) 'Cyberball: The impact of ostracism on the well–being of early adolescents.' Swiss Journal of Psychology 72, 2, 103 – 109.

Sebastian, C., Viding, E., Williams, K. and Blakemore, S–J. (2010) 'Social brain development and the affective consequences of ostracism in adolescence.' Brain & Cognition 72, 134 – 145.

Somerville, L.H. (2013) 'The teenage brain: Sensitivity to social evaluation.' Current Directions in Psychological Science 22, 2, 121 – 127.

Somerville, L.H., Jones, R.M., Ruberry, E.J., Dyke, J.P., Glover, G. and Casey, B.J. (2013) 'The medial prefrontal cortex and the emergence of self–conscious emotion in adolescence.' Psychological Science 24, 8, 1554 – 1562.

Yeager, D.S. and Dweck, C.S. (2012) 'Mindsets that promote resilience: When students believe that personal characteristics can be developed.' Educational Psychologist 47, 4, 302 – 314.

第九章　冒险与应变

Byrnes, J.P., Miller, D.C. and Schafer, W.D. (1999) 'Gender differences in risk taking: A meta–analysis.' Psychological Bulletin 125, 3, 367 – 383.

Casey, B.J., Heller, A.S., Gee, D.G. and Cohen, A.O. (2019) 'Development of the emotional brain.' Neuroscience Letters 693, 29 – 34.

Chein, J., Albert, D., O'Brien, L., Uckert, K. and Steinberg, L. (2011) 'Peers increase adolescent risk taking by enhancing activity in the brain's reward circuitry.'Developmental Science 14, 2, F1 – F10.

Crone, E. and Dahl, R. (2012) 'Understanding adolescence as a period of social–affective engagement and goal flexibility.' Nature Reviews Neuroscience 13, 9, 636 – 650.

Decker, J.H., Lourenco, F.S., Doll, B.B. and Hartley, C.A. (2015) 'Experiential reward learning outweighs instruction prior to adulthood.' Cognitive, Affective and Behavioral Neuroscience 15, 2, 310 – 320.

Do, K.T., Guassi Moreira, J.F. and Telzer, E.H. (2016) 'But is helping you worth the risk? Defining prosocial risk taking in adolescence.' Developmental CognitiveNeuroscience 25, 260 – 271.

Duell, N. (2018) 'Positive risk taking in adolescence.' Dissertation submitted to Temple University Graduate Board for Doctor of Philosophy.

Galvan, A. (2013) 'The teenage brain: Sensitivity to reward.' Current Directions in Psychological Science 22, 2, 88 – 93.

Greaves, M. (2018) 'A causal mechanism for childhood acute lymphoblastic leukaemia.' Nature Reviews Cancer 18, 8, 471 – 484.

Logue, S., Chein, J., Gould, T., Holliday, E. and Steinberg, L. (2014) 'Adolescent mice, unlike adults, consume more alcohol in the presence of peers than alone.'Developmental Science 17, 1, 79 – 85.

Pfeifer, J.H., Masten, C.L., Moore, W.E., Oswald, T.M. et al. (2011) 'Entering adolescence: Resistance to peer influence, risky behavior, and neural changes in emotion reactivity.' Neuron 69, 5, 1029 – 1036.

Silva, K., Chein, J. and Steinberg, L. (2016) 'Adolescents in peer groups make more prudent decisions when a slightly older adult is present.' Psychological Science 27, 3, 322 – 330.

Silva, K., Shulman, E.P., Chein, J. and Steinberg, L. (2015) 'Peers increase late adolescents' exploratory behavior and sensitivity to positive and negative feedback.' Journal of Research on Adolescence 26, 4, 696 - 705.

Steinberg, L. (2007) 'A social neuroscience perspective on adolescent risk-taking.'Developmental Review 28, 78 - 106.

Steinberg, L. (2014) The Age of Opportunity: Lessons from the New Science of Adolescence. New York: Houghton Mifflin Harcourt Publishing.

Steinberg, L., Icenogle, G., Shulman, E.P., Breiner, K. et al. (2017) 'Around the world, adolescence is a time of heightened sensation seeking and immature self-regulation.' Developmental Science 21, 1, 1 - 13.

Telzer, E., Ichien, N. and Qu, Y. (2015) 'Mothers know best: Redirecting adolescent reward sensitivity toward safe behavior during risk taking.' Social Cognitive and Affective Neuroscience 10, 10, 1383 - 1391.

Van Hoorn, J., Fuligni, A.J., Crone, E.A. and Galvan, A. (2016) 'Peer influence effects on risk-taking and prosocial decision-making in adolescence: Insights from neuroimaging studies.' Current Opinion in Behavioral Sciences 10, 59 - 64.

Weigard, A., Chein, J., Albert, D., Smith, A. and Steinberg, L. (2014) 'Effects of anonymous peer observation on adolescents' preference for immediate rewards.'Developmental Science 17, 71 - 78.

第十章　强烈的情感和强大的驱动力

Bryan, C.J., Yeager, D.S., Hinojosa, C.P., Chabot, A. et al. (2016) 'Harnessing adolescent values to motivate healthier eating.' Proceedings of the National Academy of Sciences of the USA 113, 39, 10830 - 10835.

Casey, B.J., Heller, A.S., Gee, D.G. and Cohen, A.O. (2017) 'Development of the emotional brain.' Neuroscience Letters 693, 29 - 34.

Dahl, R.E., Allen, N.B., Wilbrecht, L. and Suleiman, A.B. (2018) 'Importance of investing in adolescence from a developmental science perspective.' Nature 554, 7693, 441.

Damour, L. (2017) Untangled: Guiding Teenage Girls through the Seven Transitions into Adulthood. New York: Ballantine Books.

Damour, L. (2019) 'How to help teens weather their emotional storms.' New York Times, February 12. Retrieved from www.nytimes.com/2019/02/12/well/family/how-to-help-teens-weather-their-emotional-storms.html, accessed on 08 May 2019.

Fry, S. (2009) 'Stephen Fry's letter to himself: Dearest absurd child.' The Guardian, April 30. Retrieved from www.theguardian.com/media/2009/apr/30/stephen-fry-letter-gay-rights, accessed on 08 May 2019.

Gopnik, A. (2016) The Gardener and the Carpenter. New York: Farrar, Straus & Giroux.

Peper, J.S. and Dahl, R.E. (2013) 'Surging hormones: Brain-behavior interactions during puberty.' Current Directions in Psychological Science 22, 2, 134 - 139.

Rogers, C.R., Perino, M.R. and Telzer, E.H. (2019) 'Maternal buffering of adolescent dysregulation in socially appetitive contexts: From behaviour to the brain.'Journal of Research on Adolescence. DOI: 10.1111/jora.12500

Silvers, J.A., McRae, K., Gabrieli, J.D., Gross, J.J., Remy, K.A. and Ochsner, K.N. (2012) 'Age-related differences in emotional reactivity, regulation, and rejection sensitivity in adolescence.' Emotion 12, 1235 - 1247.

Stephens–Davidowitz, S. (2018) 'The songs that bind us.' New York Times, February 10. Retrieved from www.nytimes.com/2018/02/10/opinion/sunday/favorite–songs.html, accessed on 08 May 2019.

Torre, J.B. and Lieberman, M.D. (2018) 'Putting feelings into words: Affect labeling as implicit emotion regulation.' Emotion Review 10, 2, 116 – 124.

第十一章　自我反省

Altikulaç, S., Lee, N.C., van der Veen, C., Benneker, I., Krabbendam, L. and van Atteveldt, N. (2019) 'The teenage brain: Public perceptions of neurocognitive development during adolescence.' Journal of Cognitive Neuroscience 31, 3, 339 – 359.

Becht, A.I., Nelemans, S.A., Branje, S.J.T., Vollebergh, W.A.M. et al. (2016) 'The quest for identity in adolescence: Heterogeneity in daily identity formation and psychosocial adjustment across 5 years.' Developmental Psychology 52, 12, 2010 – 2021.

Crocetti, E., Rubini, M. and Meeus, W. (2008) 'Capturing the dynamics of identity formation in various ethnic groups: Development and validation of a three–dimensional model.' Journal of Adolescence 31, 207 – 222.

Klimstra, T.A. and van Doeselaar, L. (2017) '18–Identity Formation in Adolescence and Young Adulthood.' In J. Specht (ed.) Personality Development across the Lifespan. London: Elsevier.

Pfeifer, J.H. and Berkman, E.T. (2018) 'The development of self and identity in adolescence: Neural evidence and implications for a value–based choice perspective on motivated behavior.' Child Development Perspectives 12, 3, 158 – 164.

Van der Cruijsen, R., Peters, S., van den Aar, L.P.E. and Crone, E.A. (2018) 'The neural signature of self–concept development in adolescence: The role of domain and valence distinctions.' Developmental Cognitive Neuroscience 30, 1 – 12.

Yeager, D., Dahl, R. and Dweck, C. (2018) 'Why interventions to influence adolescent behaviour often fail but could succeed.' Perspectives on Psychological Science 13, 1, 101 – 122.

第十二章　准备起飞

Bonell, C., Blakemore, S–J., Flatcher, A. and Patton, G. (2019) 'Role theory of schools and adolescent health.' Lancet Child and Adolescent Health, 1 – 7. DOI: https://doi.org/10.1016/S2352–4642(19)30183–X.

Bryan, C., Yeager, D.S., Hinojosa, C., Chabot, A.M. et al. (2016) 'Harnessing adolescent values to reduce unhealthy snacking.' Proceedings of the National Academy of Sciences of the USA 113, 39, 10830 – 10835.

Dahl, R. (2004) 'Adolescent brain development: A period of vulnerabilities and opportunities. Keynote address.' Annals of the New York Academy of Science 1021, 1, 1 – 22.

Decker, J.H., Lourenco, F.S., Doll, B.B. and Hartley, C.A. (2015) 'Experiential reward learning outweighs instruction prior to adulthood.' Cognitive, Affective, and Behavioral Neuroscience 15, 2, 310 – 320.

Fuligni, A.J. (2018) 'The need to contribute during adolescence.' Perspectives in Psychological Science 14, 3. DOI: https://doi.org/10.1177/1745691618805437.

Fuligni, A.J. and Telzer, E.H. (2013) 'Another way family can get in the head and under the skin: The neurobiology of helping the family.' Child Development Perspectives 7, 3, 148 – 152.

Lee, K.H., Siegle, G.J., Dahl, R.E., Hooley, J. and Silk, J.S. (2014) 'Neural responses to maternal criticism in healthy youth.' Social Cognitive and Affective Neuroscience 10, 7, 902 - 912.

Van der Cruijsen, R., Buisman, R., Green, K., Peters, S. and Crone, E. (2019) 'Neural responses for evaluating self and mother traits in adolescence depend on mother - adolescent relationships.' Social Cognitive and Affective Neuroscience 14, 5, 481 - 492.

Yeager, D.S., Dahl, R.E. and Dweck, C.S. (2018) 'Why interventions to influence adolescent behavior often fail but could succeed.' Perspectives on Psychological Science 13, 1, 101 - 122.

第十三章 困倦的青少年

Dahl, R.E. and Lewin, D.S. (2002) 'Pathways to adolescent health sleep regulation and behavior.' Journal of Adolescent Health 31, 6, 175 - 184.

Dunster, G.P., Iglesia, L., Ben–Hamo, M., Nave, C. et al. (2018) 'Sleepmore in Seattle: Later school start times are associated with more sleep and better performance in high school students.' Science Advances 4, 12. DOI: 10.1126/sciadv.aau6200.

Fuligni, A.J., Arruda, E.H., Krull, J.L. and Gonzales, N.A. (2018) 'Sleep duration, variability, and peak levels of achievement and mental health.' Child Development 89, e18 - e28.

Fuligni, A.J., Bai, S., Krull, J.L. and Gonzales, N.A. (2017) 'Individual differences in optimum sleep for daily mood during adolescence.' Journal of Clinical Child & Adolescent Psychology 48, 3, 469 - 479.

Galvan, A. (2018) 'How can we improve a teen's brain? One sleep study may have a simple answer - good pillows.' The Washington Post, November 24.

Hagenauer, M.H., Perryman, J.I., Lee, T.M. and Carskadon, M.A. (2009) 'Adolescent changes in the homeostatic and circadian regulation of sleep.' Developmental Neuroscience 31, 4, 276 - 284.

Lee, Y.J., Cho, S.J., Cho, I.H. and Kim, S.J. (2012) 'Insufficient sleep and suicidality in adolescents.' Sleep 35, 4, 455 - 460.

Roenneberg, T., Kuehnle, T., Pramstaller, P.P., Ricken, J. et al. (2004) 'A marker for the end of adolescence.' Current Biology 14, 24, 1038 - 1039.

Tashjian, S., Goldenberg, D. and Galvan, A. (2017) 'Neural connectivity moderates the association between sleep and impulsivity in adolescents.' Developmental Cognitive Neuroscience 27, 35 - 44.

Telzer, E.H., Goldenberg, D., Fuligni, A.J., Lieberman, M.D. and Galvan, A. (2015)'Sleep variability in adolescence is associated with altered brain development.'Developmental Cognitive Neuroscience 14, 16 - 22.

Tsai, K.M., Dahl, R.E., Irwin, M.R., Bower, J.E. et al. (2018) 'The roles of parental support and family stress in adolescent sleep.' Child Development 5, 1577 - 1588.

Walker, M. (2017) Why We Sleep: The New Science of Sleep and Dreams. London: Penguin.

第十四章 养成健康的习惯

Aberg, M.A., Aberg, N., Brisman, J., Sundberg, R., Winkvist, A. and Torén, K. (2009)'Fish intake of Swedish male adolescents is a predictor of cognitive performance.'Acta Paediatrica: Nurturing the Child 98, 3, 555 - 560.

Addis, S. and Murphy, S. (2019) '"There is such a thing as too healthy!" The impact of minimum nutritional guidelines on school food practices in secondary schools.'Journal of Human Nutrition and Dietics 32, 1, 31 - 40.

Adolphus, K., Lawton, C.L., Champ, C.L. and Dye, L. (2016) 'The effects of breakfast and breakfast composition on cognition in children and adolescents: A systematic review.' Advances in Nutrition 7, 3, 590S - 612S.

Bassett, R., Chapman, G.E. and Beagan, B.L. (2008) 'Autonomy and control: The co-construction of adolescent food choice.' Appetite 50, 2 - 3, 325 - 332.

Blake, H., Stanulewicz, N. and McGill, F. (2016) 'Predictors of physical activity and barriers to exercise in nursing and medical students.' Journal of Advanced Nursing 73, 4, 917 - 929.

Esteban-Cornejo, I., G ó mez-Mart í nez, S., Tejero-Gonz á lez, C.M., Castillo, R.et al. (2015) 'Characteristics of extracurricular physical activity and cognitive performance in adolescents: The AVENA study.' International Journal of Environmental Research and Public Health 12, 1, 385 - 401.

Howse, E., Hankey, C., Allman-Farinelli, M., Bauman, A. and Freeman, B. (2018) '"Buying salad is a lot more expensive than going to Mcdonalds": Young adults' views about what influences their food choices.' Nutrients 10, 8, E996.

Jackson, D.B. and Beaver, K. (2015) 'The role of adolescent nutrition and physical activity in the prediction of verbal intelligence during early adulthood: A genetically informed analysis of twin pairs.' International Journal of Environmental Research and Public Health 12, 1, 385 - 401.

L ó pez-Castedo, A., Dom í nguez Alonso, J. and Portela-Pino, I. (2018) 'Predictive variables of motivation and barriers for the practice of physical exercise in adolescence.' Journal of Human Sport and Exercise 13, 4, 907 - 915.

Manduca, A., Bara, A., Larrieu, T., Lassalle, O. et al. (2017) 'Amplification of mGlu5-endocannabinoid signaling rescues behavioral and synaptic deficits in a mouse model of adolescent and adult dietary polyunsaturated fatty acid imbalance.' Journal of Neuroscience 37, 29, 6851 - 6868.

第十五章 好的压力，不好的压力

Coan, J. and Sbarra, D.A. (2015) 'Social Baseline Theory: The social regulation of risk and effort.' Current Opinions in Psychology 1, 87 - 91.

Coan, J.A., Schaefer, H.S. and Davidson, R.J. (2006) 'Lending a hand: Social regulation of the neural response to threat.' Psychological Science 17, 12, 1032 - 1039.

Crum, A.J., Akinola, M., Martin, A. and Fath, S. (2017) 'The role of stress mindset in shaping cognitive, emotional and physiological responses to challenging and threatening stress.' Anxiety, Stress & Coping 30, 4, 379 - 395.

Crum, A.J., Salovey, P. and Achor, S. (2013) 'Rethinking stress: The role of mindsets in determining stress response.' Journal of Personality and Social Psychology 104, 4, 716 - 733.

Gilbert, P., Broomhead, C., Irons, C., McEwan, K. et al. (2007) 'Development of a striving to avoid inferiority scale.' British Journal of Social Psychology 46, 633 - 648.

Keller, A., Litzelman, K., Wisk, L.E., Maddox, T. et al. (2012) 'Does the perception that stress affects health matter? The association with health and mortality.' Health Psychology: Official Journal of the Division of Health Psychology, American Psychological Association 31, 5, 677 - 684.

Kim, J.J. and Diamond, D.M. (2002) 'The stressed hippocampus, synaptic plasticity and lost memories.' Nature Reviews Neuroscience 3, 6, 453.

McGonigal, K. (2015) The Upside of Stress: Why Stress Is Good for You (and How to Get Good at It). London: Vermilion.

Romeo, R.D. (2013) 'The teenage brain: The stress response and the adolescent brain.' Current

Directions in Psychological Science 22, 2, 140 - 145.

Yeager, D.S., Purdie–Vaughns, V., Garcia, J., Apfel, N. et al. (2014) 'Breaking the cycle of mistrust: Wise interventions to provide critical feedback across the racial divide.' Journal of Experimental Psychology: General 143, 804 - 824.

第十六章　社交媒体和技术

Blum–Ross, A. and Livingstone, S. (2016) 'Families and screen time: Current advice and emerging research.' The London School of Economics and Political Science Department of Media and Communications.

Chassiakos, Y., Radesky, J., Christakis, D., Moreno, M.A. and Cross, C. (2016) 'Children and adolescents and digital media.' Pediatrics 138, 5. DOI: e20162593.

Council on Communication and Media (2016) 'Media use in school–aged children and adolescents.' Pediatrics 138, 5, e20162592.

Crone, E.A. and Konijn, E.A. (2018) 'Media use and brain development during adolescence.' Nature Communications 9, 1 - 10.

Licoppe, C. (2004) 'Connected presence: The emergence of a new repertoire for managing social relationship in a changing communication technoscape.'

Environment and Planning D: Society and Space 22, 1, 135 - 156.

Livingstone, S. and Haddon, L. (2009) EU Kids Online: Final Report. LSE. London: EU Kids Online (www.eukidsonline.net).

Orben, A. and Przbylsk, A.K. (2019) 'The association between adolescent well–being and digital technology use.' Nature Human Behaviour 3, 173 - 182.

致谢

贝蒂娜

我十几岁的时候有点迷茫，但是到了二十多岁，我找到了一门喜欢的学科，一些可以分享生活的重要朋友。如果没有简和塔拉这两位值得信赖、体贴周到、才华横溢并赋予我灵感的同事，我可能一个字也写不出来。即使这看起来像是一项不可能完成的任务，但是我们还是做到了。这就是友谊和社交头脑的力量。我很荣幸能让我的名字出现在你们两个名字的旁边。道格拉斯，我们极具天赋和创造力的插画师，感谢你用如此美妙和清晰的方式来展现我们的想法。马，你一直是一个充满灵感的、令人难以置信的职业道德模范，感谢你和我们分享你对儿童心理学和教育的热情。我的姐妹们和亲密的朋友们——你们知道我说的是谁——感谢你们的鼓励，感谢你们通过深思熟虑和讨论让一切变得更加清晰明了。

没有与我一起生活的三个人，这一切都毫无意义。马丁，我在撰写这本书的时候，你一直陪在我的身边。你如何有耐心听我没完没了地谈论心理学、儿童和各种疗法。所以，当我处于一片混沌之中时，经常是你给我一个清晰的框架，实际上你应该也是共同作者。马丁，是你教会我生活中什么是重要的。当我动摇的时候（时常），也是你让我稳定下来，并时时逗我开心。艾拉和比利，你们是我早上起床的动力。我只是满怀惊奇地看着你们自己学会如何生活。你们两个都富有洞察力、顽强、能干、善良并富有爱心。我认为没有什么事情是你们那不可思议的青少年大脑做不到的。

简

非常感谢我的两位共同作者——贝蒂娜和塔拉。很少能找到像她们这样学识如此渊博，却又如此谦逊、随和的专家。好吧，这里有一个问题要问问你们这两个聪明的家伙：为什么我错过了那么多星期五的线上聊天？当你们思考这个问题的时候，我来做一个蛋糕送给所有的熬夜者，用来补充能量。我学到了很多，也笑了很多。在撰写这本书的过程中，我的家人一如既往地支持我，尤其是啦啦队队长温迪（“这是你书稿的最后期限？”抚摸我的额头……）和永远善良、有耐心的母亲（又名情绪调节女王）。我非常感谢我的丈夫——他为这本书画了插图——感谢他对我无条件的爱和无条件的支持。我清楚地知道如果没有你我会在哪里，道格拉斯。最特别的是，我要感谢我最爱的两个孩子：一个有着最漂亮的卷发，一个有着最甜美的睫毛。当我正在详细描述令人不可思议的青少年大脑时，实际上是你们教会了我所有值得知道的东西。你们的聪慧、善良和有趣超越你们的年龄。两种如此不同的世界观，怎么可以都如此完美呢？很荣幸能成为你们的母亲，为你们的未来贡献一个肩膀，让你们伸手去摘星辰，亲爱的。

塔拉

感谢达蒙对我所有重要事情的恒久的爱、耐心和支持。同时，非常感谢西奈德、贝拉和曼纽拉陪在我的身边，一起分享姐妹情谊。阿曼达永远是我的光明，是来自内心深处的灵感源泉。最后，感谢贝蒂娜和简与我分享这段旅程，我学到了很多东西。

最后，我们都要感谢艾米·兰切斯特·欧文在我们的原始手稿中看到了潜能，帮助这本书顺利出版。